Social Media im Personalmanagement

Frank Bärmann

Social Media im Personalmanagement

Facebook, Xing, Blogs, Mobile Recruiting und Co. erfolgreich einsetzen

mitp

Bibliografische Information der Deutschen Nationalbibliothek
Die Deutsche Nationalbibliothek verzeichnet diese Publikation in der
Deutschen Nationalbibliografie; detaillierte bibliografische
Daten sind im Internet über <http://dnb.d-nb.de> abrufbar.

Bei der Herstellung des Werkes haben wir uns zukunftsbewusst für
umweltverträgliche und wiederverwertbare Materialien entschieden.
Der Inhalt ist auf elementar chlorfreiem Papier gedruckt.

ISBN 978-3-8266-9200-0
1. Auflage 2012

E-Mail: kundenbetreuung@hjr-verlag.de

Telefon: +49 6221/489-555
Telefax: +49 6221/489-410

www.mitp.de

© 2012 mitp, eine Marke der Verlagsgruppe Hüthig Jehle Rehm GmbH
Heidelberg, München, Landsberg, Frechen, Hamburg

Lektorat: Miriam Robels
Sprachkorrektorat: Petra Heubach-Erdmann
Satz: III-satz, Husby, www.drei-satz.de
Druck: Beltz Druckpartner GmbH und Co. KG, Hemsbach
Coverbild: © Geoff Campbell – Fotolia.de

Inhaltsverzeichnis

Einleitung

Es begann mit einem Vortrag

Als ich vor einiger Zeit von einem Kunden im Raum Stuttgart gefragt wurde, ob ich für einen Arbeitskreis im HR-Umfeld einen Vortrag über Social Media in der Personalwirtschaft halten wolle, antwortete ich mit der Gegenfrage: Warum will man einen Social-Media-Experten haben und keinen HR-Experten? Als Antwort bekam ich, dass man den externen Blick aus Sicht der Social-Media-Thematik auf die HR-Branche wolle. Ein HR-Experte stecke zu tief im Thema und würde zu viele Dinge wiederholen, die die Zuhörer eh schon wissen. Zudem wäre das Thema Social Media in der Regel nur angelesen und nicht in der Praxis eingesetzt.

Dies war der Tag, an dem ich mich zum ersten Mal sehr intensiv mit dem Thema »Social Media im Personalmanagement« beschäftigte.

An einem Vormittag gab ich den über 20 Personalverantwortlichen kleiner und großer Unternehmen einen Überblick, was Social Media bedeutet, warum auch die Personalwirtschaft diese nicht ignorieren sollte und welche Möglichkeiten für Employer Branding, Recruiting, Personalentwicklung und -kommunikation bestehen.

Nach mehreren Vorträgen und Projekten erkannte ich, dass die Spielregeln, die in der Social-Media-Welt gelten, aus dem Marketing auf die Personalwirtschaft übertragbar sind. Nur die Zielgruppe ist eine andere. Während beim Marketing der Kunde oder Konsument im Mittelpunkt steht, steht in der Personalwirtschaft der potenzielle Interessent und Bewerber im Fokus.

Sowohl die Verantwortlichen im Marketing als auch im Personalbereich müssen lernen, dass sich in Sachen Kommunikation grundlegend etwas verändert hat.

Leider ist die Situation für den Personalbereich deutlich schlimmer als für Marketing und Absatz. Denn neben den veränderten Regeln durch das Web 2.0 wirken sich die demografische Veränderung der Gesellschaft und eine Denk- und Verhaltensweise einer Generation junger Menschen immer deutlicher auf den Arbeitsmarkt aus.

Sinn und Zweck des Buches

Was möchte ich nun mit diesem Buch bezwecken?

Ich möchte Ihnen einen Überblick geben über die Chancen und Möglichkeiten von Social Media in Ihrer Branche. Ich möchte Ihnen einzelne Plattformen und Kanäle näher vorstellen und Ihnen zeigen, was Sie damit tun können, um Ihr Employer Branding zu verbessern, um neue Wege im Recruiting zu betreten und Ihre Personalentwicklung und -kommunikation auszubauen. Dafür spielt es weniger eine Rolle, die Funktionsweisen und Zusammenhänge, die Begriffe und Definitionen der Personalwirtschaft im Detail wiederzugeben – die kennen Sie eh alle.

Es spielt viel mehr eine Rolle, Ihnen die Funktionsweisen und Zusammenhänge, die Begriffe und Definitionen der Social-Media-Plattformen und -Kanäle grundlegend und in Bezug zur HR zu erläutern.

Es geht immer um die Fragen:

- Was ist es?
- Warum ist es relevant für den HR-Bereich?
- Was bietet es/Was können Sie damit tun?
- Worauf müssen Sie achten?

Was ich in diesem Buch nicht will, ist eine Erklärung der Funktionen von Facebook & Co. im Detail. Sie werden hier keine Anleitung finden, wie Sie eine Fanpage erstellen. Allerdings finden Sie Aussagen dazu, was eine gute Fanpage bieten sollte und wie man eine Fanpage führt. Das Gleiche gilt für Twitter und andere Micro-Blogs, YouTube, Blogs und Wikis.

In den meisten Kapiteln zeige ich Ihnen anhand von anschaulichen Beispielen, wie andere Unternehmen dies oder jenes bereits machen. Dort können Sie sich sicher einige Details abgucken und sie auf Ihr Unternehmen anpassen. Und Sie finden Links zu anderen Experten und Quellen für weitere Informationen. Die zahlreichen Studien machen darüber hinaus deutlich, wie relevant einzelne Themen sind.

Ich hoffe, Ihnen mit diesem Buch die Informationen an die Hand geben zu können, die Ihnen gefehlt haben, um Social Media für Ihr Unternehmen im Personalbereich einsetzen zu können.

Dabei wünsche ich Ihnen viel Erfolg.

Frank Zänau   Selfkant, im Sommer 2012

Die Personalkrise und ihre Gründe

»Der ›war for talents‹ ist keine Welle, sondern ein Tsunami.« Diese Worte des Geschäftsführers der *Kienbaum Consultants GmbH Walter Jochmann* auf der 10. Jahrestagung des Beratungsunternehmens machen die Situation der Personalwirtschaft sehr deutlich. Die Situation bei den Unternehmen bezüglich Fachkräfte- und Nachwuchsmangel nimmt teilweise bedrohliche Ausmaße an.

Der *DIHK-Innovationsreport 2011* hat gezeigt, dass gut 57 Prozent der innovationsaktiven Unternehmen bereits unter Beeinträchtigungen durch den Mangel an Spezialisten leiden. *McKinsey & Company* hat in einer Studie aus dem Mai 2011 beispielsweise für 2020 einen Fachkräftemangel von zwei Millionen Personen errechnet. Die *Prognos AG* erwartet bis zum Jahr 2030 eine »Lücke« von 5,2 Millionen Fachkräften, davon 2,4 Millionen Akademiker. Und im Mai 2012 hat eine Studie des *Ingenieurverbands VDI* und des *Instituts der deutschen Wirtschaft* bestätigt, dass die heimische Wirtschaft durch den Fachkräftemangel allein im Jahr 2011 acht Milliarden Euro verloren habe.

Nie zuvor stand die deutsche Wirtschaft vor einer größeren Herausforderung, was die Ressource »Personal« betrifft. Im Vergleich zu früheren »Personal-Krisen« hat die derzeitige Situation eine Besonderheit – sie hat gleich drei unterschiedliche Ursachen, die zeitgleich zusammentreffen:

1. Den demografischen Wandel und die Auswirkungen auf den Arbeitsmarkt
2. Die Web 2.0-Welle und ihre Bedeutung für Unternehmen
3. Die Generation der »Digital Natives« und ihre eigene Denkweise

Abb. 1.1: Die Einflussfaktoren für die aktuelle Personalkrise

1.1 Der demografische Wandel und die Auswirkungen auf den Arbeitsmarkt

Laut einer Studie des *Instituts für Arbeitsmarkt- und Berufsforschung der Bundesagentur für Arbeit (IAB)* könnte sich aufgrund der demografischen Entwicklung das so genannte Erwerbspersonenpotenzial, also die Gesamtzahl von Personen in Deutschland, die theoretisch in der Lage sind, einer Arbeit nachzugehen, zwischen 2010 und 2025 um 6,3 Millionen Personen verringern – und damit auch das Angebot an qualifizierten Fachkräften. Bis 2050 könnte das Erwerbspersonenpotenzial sogar um bis 17,68 Millionen Personen zurückgehen.

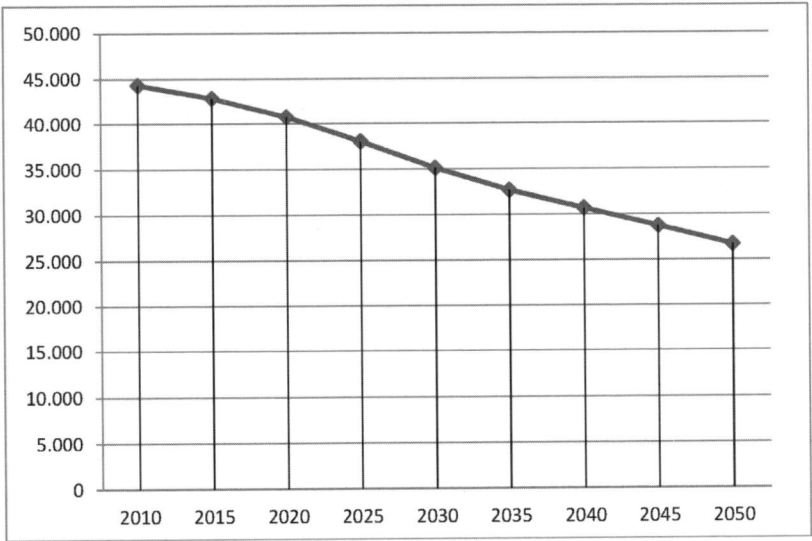

Abb. 1.2: Die berechnete Entwicklung des Erwerbspersonenpotenzials von 2010 bis 2050 in Deutschland (Quelle: IAB)

Nach Berechnungen des *Institut zur Zukunft der Arbeit* werden bis zum Jahr 2020 rund 240.000 Ingenieure fehlen. Ende 2011 gab es alleine im IT-Bereich 10.000 offene Stellen für IT-Fachkräfte, mehr als 100.000 Ingenieurstellen blieben unbesetzt.

1.2 Die Web 2.0-Welle und ihre Bedeutung für Unternehmen

Das Web 2.0 hat die Rolle der Unternehmen in den Märkten nachhaltig verändert. Noch vor wenigen Jahren waren hauptsächlich Unternehmen und Organisationen in der Lage, Inhalte für das Web zu erstellen oder Informationen bereitzustellen. Demgegenüber waren die Nutzer dazu verdammt, diese Inhalte und Informationen einfach auf- und anzunehmen. Man spricht hier vom Web 1.0.

Kurz nach der Jahrtausendwende kamen die ersten Bewertungsmöglichkeiten von Produkten beispielsweise bei amazon.de auf und kurz darauf entstand die Idee, Tagebücher (als Weblogs bezeichnet) ins Internet zu stellen. Innerhalb weniger Jahre entstand eine Welle von Technologien, Plattformen und Angeboten, die gemeinhin als Web 2.0, Social Web oder Mitmach-Web bezeichnet wird. Diese Welle hat die Menschen im Umgang mit Informationen nachhaltig verändert. Die Unternehmen verloren schnell ihre Alleinmacht, Informationen und Inhalte ins Web zu stellen und kontrolliert zu verbreiten. Durch zentrale Plattformen wie Blogs, Facebook, Twitter, Myspace, XING und Co. wurde es für jeden Nutzer einfach, selbst Informationen zu verbreiten.

Es ist eine schier unfassbar große Quelle an Informationen im Internet entstanden. Jeder kann etwas veröffentlichen – über andere Personen, über Produkte, Marken und Unternehmen. Für den Einzelnen bietet diese Informationsvielfalt viele Vorteile, zum Beispiel beim Einkauf oder bei der Recherche nach Informationen. Für die Unternehmen bedeutet dies aber eine große Veränderung: Sie können nicht mehr kontrollieren, was über sie veröffentlicht wird.

Und noch eine Veränderung trifft die Unternehmen enorm: Alte, bisher erfolgreiche Kommunikationskanäle wie Print- oder Bannerwerbung verlieren in vielen Bereichen immer mehr an Bedeutung.

Für die Personalwirtschaft hat diese Veränderung genauso große Konsequenzen wie für die Unternehmenskommunikation.

Die Nutzer sind heute in der Lage, sich über Suchmaschinen mit wenigen Klicks ein vollkommenes Bild über ein Unternehmen zu machen. Wer zu diesem Zeitpunkt kein blendendes Image im Internet vorweisen kann, hat bei den begehrten Absolventen und Fachkräften schlechte Karten. Es ist also eine ganz neue Art des Employer Branding gefragt.

Hinzu kommt, dass Hochglanz-Webseiten und Stellenanzeigen in Zeitungen immer mehr an Bedeutung verlieren. Die junge Generation der Digital Natives sucht anders nach dem geeigneten Arbeitgeber und bevorzugt andere Bewertungs- bzw. Auswahlkriterien. Denn wer ständig vernetzt ist, sucht auch im Netz. Die alten Medien wie Zeitungen oder Zeitschriften aus Papier sind den jungen Menschen zu passiv, die alten Kommunikationskanäle zu eindimensional. Deshalb sind Online-Jobportale wie monster.de, stepstone.de und jobscout24.de so enorm erfolgreich. Doch auch immer mehr Studenten, Absolventen und Young Professionals nutzen die sozialen Netzwerke wie Facebook oder Twitter, um sich ein Bild über einen potenziellen Arbeitgeber zu machen.

1.3 Die Generation der »Digital Natives« und ihre eigene Denkweise

Neben den demografischen Veränderungen am Arbeitsmarkt und den kommunikativen Veränderungen durch das Web 2.0 tritt als dritter Faktor für drastische Veränderungen im Personalsektor zurzeit eine neue Generation in den Arbeitsmarkt ein, die in ihren Denkweisen, ihren Werten und ihren Verhaltensmustern, beispielsweise Informationen zu verarbeiten, an vielen Stellen völlig anders auftritt als die vorherigen Generationen. Gemeint ist die Generation der so genannten **Digital Natives**, auch »Generation Y«, »Millenials«, »Net Generation« oder »Generation @« genannt.

> Als **Digital Natives** *werden Personen bezeichnet, die zu einer Zeit aufgewachsen sind, in der bereits digitale Technologien wie Computer, das Internet, Mobiltelefone und MP3s verfügbar waren.*

(Quelle: Wikipedia.org)

Im Unterschied zu den früheren Generationen, die vor 1980 geboren wurden, sind die Digital Natives mit dem Internet, mit Google, Wikis, Blogs und Social Networks aufgewachsen und sehen die virtuelle Welt als selbstverständlich an. Sie beherrschen den Umgang mit den vielen Kommunikationsmethoden – chatten, simsen, twittern, posten – aus dem Effeff und haben ihr gesamtes Kommunikationsverhalten auf das Web ausgerichtet.

Durch dieses Verhalten verstärken sich die bereits dargestellten Effekte, dass althergebrachte Methoden für das Recruiting – allen voran Stellenanzeigen in Zeitungen – immer mehr an Bedeutung verlieren und die Unternehmen ausschließlich aufgrund ihres digitalen Images (Reputation) bewertet werden.

Doch es geht um viel mehr: Laut den Thesen des US-Amerikaners *Marc Prensky* verstehen Digital Natives das digitale Reich nicht nur als neues Kommunikationsmittel, sondern als sozialen Kulturraum, den sie durch Inhalte, soziale Netze und stetige Partizipation aufbauen, erobern und erhalten. Für Arbeitgeber sind die neuen Denkweisen, Werte und Verhaltensmuster, aber auch die neuen Fähigkeiten eine enorme Herausforderung.

Die Grenzen zwischen »privat« und »beruflich« verschwimmen

Für viele Personen, die im Internet zu Hause sind und die das Web als ihren »sozialen Kulturraum« ansehen, ist die Grenze zwischen »privat« und »beruflich« nahezu egal. Sie erwarten, dass ihnen am Arbeitsplatz die gleichen Kommunikations-Tools zur Verfügung stehen wie zu Hause. Dies bestätigten beispielsweise 71 Prozent der knapp 200 von *Damovo* befragten Münchner Studenten im letzten Jahr.

Dabei geht es ihnen nicht nur um eine moderne und individuelle Hardware sowie um die Nutzung von Mobilgeräten und Smartphones der neuesten Generation, sondern um die Nutzung von Plattformen wie Facebook, Twitter oder Skype für Instant Messaging.

Neue Verhaltensmuster und Arbeitsweisen

Aufgrund des frühen Kontakts mit Videospielen, Konsolen und dem PC sind die meisten Digital Natives mit einer deutlich schnelleren Auffassungsgabe und Multitasking-Fähigkeit ausgestattet, was Außenstehende oftmals als Unorganisiertheit, Sprunghaftigkeit und Unkonzentriertheit empfinden.

Zudem erwarten die jungen Arbeitnehmer nicht nur – wie bereits erklärt – den freien Zugang zu Informationen, sondern auch einen hohen Freiheitsgrad bei der Selbstorganisation, was beispielsweise die Arbeitszeit und die Art zu arbeiten betrifft. Dagegen zählen für viele Mitglieder der Generation Digital Natives die alten Belohnungssysteme mit Boni und Provisionen nicht mehr viel.

Das mobile Internet ist der neue Recruiting-Kanal

Eine weitere Implikation für das Recruiting von Unternehmen ist der unaufhaltsame Trend zu Mobilgeräten mit Internetzugang, allen voran Smartphones. Inzwischen sind alleine in Deutschland 43 Prozent aller verkauften Handys Smartphones, sagt der Branchenverband *BITKOM*. Und *eResult* hat ermittelt, dass fast die Hälfte aller unter 18-Jährigen ein Smartphone besitzt und auch damit bis zu 30 Stunden pro Woche und mehr ins Internet geht.

Diese teilweise äußerst intensive Nutzung der Smartphones durch die jungen Erwachsenen hat zur Folge, dass sich auch die Suche nach Jobs und Ausbildungsstellen ins Internet und speziell in soziale Netzwerke verschiebt. Unternehmen müssen hierauf reagieren.

Verwendete Studien und Literatur

Studien

Wettbewerbsfaktor Fachkräfte – Strategien für Deutschlands Unternehmen, McKinsey & Company, Inc., Mai 2011

ARBEITSLANDSCHAFT 2030 – Steuert Deutschland auf einen generellen Personalmangel zu? Ausgabe: 01/2008, Prognos AG

VDI/IW-Studie: Geschäftsmodell Deutschland in Gefahr, VDI Verein Deutscher Ingenieure e.V. und Institut der deutschen Wirtschaft, April 2012

IAB Kurzbericht 16/2011, Institut für Arbeitsmarkt- und Berufsforschung der Bundesagentur für Arbeit

Zukunft von Bildung und Arbeit – Perspektiven von Arbeitskräftebedarf und -angebot bis 2020, IZA Research Report No. 9

Befragung von 200 Münchner Studenten über Erwartungen an die Arbeitswelt, Damovo Deutschland GmbH & Co. KG, Link http://bit.ly/Studie_Damovo

Smartphone-Nutzung in Deutschland, BITKOM e.V. und European Information Technology Observatory (EITO)

Digital Natives Studie – Jugendliche im Netz – Wo sie sich aufhalten und was sie dort tun, eResult GmbH, November 2011

Bücher

Marc Prensky, *Digital Natives, Digital Immigrants, Part II: Do They Really Think Differently?,* 2001

Herausforderung und Chance: Social Media

Während der Fachkräftemangel aufgrund der demografischen Veränderung der Gesellschaft nur sehr wenig von Unternehmensseite beeinflussbar ist – allerhöchstens durch Gewinnung von Fachkräften aus dem Ausland –, können Unternehmen auf die beiden anderen dargestellten Einflussfaktoren der aktuellen Personalkrise durchaus erfolgreich reagieren: indem man sich sowohl den Herausforderungen des »neuen« Internets als auch den Ansprüchen und Erwartungen der Digital Natives stellt und diese Herausforderung zur Chance macht.

In meinen bisherigen Ausführungen ist eines klar geworden: Unternehmen müssen mit ihrer Personalwirtschaft ins Social Web. Das »Warum« ist bereits zum Teil deutlich geworden, möchte ich im Folgenden aber noch mal vertiefen. Wie man das richtig anstellt und an welchen Stellen was sinnvoll ist, werde ich dann im weiteren Verlauf erklären.

2.1 Die Begriffe »Social Web« und »Social Media«

Der Begriff »Social Web«, zu Deutsch »Soziales Internet«, trägt genauso wie »Social Media« das Wort in sich, um das sich alles dreht: »social«. »Social« stammt vom lateinischen Wort »socius« und bedeutet »gemeinsam, verbunden, verbünden«. Denn genau darum geht es im Social Web. Es geht um Menschen, die sich verbinden, sich solidarisieren und untereinander Informationen und Inhalte teilen. Demzufolge werden die Netzwerke und Netzgemeinschaften, die als Plattformen zum gegenseitigen Austausch von Meinungen, Eindrücken und Erfahrungen dienen, als »Social Media« bezeichnet. Es sind heute aber nicht nur Netzwerke und Netzgemeinschaften, die als Social Media bezeichnet werden, es sind alle Formen von Internetplattformen, -seiten und webbasierten Softwarelösungen, die Menschen zum Teilen, Bewerten und Verbreiten von Inhalten befähigen. Deshalb sind nicht nur die bekannten Netzwerke wie Facebook, XING, StudiVZ, Google+ als Social Media anzusehen, sondern auch Weblogs, der Microblogging-Dienst Twitter, die unzähligen Sharing-Plattformen wie YouTube, Flickr, Slideshare, Scribd usw.

Jede Möglichkeit, eine Bewertung oder einen Kommentar unter einem Artikel, einem Produkt oder einem Angebot zu hinterlassen, die eigene Meinung dazu kundzutun, ist ebenfalls als Teil der »Social Media« anzusehen.

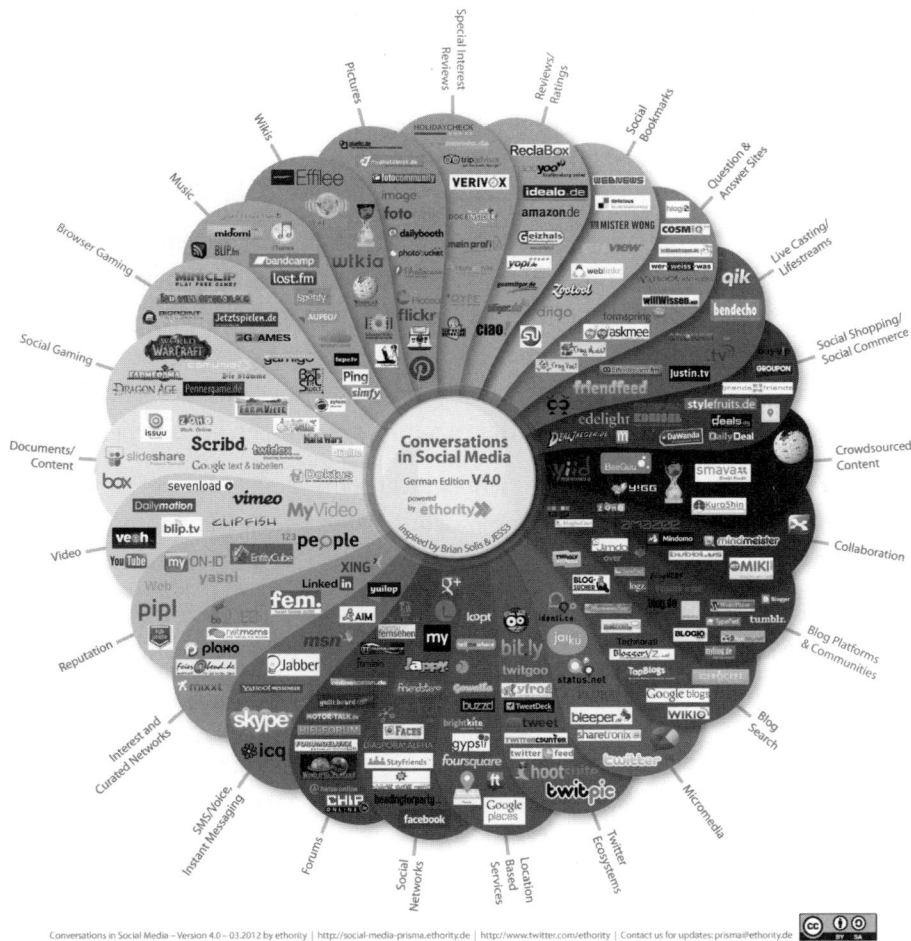

Abb. 2.1: Die Social Prisma zeigt die große weite Social-Media-Welt (Quelle: ethority GmbH & Co. KG)

2.2 Die Relevanz von Social Media für die Personalwirtschaft

In den bisherigen Ausführungen habe ich bereits festgestellt, dass die Web-2.0-Welle, heute als Social Media bezeichnet, eine hohe Bedeutung für die Personalwirtschaft hat. Dies ist deshalb so, weil die aktuell auf den Arbeitsmarkt strömende Generation der Digital Natives mit Social Media aufgewachsen ist und das Internet als sozialen Kulturraum ansieht. Sie lieben das Internet und sie lieben die Social Media.

Das zeigt eine Studie des Personaldienstleisters *DIS AG* aus 2011. Danach nutzen 70 Prozent der Young Professionals, also der potenziellen Bewerber für ein Unternehmen, die sozialen Netze mindestens einmal täglich. Wichtigste Plattform dabei ist Facebook, wo 72 Prozent dieser Teilgruppe Mitglied sind. Die VZ-Netzwerke (70 Prozent) und XING (63 Prozent) folgen auf den Plätzen zwei und drei. Besonders das Businessnetzwerk XING hat eine hohe berufliche Bedeutung, das gaben 75 Prozent der befragten Young Professionals an. 40 Prozent der Befragten haben XING bereits für die Bewerbung genutzt und weitere 44 Prozent halten die Nutzung für vorstellbar. Und laut einer Umfrage von *Microsoft und Unicum* aus April 2012 suchen bereits 58 Prozent der Studenten und Hochschulabsolventen auf Plattformen wie Facebook oder Bewertungsportalen gezielt nach Erfahrungsberichten, 32 Prozent recherchieren dort nach Informationen zum Arbeitsklima.

Aus Sicht der Unternehmen stellt sich natürlich die Frage, an welchen Stellen genau die Relevanz der Social Media am deutlichsten ist, um dort mit geeigneten Maßnahmen gezielt und wirkungsvoll einzusteigen.

Dazu werde ich im Folgenden eine Vereinfachung der komplexen Personalwirtschaft vornehmen und zugleich eine Auswahl einiger Teilbereiche treffen, in die Social Media ganz besonders stark hineinwirken.

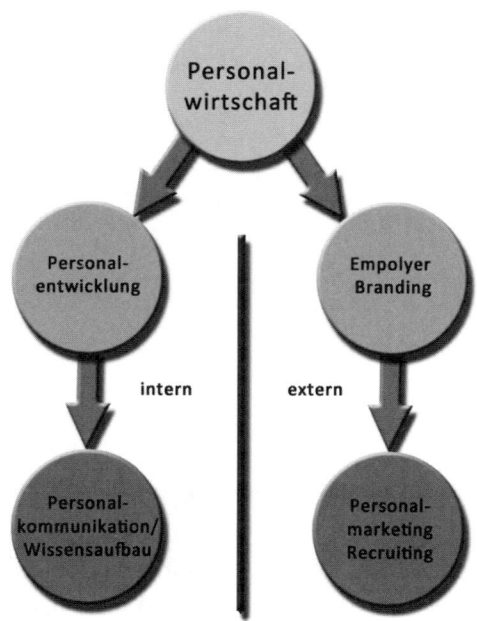

Abb. 2.2: Eine vereinfachende Aufgliederung der Personalwirtschaft

Zunächst wird die Personalwirtschaft in die nach außen orientierten Elemente (Employer Branding, Personalmarketing, Recruiting) und die nach innen orientierten Elemente (Personalentwicklung, Personalkommunikation, Wissensaufbau) unterteilt. Außen und innen meint dabei die Zielgruppe, nämlich Öffentlichkeit und Bewerber oder bestehende Mitarbeiter.

2.2.1 Employer Branding, Personalmarketing und Recruiting

Begriffe

Bei den nach außen orientierten Elementen stehen vor allem das Employer Branding (dt. Arbeitgebermarkenbildung) und das Recruiting (dt. Personalbeschaffung) im Vordergrund.

Das Employer Branding hat das Ziel, ein Unternehmen insgesamt als attraktiven Arbeitgeber darzustellen und von anderen Wettbewerbern im Arbeitsmarkt positiv abzuheben (zu positionieren). Damit soll aufgrund der erhofften Marketingwirkung die Effizienz der Personalrekrutierung als auch die Qualität der Bewerber dauerhaft gesteigert werden.

Leider ist die »Arbeitgeber-Marke« ein komplexes Konstrukt, basierend auf verschiedenen immateriellen Faktoren wie zum Beispiel Wahrnehmung und Image.

Um das Employer Branding messbar bzw. bewertbar zu machen, hat das Unternehmen *Randstad* in jahrelanger Arbeit und vielen Befragungen zehn Schlüsselfaktoren ermittelt, die die Wahrnehmung der Arbeitgeber-Marke darstellbar machen sollen. Dazu gehören

- Finanzielle Lage der Unternehmens
- Weiterbildungsmöglichkeiten
- Arbeitsplatzsicherheit
- Karrierechancen
- Unternehmensführung
- Arbeitsinhalte
- Angenehme und anregende Arbeitsumgebung
- Attraktives Gehalt und Sozialleistungen
- Work-Life-Balance
- Progressive Richtlinien in Bezug auf Umwelt und Gesellschaft (CSR)

Basierend auf diesen Faktoren wird jährlich ein Award (`http://www.randstad-award.de`) vergeben, der die attraktivsten Arbeitgeber aus insgesamt 15 Ländern kürt.

Wichtig ist in diesem Zusammenhang nur, dass das Employer Branding aus vielen Faktoren und Facetten besteht, die mit verschiedenen Instrumentarien bearbeitet werden können.

Im Rahmen der Personalbeschaffung sind unterschiedliche Begrifflichkeiten für im Grunde das gleiche Tun zu finden. So unterscheidet der Berufsverband *Queb e. V.* (Quality Employer Branding) nochmals zwischen Personalmarketing und Recruiting. Während die Aufgabe des Personalmarketings darin besteht, die Bewerberzielgruppen zu finden, zu erreichen, für das Unternehmen zu interessieren, zu begeistern, zu binden und passende Bewerbungen zu motivieren, sieht der Verband die Aufgabe des Recruitings rein in der Besetzung von offenen Stellen mit qualifizierten und motivierten Kandidaten.

Wolfgang Brickwedde vom *Institute for Competitive Recruiting* sieht im Employer Branding eine langfristige Perspektive, im Personalmarketing eine mittelfristige Perspektive und im Recruiting im engeren Sinne eine kurzfristige Perspektive zur Personalbeschaffung bzw. konkreten Stellenbesetzung. Beide ähnlichen Darstellungen halte ich für sinnvoll und werde ich auch im Folgenden annehmen, wobei Personalmarketing und Recruiting zusammengefasst werden. Letztendlich sollte es aber von nachrangiger Bedeutung sein, was nun wie zusammenhängt. Viel wichtiger ist hier, dass die Relevanz der Social Media für alle drei Bereiche steigt.

Social Media und Employer Branding

Einer Studie von *StepStone* zufolge informieren sich 25 Prozent der befragten Kandidaten mittels unabhängiger Social-Media-Berichte/Kommentare über ein Unternehmen, das in ihre engere Wahl als Arbeitgeber gekommen ist.

22 Prozent suchen allgemein nach Kommentaren des Unternehmens in den Social Media und 15 Prozent informieren sich in Blogs und Foren über ihren möglichen Arbeitgeber. Immerhin noch 48 Prozent schenken unabhängigen Social-Media-Berichten und -Kommentaren – also dem, was andere über das Unternehmen schreiben – Glauben.

Die jungen Bewerber informieren sich also intensiv im Internet und auch in den sozialen Netzwerken über das Unternehmen ihrer Wahl. Und was sie dort finden, beeinflusst ihre Entscheidung enorm: 75 Prozent der befragten Kandidaten der gleichen *StepStone*-Studie gaben an, dass sie sich eher bei einem Unternehmen mit einem guten Ruf bewerben würden. 88 Prozent der befragten Kandidaten gaben sogar an, dass sie sich nicht bei einem Unternehmen mit einem schlechten Ruf bewerben würden.

Man kann an diesen Zahlen sehr gut erkennen, dass die Talente, die Young Professionals immer stärker im Social Web nach Informationen über ein Unternehmen recherchieren. Dabei werden nicht nur direkte Quellen wie Fanseiten der Unternehmen, Weblogs oder deren Twitter-Kanäle durchstöbert, sondern auch die Facebook-Seiten der Freunde, Bekannten und Kollegen sowie Bewertungsplattformen und eben Suchmaschinen. Ein paar wenige schlechte Kommentare in einem Blog oder bei Twitter können dazu führen, dass der Interessent sich nicht aktiv bewirbt oder zumindest weiter recherchiert und tiefer gräbt.

Social Media und Recruiting

Auch im Recruiting-Bereich erlangen soziale Netzwerke, allen voran XING, eine immer größere Bedeutung. Laut der bereits vorgestellten *DIS AG*-Studie haben 40 Prozent der Befragten XING bereits für die Bewerbung genutzt und weitere 44 Prozent halten die Nutzung für vorstellbar. Umgekehrt nutzen laut einer gemeinsamen Studie vom *Centre of Human Resources Information Systems (CHRIS), der Universitäten Bamberg und Frankfurt am Main in Zusammenarbeit mit Monster Worldwide Deutschland* rund 13,6 Prozent aller Top-1.000-Unternehmen aus Deutschland regelmäßig Stellenanzeigen in XING, in Facebook sind es 9,6 Prozent, in Twitter und LinkedIn jeweils 4,8 Prozent. 16,2 Prozent der Firmen suchen in XING regelmäßig aktiv nach geeigneten Kandidaten. 4,1 Prozent greifen bei der Suche nach qualifizierten Kandidaten häufig auf LinkedIn zurück, 3,4 Prozent auf Facebook und 0,7 Prozent auf Twitter. Weiterhin nutzen 12 Prozent der Teilnehmer der Studie XING regelmäßig, um nach Informationen über bereits identifizierte Kandidaten zu suchen. Immerhin schon 5,6 Prozent greifen hierfür regelmäßig auf Facebook und 3,5 Prozent auf LinkedIn zurück. Zugleich wird nur noch etwa jede fünfte Vakanz in Printmedien veröffentlicht. Damit hat dieser Kanal einen enormen Rückgang um 17,2 Prozentpunkte seit dem Jahr 2003 zu verzeichnen.

Neben den nach außen orientierten Elementen der Personalwirtschaft spielen die Social Media auch immer mehr in den nach innen orientierten Elementen wie Personalentwicklung, Personalkommunikation und Wissensaufbau eine Rolle.

2.2.2 Personalentwicklung

Begriff

Für den Begriff Personalentwicklung gibt es weite und enge Begriffsfassungen. Eine Definition von *Prof. Dr. Ruth Stock-Homburg* aus ihrem Buch »Personalmanagement: Theorien – Instrumente – Konzepte« (Gabler 2010) erscheint hier sinnvoll:

> *Personalentwicklung sind Maßnahmen zur Vermittlung von Qualifikationen, welche die aktuellen und zukünftigen Leistungen von Führungskräften und Mitarbeitern steigern (Bildung), sowie Maßnahmen, welche die berufliche Entwicklung von Führungskräften und Mitarbeitern unterstützen (Förderung).*

Kurzum: Es geht um Maßnahmen zur Erhaltung und Verbesserung der Qualifikation der Mitarbeiter.

Social Media und Personalentwicklung

Wenn man über Maßnahmen zur Erhaltung und Verbesserung der Qualifikation der Mitarbeiter nachdenkt, fallen sicher sofort die Aus- und Weiterbildung, Trainings, Coachings etc. ein. Das Feld ist aber durchaus vielfältiger und einige Social Media liefern hierzu ihren Beitrag.

Allen voran sind interne Weblogs und Unternehmens-Wikis (auch Enterprise-Wikis genannt) zu sehen. Der soziale Gedanke des Teilens von Informationen innerhalb des Unternehmens über solche Plattformen trägt durchaus zur Wissenserweiterung von Mitarbeitern bei. Auf die Vor- und Nachteile von Wikis im Unternehmenseinsatz gehe ich später in Kapitel 9 noch im Detail ein.

Noch sind Unternehmens-Wikis nicht sehr verbreitet, aber stark im Wachstum. Bereits im Jahre 2008 wurden in einer Studie an der *Universität Tampere* (Finnland) die 50 größten finnischen Unternehmen eingehend zu deren Wiki-Nutzung befragt. Schon damals nutzten 26 Prozent der Unternehmen ein Wiki, 18 Prozent dachten über die Einführung eines Wikis nach. In einer Studie der *Universität St. Gallen* in Zusammenarbeit mit *T-Systems* zum Thema »Enterprise 2.0: Nutzung & Handlungsbedarf im innerbetrieblichen, B2B- und B2C-Kontext« aus dem Jahr 2011 gaben fast 69 Prozent der Befragten aus dem deutschsprachigen Wirtschaftsraum an, uneingeschränkt mit Wikis im Unternehmen arbeiten zu können.

Die Erhaltung und Verbesserung der Qualifikation kann aber im Social-Media-Zeitalter noch ganz andere Formen annehmen. Wie bereits dargestellt besitzt die

Generation Y einen Wissensdurst, den sie durch permanentes Durchstöbern des Internets stillt. So ist es nicht schwer zu verstehen, dass für junge Menschen Foren und Gruppen bei XING, Facebook oder LinkedIn zur Wissensquelle werden.

2.2.3 Personalkommunikation und Wissensaufbau

Begriffe

Zwei weitere wesentliche nach innen gerichtete Aufgaben der Personalwirtschaft sind Personalkommunikation und Wissensaufbau. Zu Ersterem gehören sämtliche Maßnahmen der internen Betriebskommunikation zwischen Arbeitnehmer aller Abteilungen, Ebenen und Niederlassungen. Hierzu zählen u.a. Intranet, Betriebszeitung, Schwarzes Brett und Betriebsversammlungen.

Bernhard Schelenz sieht in der Personalkommunikation sämtliche Kommunikations-Strategien, -Maßnahmen und -Methoden, die der Gewinnung, Bindung, Entwicklung, Motivation und Information von Mitarbeiterinnen und Mitarbeitern dienen.

Letzteres ist ein Problem aller Unternehmen mit Personalabgängen: die richtige Konservierung von Wissen. Jeder Unternehmer kennt das: Mitarbeiter kommen und gehen und nehmen immer Know-how mit. Eine Aufgabe, die nur mit hoher Personalbindung und eben Mitteln und Wegen zum Wissensaufbau gelöst werden kann.

Social Media und Personalkommunikation / Wissensaufbau

Auch für diese Aufgabenstellung eignen sich Unternehmens-Wikis und interne Weblogs. Gerade ein Weblog dient leicht als »Digitales Schwarzes Brett«, um über Neuigkeiten im Unternehmen, Fristen und Termine zu informieren.

Wikis sind die idealen Plattformen, um unternehmens- oder projektübergreifend Wissen zu sammeln. Sie dienen zudem als ideale Plattform zur Zusammenarbeit (Kollaboration).

Als besonders effektiv und nützlich für die interne Mitarbeiterkommunikation mit Social Media hat sich z.B. der Microblogging-Dienst Yammer erwiesen. Jeder Teilnehmer verifiziert sich über seine Unternehmens-E-Mail-Adresse, die seine Zugehörigkeit zum Unternehmen ausweist. Danach legt man ein Profil à la Facebook an und kann wie bei Twitter gegenseitig die Feed abonnieren, Gruppen anlegen und Informationen austauschen. Yammer eignet sich damit sowohl für einen effizienten Informationsfluss/-austausch bei Projekten als auch für Ankündigungen von Neuigkeiten, für Diskussionen und als Unterstützung bei Produktentwicklungen.

Yammer wird schon heute in mehr als 200.000 Unternehmen weltweit eingesetzt und ist damit Marktführer im Bereich der Enterprise Social Networks. Ein konkreteres Einsatzmodell und Beispiele von zufriedenen Anwendern folgen in Kapitel 10.

2.3 Erwartungen der Bewerber an Social-Media-Angebote der Unternehmen

Zum Abschluss sei noch gestattet, einen Blick über den Tellerrand auf die andere Seite, die Bewerber, zu werfen. Denn es ist immer gut, die Wünsche und Erwartungen der Zielgruppe zu kennen, um sich optimal darauf einzurichten.

So sollte man zum Beispiel wissen, dass sich die Arbeitnehmer in Deutschland immer häufiger in Social-Media-Präsenzen über ihren potenziellen Arbeitgeber informieren. Laut dem Randstad Arbeitsbarometer, einer weltweit in 25 Ländern regelmäßig durchgeführte Arbeitnehmerbefragung, informieren sich zum Beispiel 61 Prozent dort vor einem Vorstellungsgespräch gezielt über ihre zukünftige Firma.

59 Prozent der Befragten halten die Social-Media-Kanäle für eine geeignete Quelle, um sich über die Unternehmenskultur zu informieren.

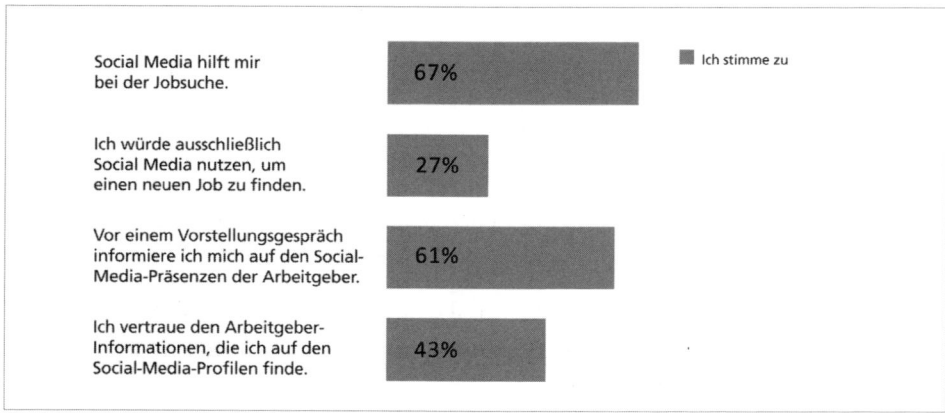

Abb. 2.3: Ergebnisse des Randstad Arbeitsbarometers aus Sommer 2011 (Quelle: Randstad Deutschland GmbH & Co. KG)

Eine bereits vorgestellte Studie der *DIS AG* zeigt zudem, dass die Nutzer ganz konkrete Erwartungen an Unternehmen haben, die sich in sozialen Netzwerken engagieren. So erwartet man vom Social-Media-Angebot innerhalb von Unternehmen Informationen mit Mehrwert, insbesondere Stellenangebote (80 Prozent), Karriereperspektiven (70 Prozent) sowie allgemeine Unternehmensnachrichten (60 Prozent). Erst mit einigem Abstand wurden Erfahrungsberichte von Mitarbeitern (49 Prozent), Informationen zu Weiterbildungsangeboten (47 Prozent) sowie Argumente für eine Bewerbung bei dem jeweiligen Unternehmen (45 Prozent) nachgefragt.

Darüber hinaus halten fast alle Bewerber die Möglichkeit, Nachfragen zu Stellenangeboten (96 Prozent) oder einer versandten Bewerbung (93 Prozent) via Social Media an das Unternehmen zu richten, mindestens für wünschenswert. Rund die Hälfte erwartet dies sogar unbedingt. Auch Stellungnahmen zu Fragen zum Unternehmen (zum Beispiel Personalpolitik, Umweltschutz) wünscht sich eine große Mehrheit (89 Prozent) der Befragten. Mittels Social Media sollten Unternehmen nicht nur umfassend, sondern unbedingt auch schnell informieren: Die Mehrheit der Befragten (73 Prozent) erwartet eine Reaktion auf Anfragen innerhalb von 24 Stunden oder schneller.

Verwendete Studien und Literatur

Studien

Social Media @ Human Resource Management, Studie zur Nutzung von sozialen Netzwerken im beruflichen Kontext, DIS AG, Mai 2011

Soziale Netzwerke werden zum Karriereturbo für Bewerber, Umfrage von Microsoft und Unicum, Mai 2012

Employer Branding – Was Kandidaten suchen und Unternehmen tun sollten, StepStone Employer Branding Report 2011, StepStone Deutschland GmbH

recruiting trends im mittelstand 2012 – Centre of Human Resources Information Systems (CHRIS), Otto-Friedrich Universität Bamberg, Goethe-Universität Frankfurt am Main sowie Monster Worldwide Deutschland GmbH

recruiting trends 2012 – Centre of Human Resources Information Systems (CHRIS), Otto-Friedrich Universität Bamberg, Goethe-Universität Frankfurt am Main sowie Monster Worldwide Deutschland GmbH

Experiences of Wiki use in Finnish companies, Universität Tampere, 2008

Enterprise 2.0 – Nutzung & Handlungsbedarf im innerbetrieblichen, B2B- und B2C-Kontext – Institut für Wirtschaftsinformatik IWI der Universität St. Gallen in Zusammenarbeit mit T-Systems

Randstad Arbeitsbarometer, 1. Quartal 2011, Randstad Deutschland GmbH & Co. KG

Bücher

Personalmanagement: Theorien – Instrumente – Konzepte, Prof. Dr. Ruth Stock-Homburg, Gabler Verlag 2010

Personalkommunikation: Recruiting! Mitarbeiterinnen und Mitarbeiter gewinnen und halten, Bernhard Schelenz (Hrsg.), Publicis Verlag 2007

Vorplanung für den Social-Media-Einstieg

Bevor Sie aktiv in das Thema Social Media für Employer Branding, Personalmarketing und Recruiting bzw. Personalentwicklung einsteigen, muss einiges an strategischer Vorarbeit geleistet werden. Genau wie im Marketing muss auch im Personalbereich eine Strategie erarbeitet werden, um grundlegende Fragen zu definieren und Entscheidungen zu treffen.

Dazu gehören u.a. der Ist-Zustand, die Ziele, die benötigten und zur Verfügung stehenden Ressourcen, der Zeitplan und die Erfolgskontrolle.

Nun ist das Thema Strategie allgemein ein weites Feld, in dem ich mich nicht verlieren will. Zwar gibt es einerseits wissenschaftliche Ansätze, wie man eine Strategie, auch im Personalbereich, angeht, damit will ich Sie aber nicht quälen. Denn im Prinzip gibt es in Sachen Strategie keine goldene Vorgehensweise, vor allem nicht im Bereich Social Media. Sicher hat jedes Unternehmen – ob groß oder klein – seine eigene Vorgehensweise, eine Strategie festzulegen.

Ich möchte Ihnen an dieser Stelle vielmehr einige Eckpunkte an die Hand geben, anhand derer Sie eine Social-Media-Planung aufstellen können. Sehen Sie es als Checkliste oder Leitlinie, mehr nicht.

Sicher ist nur eines: Ohne Strategie wird Ihr Start in die Social-Media-Welt ein Blindflug, egal ob im Marketing oder im Personalbereich.

3.1　Bestandsaufnahme

Zu Beginn der Planung müssen Sie eine Bestandsaufnahme in Sachen Social Media durchführen, und zwar nach innen und nach außen gerichtet. Das Unternehmen *Virtual Identity AG* hat dazu sehr treffend eine Grafik erstellt, die ich mir an dieser Stelle ausleihe.

Hier sind alle Faktoren oder Blickrichtungen inbegriffen. Bei der Bestandsaufnahme (oder Ist-Analyse) kann man auf Recherchen und Befragungen zurückgreifen – und das sowohl nach innen (also unternehmensintern) als auch nach außen.

Beim Blick nach innen muss zum Beispiel unbedingt evaluiert werden, wie es um die Kommunikations- und Unternehmenskultur steht. Ist Ihr Unternehmen generell offen für Social Media, ist man auf allen Ebenen bereit, Informationen preiszugeben, die nicht zur Standard-Kommunikation gehören? Stehen Geschäftsführung, Vorstand etc. dahinter? Gibt es bereits Richtlinien, die die Kommunikation nach außen regeln? Entdecken Sie hier bereits Defizite zum Beispiel in der Kultur, sollten Sie sich die Zeit sparen, in Social Media zu investieren.

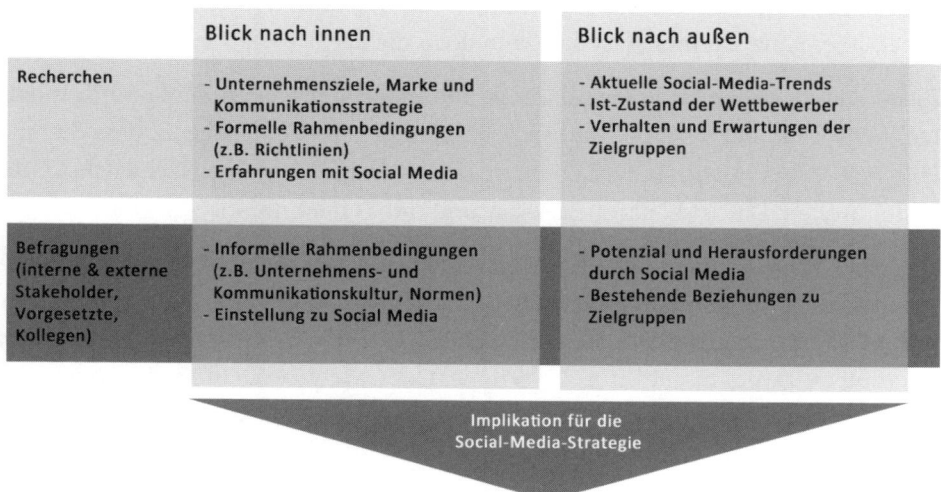

Abb. 3.1: Zur Bestandsaufnahme gehört der Blick nach innen und außen
(Quelle: Virtual Identity AG)

Dann geht es darum, wie es um die Erfahrungen in Bezug auf Social Media steht. Gibt es Experten im Unternehmen, die Social Media bereits im Marketing einsetzen? Wenn ja, können diese Erfahrungen in den Personalbereich eingebracht werden? Muss durch Schulungen nachgebessert werden?

Im Blick nach außen sind alle Gruppen im Fokus, mit denen Ihr Unternehmen zu tun hat. Wie weit sind die Wettbewerber im Kampf um die besten Köpfe? Wie verhält sich Ihre Branche generell? Gibt es Vorreiter und Erfolge, von denen man lernen könnte? Was die Zielgruppen betrifft, so sind diese bereits ziemlich klar formuliert und auch deren Affinität zu Social Media.

Sofern die Bestandsaufnahme dazu führt, dass man bereit ist für Social Media, oder Sie sogar herausgefunden haben, dass Social Media im Marketing bereits erfolgreich Einzug gefunden hat, können Sie sich über Ihre Ziele Gedanken machen.

3.2   Ziele definieren

Wenn man etwas plant, sollte man sich zuerst darüber im Klaren sein, wohin man will bzw. was man erreichen will. Denn einfach mal loslegen im Stile von »Unser Vorstand hat entschieden, dass wir jetzt Social Media machen, deshalb machen wir jetzt eine Karriere-Seite in Facebook« hat keinen Erfolg.

Ziele sind im Personalbereich im Prinzip einfach definiert: neue Leute, neues Personal. Aber ganz so einfach ist das dann doch nicht.

Ziele müssen konkret und messbar sein und mindestens einen Zeitfaktor beinhalten, heißt es in der Theorie. Natürlich können Sie als Ziel festlegen, dass Sie mit Hilfe von Social Media innerhalb eines Jahres drei neue junge Nachwuchskräfte finden wollen. Das ist konkret, messbar und mit Zeitdefinition.

Ein Ziel könnte es aber auch sein, Ihre Arbeitgebermarke zu stärken, bei Studenten und jungen Ingenieuren der EDV-Branche als modern, offen und authentisch wahrgenommen zu werden. Sie könnten als Ziel aber auch festlegen, einfach nur bekannter zu werden bei Ihrer Zielgruppe. Oder wie wäre es, neue Kontakte und Beziehungen zu potenziellen Bewerbern aufzubauen bzw. vorhandene Kontakte zu verbessern?

Intern könnte ein Ziel sein, vorhandenes Personal enger an Ihr Unternehmen zu binden und zu begeistern.

Klar, bei solchen Zielen hapert es in jedem Fall an der Messbarkeit und meistens auch an der Zeitdimension. Aber bei Social Media ist das eben so. Und die Wahrnehmung der Arbeitgebermarke bzw. den Bekanntheitsgrad Ihres Unternehmens zum Beispiel bei Studenten können Sie durchaus messen. Wie das geht, folgt später.

Egal, was es letztendlich ist, legen Sie in jedem Fall fest, wen und was Sie mit Social Media erreichen wollen, im Idealfall auch, bis wann.

3.3 Interne Entscheidungen

Mit den Zielen vor Augen müssen Sie im nächsten Schritt eine Menge interner Entscheidungen treffen und Planungen durchführen. Die Punkte im Folgenden sind die wichtigsten und geben keine zeitliche, aber eine logische Reihenfolge vor. Und sie erheben auch nicht den Anspruch auf Vollständigkeit, sondern geben – wie bereits erklärt – eine Leitlinie. Jedes Unternehmen ist anders und muss auch individuelle Entscheidungen treffen und Rahmenbedingungen klären.

3.3.1 Ressourcen und Verantwortlichkeiten

Zu Beginn sollten Sie zunächst einmal klären, wo das Projekt »Social Media für den HR-Bereich« aufgehängt ist, wer die Verantwortung trägt und wer das Gesamtprojekt koordiniert. In der Regel sind solche spezifischen Projekte in der Personalabteilung angesiedelt. In kleineren Unternehmen, die einfacher strukturiert sind und keine Personalabteilung haben, könnte der Chef selbst, ein Personalleiter oder ein Mitarbeiter, der die Personalangelegenheiten betreut, die Verantwortung übernehmen und wiederum Teilaufgaben delegieren.

Wichtig ist nur, dass eine Person die Entscheidungen trifft und die Gesamtverantwortung übernimmt. Sonst gibt es sicher Probleme, wenn es mal hitzig wird und schnell reagiert werden muss.

Des Weiteren ist zu klären, wer tatsächlich mit der operativen Umsetzung und Kommunikation betraut wird. Wird es ein Team geben und wie ist das zusammengesetzt? Könnte man Mitarbeiter der Personalabteilung und der Marketingabteilung zusammenbringen? Könnte eine ganz neue Stelle geschaffen werden?

Hinweis

Setzen Sie ein Social-Media-Team aus erfahrenen Leuten zusammen, die sich mit den entsprechenden Plattformen und Kanälen auskennen und zudem gut kommunizieren können. Introvertierte und schüchterne Mitarbeiter haben es bei Facebook schwer. Zudem sollen die Mitarbeiter zur Zielgruppe passen. Zum Beispiel könnten für die Suche nach Auszubildenden auch vorhandene Azubis eingebunden werden. Studenten schreiben am besten für Studenten etc.

Auch wenn Erfahrungen im Bereich Social Media von enormer Bedeutung für ein gutes Gelingen sind, so ist das noch kein komplettes K.-o.-Kriterium. Sie haben dann immer noch die Möglichkeit, die entsprechenden Personen schulen zu lassen oder externes Know-how zum Beispiel über Agenturen einzukaufen.

Bedenken Sie bitte, dass auch hier kein Meister vom Himmel fällt. Ein Neuling muss sich erst sanft und durch Üben an die Thematik rantasten. Alleine deshalb könnte eine anfängliche unterstützende Betreuung eines erfahrenen externen Dienstleisters Sinn machen.

Im Zuge der Personalplanung ist auch zu klären, inwieweit weitere Kollegen aus dem Unternehmen in das Projekt eingebunden werden, zum Beispiel für aktive Bewertungen in Arbeitgeber-Bewertungsportalen oder als Multiplikatoren. Dazu muss zunächst eine andere Frage beantwortet werden.

Die Nutzung von Social-Media-Plattformen während der Arbeitszeit

Um eine Kultur der Offenheit und Authentizität aktiv zu leben und um andere Mitarbeiter aktiv in das Projekt Social Media einzubinden, ist es unabdinglich, dass die Mitarbeiter in Ihrem Unternehmen während der Arbeitszeit Social-Media-Plattformen nutzen dürfen.

Sie sollten bei der Bestandsaufnahme bereits deutlich festgestellt haben, dass in Ihrem Unternehmen eine Kommunikations- und Unternehmenskultur herrscht, die den Mitarbeitern diese Freiheiten gewährt. Zumindest muss die Bereitschaft vorhanden sein, diese Freiheiten einzuführen. Das sollten Sie dann aus zwei Gründen tun:

1. Nur wenn Ihre Mitarbeiter die Erlaubnis haben, während der Arbeitszeit Social-Media-Plattformen zu nutzen, erhalten sie auch die Chance und die Lust dazu, als Botschafter Ihres Unternehmens aufzutreten und Ihr Unternehmen aktiv zu bewerten und zu bewerben. Sind diese Aktivitäten verboten, schreiben sie in ihrer Freizeit über ihren Job und sehen sich nicht ermuntert, als Fürsprecher aufzutreten. Sie verschenken ein Potenzial.

2. Wie ich in Kapitel 1 bereits dargestellt habe, setzen vor allem die Digital Natives die Nutzung von Internet und Social Media während der Arbeitszeit als selbstverständlich voraus. Ohne diese Freiheit verlieren Sie wertvolle Punkte beim Werben um die jungen Talente. Denn ob Sie wollen oder nicht, es kommt raus, dass in Ihrem Unternehmen nicht getwittert, gepostet und gexingt werden darf.

Das ist keine Behauptung, das bestätigen Umfragen. So wünschen sich laut *Cisco Connected World Technology Report* 70 Prozent der befragten Young Professionals u.a. aus USA, Großbritannien, Frankreich, Deutschland, Italien und Spanien den uneingeschränkten Zugang zu Facebook, Twitter & Co während der Arbeitszeit. 29 Prozent würden nicht für ein Unternehmen arbeiten wollen, dass die Nutzung sozialer Medien während der Arbeitszeit mit Arbeitsgeräten verbietet.

Sicher sind das noch Ausnahmen, doch der Trend geht eindeutig in die Richtung, die Nutzung sozialer Netzwerke während der Arbeitszeit zumindest unter strengen Regeln zuzulassen. Sie sollten sich darauf einstellen.

Sind die Verantwortlichkeiten definiert, die Kompetenzen geklärt, die Aufgaben verteilt und das Know-how vorhanden, sollten Sie noch einige organisatorische Fragen beantworten.

3.3.2 Der grundsätzliche Ablauf – Workflows

Wer legt die einzelnen Themen fest? Wer entscheidet, wann was veröffentlicht wird? Wer übernimmt welchen Kanal? Wer vertritt wen? Wann müssen Kollegen oder Vorgesetzte gefragt werden?

Dies alles sind organisatorische Fragen, die je nach Teamgröße in einer Redaktionsbesprechung zum Beispiel zum Wochenanfang festgelegt werden können. Natürlich sind solche Fragen ganz »downsized« auf ein kleines Unternehmen mit einem Social-Media-Verantwortlichen, der nur eine Plattform betreut, nicht weiter aufwendig. Für große Unternehmen ist eine Rahmenplanung sicher notwendig.

Die Frage, in welchen Fällen die Redakteure auf Fragen antworten und in welchen sie sich rückversichern müssen bzw. wie sie auf Kritik reagieren sollen, kann man natürlich an dieser Stelle im Team festlegen. Generell sind solche Themen Bestandteil der Social Media Guidelines, die man als Unternehmen haben sollte. Mehr dazu gibt es in Kapitel 12.

3.3.3 Zeitplan

Auch eine zeitliche Planung ist sinnvoll. Dabei geht es weniger darum, wann bei Facebook oder Twitter geschrieben wird, sondern vielmehr darum, wie die zeitliche Planung vor allem vor dem Start der einzelnen Plattformen aussieht. Bis wann muss die Facebook-Seite stehen, wann werden Bilder geliefert etc.

Dann können Sie auch als Rahmen festlegen, wie viel Vorlauf eingeplant werden muss, wenn Sie Aktionen starten wollen. Vor allem, wenn man externe Lieferanten für Grafiken oder Apps einbindet, muss das im Vorfeld generell klar sein.

Legen Sie Meilensteine fest, eine Art von Roadmap für die einzelnen Projekte und Plattformen. Wann sind Einstellungstermine oder wichtige Messen, wann müssen Aktionen startbereit sein und wann einzelne Videos fertig sein?

3.4 Nach außen gerichtete Entscheidungen

3.4.1 Plattformen

Parallel zu den internen Entscheidungen müssen Sie sich auch darüber Gedanken machen, mit welchen Plattformen und Kanälen Sie starten und welche ggf. später hinzukommen.

Ausgehend von Ihrer Bestandsaufnahme sollte folgende Frage geklärt sein:

- Welche Plattformen und Kanäle passen zu Ihren Zielen?

Zur Beantwortung dieser Frage finden Sie in den folgenden Kapiteln eine Darstellung der wichtigsten Plattformen und Kanäle. Dort erkläre ich Ihnen auch, welche Bereiche der Personalwirtschaft Sie mit diesen Plattformen und Kanälen abdecken und wie man diese nutzt.

Sind Ihre Ziele zum Beispiel eher intern auf Personalentwicklung und Personal-bindung ausgerichtet, sind Sie bei Facebook völlig falsch.

Über diese zentrale Frage hinaus sollten Sie auch Folgendes geklärt haben:

- In welchen sozialen Netzwerken halten sich Ihre Zielgruppen auf?
- In welchen sozialen Netzwerken halten sich Ihre eigenen Mitarbeiter privat auf?
- Welche Plattformen und Kanäle passen zu Ihrer Unternehmenskultur?

Zumindest zu der Frage, welche Kanäle und Plattformen Stellensuchende und Karriereinteressierte im Jahr 2011 wie häufig genutzt haben, hat die Studie bewer-bungspraxis 2012 des *Centre of Human Resources Information Systems (CHRIS), der Universitäten Bamberg* und *Frankfurt am Main* in Zusammenarbeit mit *Monster Worldwide Deutschland* ermittelt. Demnach setzt der überwiegende Teil zwar immer noch auf klassische Internet-Stellenbörsen, immerhin 31,7 Prozent nutzen schon Karrierenetzwerke wie XING und LinkedIn und 6,8 Prozent sogar schon soziale Netzwerke wie Facebook.

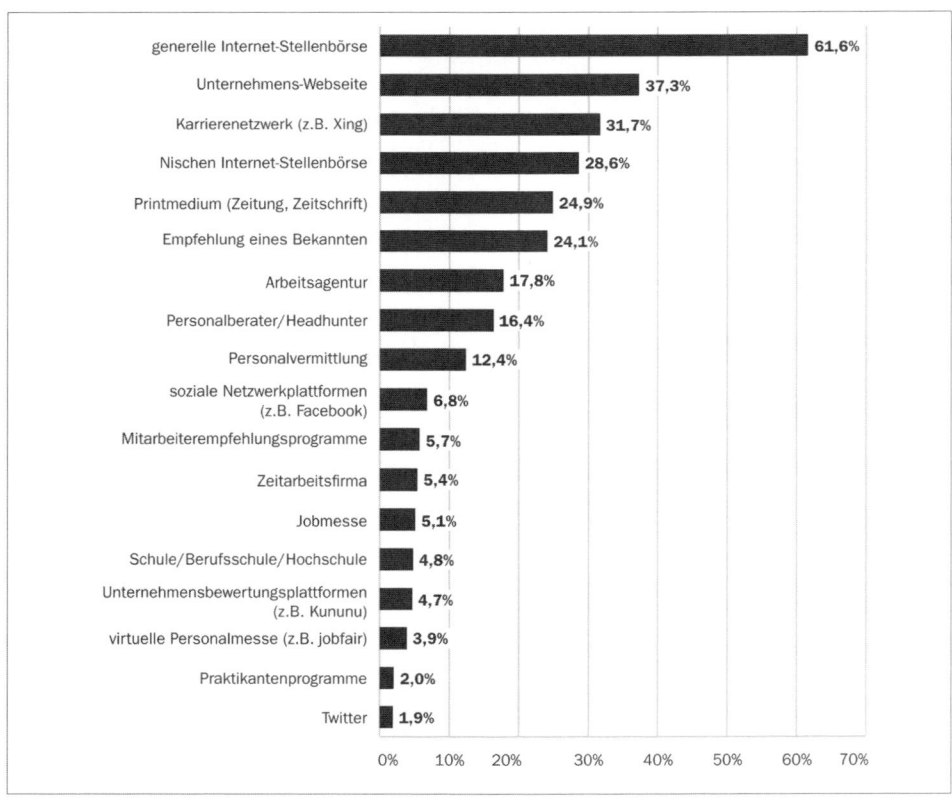

Abb. 3.2: Mehr als 1/3 der Stellensuchenden und Karriereinteressierten setzten bereits auf XING & Co. (Quelle: Centre of Human Resources Information Systems (CHRIS) et. al.)

3.4.2 Inhalte

Natürlich sollten Sie sich auch über Inhalte Gedanken machen. Was wollen Sie kommunizieren? Welche Inhalte stehen zur Verfügung und aus welchen Abteilungen oder Bereichen des Unternehmens könnten Inhalte gesammelt werden?

Was man in den einzelnen Plattformen und Kanälen wie kommuniziert, erfahren Sie ebenfalls in den folgenden Kapiteln. Ebenfalls, wie man üblicherweise dort mit den Nutzern spricht.

Unabhängig davon sollten Sie aber wissen, wie die Zielpersonen generell angesprochen werden wollen. Mit Studenten redet man anderes als mit Doktoren und langjährigen erfahrenen Spezialisten. Falls Sie in dieser Frage keine Erfahrungen haben, hilft Ihnen das Monitoring weiter. Hören Sie zu und lernen Sie dazu.

3.5 Monitoring und Erfolgsmessung

3.5.1 Monitoring

Monitoring ist das A und O vor und während Ihrer Social-Media-Aktivitäten. Es dient einerseits dazu, zu erfahren, was über Ihr Unternehmen, über Ihre Produkte, Ihre (Arbeitgeber-)Marke und generell in der Branche geredet wird. Es dient andererseits auch dazu, um zu erfahren, wie man redet, wie die Zielgruppe sich unterhält. Hierbei erfahren Sie zum Beispiel, ob andere Unternehmen Studenten bei Twitter mit DU oder SIE anreden oder in entsprechenden XING-Gruppen eher locker oder Business-formell kommuniziert wird.

Zudem bietet das Monitoring die Informationen und Kennzahlen, die Sie benötigen, um den Grad der Zielerreichung zu bestimmen – sofern das überhaupt möglich ist.

Für das Social-Media-Monitoring gibt es digitale Helferlein, so genannte Monitoring-Werkzeuge, die Ihnen die Arbeit erleichtern und an vielen Stellen eine eigene Mitgliedschaft bei Twitter, Facebook & Co. erst einmal ersparen. Einige dieser Werkzeuge sind sogar kostenlos.

Kostenlose Werkzeuge

Ein Werkzeug, das jedes Unternehmen für das Web-Monitoring nutzen sollte, sind die Google Alerts (`http://www.google.de/alerts`). Bei den Google Alerts legen Sie einen Suchbegriff fest und einige weitere Details. Google durchsucht ständig das Netz und benachrichtigt Sie per E-Mail bei Treffern. Damit haben Sie eine Grundlage geschaffen.

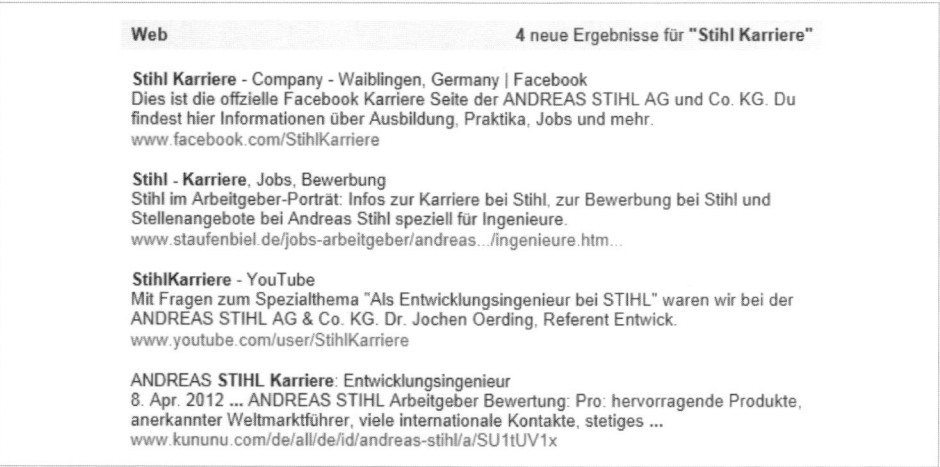

Abb. 3.3: Legt man ein Google Alert mit Suchbegriff »Stihl Karriere« an, so erhält man u.a. Einträge von Facebook, YouTube und kununu (Quelle: Google)

Weitere kostenlose Werkzeuge sind Social Mention (http://socialmention.com), Addict-o-matic™ (http://addictomatic.com) und Mention (https://de.mention.net).

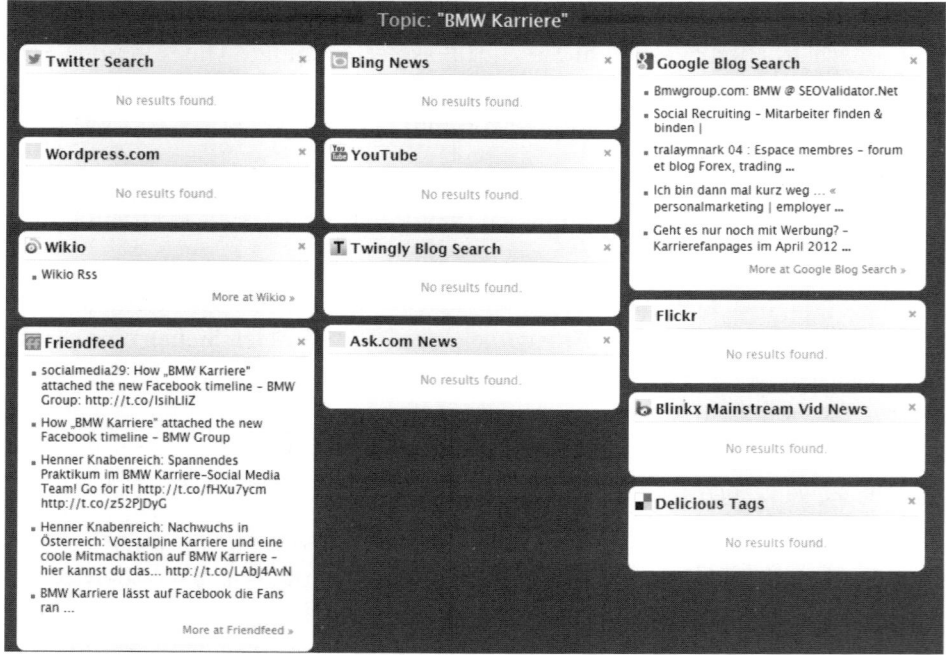

Abb. 3.4: Addict-o-matic überwacht nicht nur Twitter, sondern auch YouTube, Flickr, Friendfeed und die Google Blog-Search (Quelle: http://addictomatic.com)

Mit dem Werkzeug Boardtracker (http://www.boardtracker.com) werden eher Foren (Boards) durchsucht.

Egal, welche Werkzeuge Sie nutzen, Sie schaffen damit die Grundlage, die Gespräche im Web und Social Web abzuhorchen, und wissen, wie Ihr Unternehmen zum Beispiel als Arbeitgeber wahrgenommen wird, wer wo wie über Ihr Unternehmen redet und wie geredet wird.

Kostenpflichtige Werkzeuge

Im Bereich der kostenpflichtigen und leider sehr teuren Werkzeuge gibt es zwei Marktführer: Sysomos Heartbeat und Radian6. Die Agentur *Goldbach Interactive* hat sich im letzten Jahr wieder die Mühe gemacht, mehrere Social-Media-Monitoring-Werkzeuge zu testen und zu vergleichen. Hier ist Sysomos Heartbeat als Sieger hervorgegangen, dicht gefolgt von Radian6.

Sysomos Heartbeat beeindruckt demnach vor allem durch sein sehr einfach zu benutzenden Interface, das lange Einarbeitungszeiten vermeidet. Zudem erstellt das Tool automatisch Social Profiles, die manuell erweiterbar sind und als Grundlage für Filtermöglichkeiten dienen. Sysomos Heartbeat untersucht speziell Blogs, Foren und Newsportale und kann durch eine gut gelöste Länder- und Sprachfilterung noch verfeinert werden. Ein weiterer Vorteil: Der Nutzer braucht nicht mehr zu Twitter oder Facebook zu wechseln, falls er auf ein Gespräch reagieren möchte: Aus Sysomos Heartbeat lässt sich direkt twittern und auch auf Einträge auf der Facebook-Fanpage kann man direkt aus dem Tool antworten. Zusätzlich können auch Konkurrenz-Fanpages beobachtet und analysiert werden.

Der Preis für Sysomos Heartbeat beginnt ab etwa 500 Euro pro Monat.

Radian6 hat einige Vorteile im Vergleich mit Sysomos Heartbeat, aber auch ein paar Nachteile. Radian6 ist eine flashbasierte Applikation mit Widgets, die auf dem Desktop individuell zusammengestellt werden. Zum einen ist Flash aber ein ungeliebter Gast in Browsern geworden, zum anderen können zu viele Widgets auf Kosten der Übersichtlichkeit zum Nachteil werden. Zudem ist die Erstellung der Widgets nicht ohne erhöhten Aufwand möglich und nicht für jeden Nutzer einfach zu verstehen.

Die Einstiegsversion von Radian6, mit der sich ein Thema verfolgen lässt, kostet nach meinen Recherchen 600 Dollar pro Monat. Mit 4.000 Dollar ist die »Advanced«-Version deutlich kostspieliger.

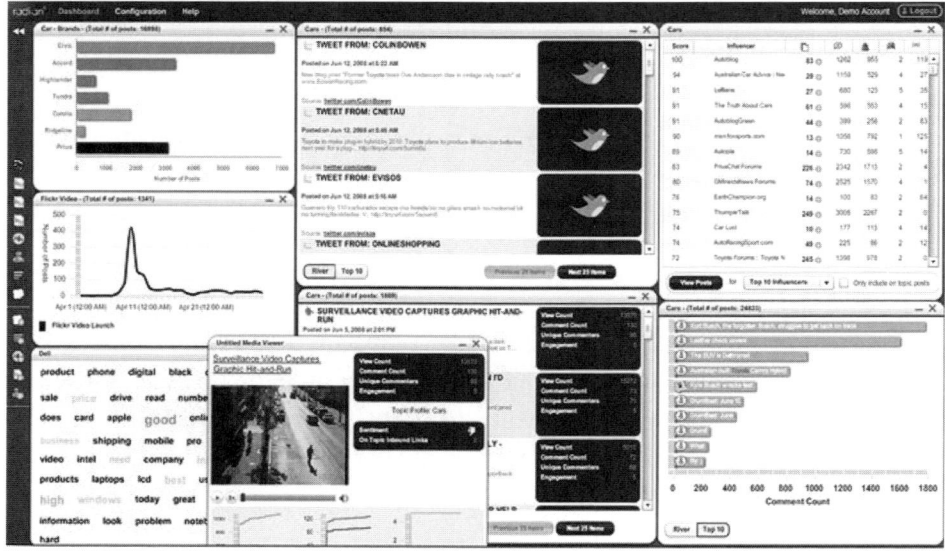

Abb. 3.5: Radian6 sorgt mit einem Dashboard, das aus Widgets zusammengesetzt ist, für den totalen Überblick (Quelle: Goldbach Interactive AG, Radian6 Salesforce.com)

3.5.2 Erfolgsmessung

Ziele sollten messbar sein, hieß es eingangs. Wenn Sie also als Ziel definiert hatten, mit Hilfe von Social Media innerhalb eines Jahres drei neue junge Nachwuchskräfte finden zu wollen, brauchen Sie nach Ende der Frist nur die neuen Mitarbeiter zu zählen und zu überprüfen, ob von denen jemand via Facebook, Twitter, XING oder YouTube »geangelt« wurde.

Abgesehen davon, dass dies ziemlich schwierig nachzuweisen ist, sind die Ziele nicht immer so klar und eindeutig. Besonders, wenn es um die Schärfung der Arbeitgebermarke oder um das Image bei Studenten und jungen Ingenieuren geht, hilft Zählen nicht mehr.

Hier können Sie sich dann wieder auf das Monitoring verlassen. Durch gezieltes Mitlesen im Social Web können Sie durchaus ermitteln, wie Ihre Arbeitgebermarke zum Beispiel bei Studenten und jungen Ingenieuren wahrgenommen wird. Oder Sie fragen die Zielgruppe doch direkt, zum Beispiel im Rahmen einer Aktion auf Facebook.

Wenn es zum Beispiel um neue Kontakte und Beziehungen zu potenziellen Bewerbern geht, können neue Kennzahlen und Indikatoren im Social-Media-Monitoring Hilfestellung leisten. Dazu gehören u.a.

- **Interaktionsrate (Conversational exchange)** – Anzahl der Replies bei Twitter, Kommentare bei Facebook oder direkte Antworten. Diese zeigen, wie viele Menschen bereit sind, mit Ihrem Unternehmen zu reden, sich zu engagieren bzw. überhaupt ein gesteigertes Interesse zu zeigen.

- **Direkte Reichweite (Reach)** – Auch wenn man die Anzahl der eigenen Fans und Follower (auch des Unternehmensprofils bei XING oder YouTube-Kanals) nicht überbewerten soll, bleibt die Anzahl der Menschen, die jeden Tweet bzw. jedes Posting theoretisch lesen, ein wichtiger Messwert.

- **Sharing / Content-Vervielfältigung (Content amplification)** – Die Verbreitung Ihrer Beiträge durch Teilen oder Retweeten ist eine Weiterempfehlung durch einen Fürsprecher Ihres Unternehmens. Sie erreichen damit dessen gesamten Freundeskreis.

Es gibt noch weitere Indikatoren wie die Anzahl der Likes bei Facebook oder die Vergabe eines +1 bei Google+. Sie geben Aufschluss über die Wertschätzung des Beitrags.

Derzeit wird ja gerne über Rasenqualität diskutiert. Hier mal ein erster Blick auf unser neues Spielfeld. Sattes Grün, das nicht mal bewässert werden muss. :-) Die finalen Arbeiten daran laufen. Ps: links entstehen Basketballfeld und Grillplatz. Angenehm, oder?

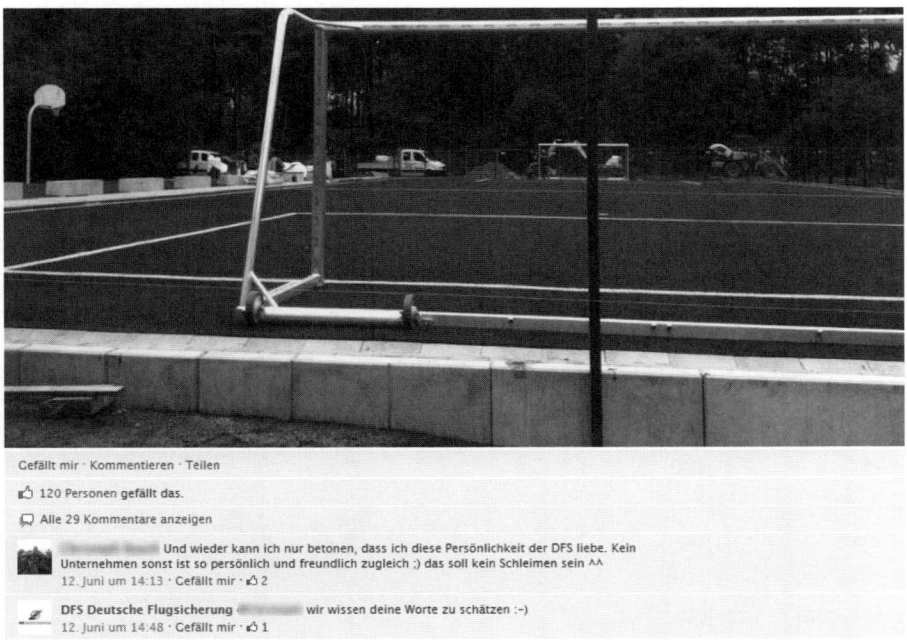

Gefällt mir · Kommentieren · Teilen

👍 120 Personen gefällt das.

💬 Alle 29 Kommentare anzeigen

    ▪   Und wieder kann ich nur betonen, dass ich diese Persönlichkeit der DFS liebe. Kein Unternehmen sonst ist so persönlich und freundlich zugleich ;) das soll kein Schleimen sein ^^
        12. Juni um 14:13 · Gefällt mir · 👍 2

         DFS Deutsche Flugsicherung   wir wissen deine Worte zu schätzen :-)
        12. Juni um 14:48 · Gefällt mir · 👍 1

Abb. 3.6: Auf der Facebook-Seite der Deutschen Flugsicherung gefiel ein Beitrag 120 Personen, mehrere haben sogar die Antwort der DFS bewertet (Quelle: https://www.facebook.com/DFSde)

Mit solchen Kennzahlen und Indikatoren können Sie messen, wie sich Ihre sozialen Kontakte im Web entwickelt haben, wie beliebt Ihr Unternehmen ist oder wie sehr Ihre Zielgruppe an Ihren Beiträgen interessiert ist.

3.6　Aufwand und Budget

Die finanzielle Frage ist für jedes Unternehmen besonders wichtig. Aufwand und Kosten, Return on Investment, Kosten-und-Nutzen-Vergleiche, das alles sind Fragen, die bei einem Projekt berücksichtigt werden müssen.

Grundsätzlich müssen Sie die Kosten für die technische Einrichtung und grafische Umsetzung (Setup) immer von den Kosten für Personal und den laufenden Betrieb unterscheiden.

Während die Setup-Kosten in der Regel einmalig anfallen und nur durch Veränderungen im Layout oder durch Aktionen (zum Beispiel Hinzukauf von Applikationen) ergänzt werden, entstehen die Personalkosten natürlich regelmäßig.

Abhängig von Ihrer Strategie mit Personalplanung, Teamzusammensetzung, Social-Media-Erfahrung der Teammitglieder, Wahl der Kanäle und Plattformen und der zeitlichen Planung können Sie jetzt schon relativ konkret sowohl die einmaligen als auch die laufenden Kosten für Personal abschätzen.

Es ist natürlich sehr schwierig, konkrete Zahlen zu nennen. Die Recruiting-Expertin *Eva Zils* hat aber 2011 in einer Studie den Stand der Dinge in Sachen Social-Media-Budget für Recruiting-Maßnahmen untersucht. Als ein Ergebnis dieser Studie kam heraus, dass aktuell kaum Budget für Social Media Recruiting freigestellt wird. 50 Prozent der teilnehmenden Unternehmen müssen ohne jegliches Budget auskommen, 25 Prozent haben bis zu 5.000 € zur Verfügung. Damit kann man nicht einmal die Erstellung einer professionellen Facebook-Fanseite oder eine gut durchdachte Facebook-Ad-Kampagne finanzieren.

Bis € 5.000	51 (25%)
Bis € 10.000	17 (8%)
Bis € 20.000	13 (6%)
Bis € 50.000	13 (6%)
Mehr als € 50.000	11 (5%)
Kein Budget	103 (50%)

Abb. 3.7: Die Hälfte der untersuchten Unternehmen hat kein Budget für Recruiting-Maßnahmen (Quelle: socialmedia-recruiting.com, Eva Zils)

Bei diesen Angaben liegt zudem nah, dass die Studien-Teilnehmer ihren eigenen Arbeitsaufwand und die damit verbundenen Kosten nicht berücksichtigt haben. Dieser Posten stellt aber einen erheblichen Anteil der gesamten Social-Media-Kosten dar. Denn immerhin verbringt die Mehrheit der Teilnehmer mehr als eine Stunde pro Woche in sozialen Netzwerken – um Personalmarketing-Aktivitäten zu betreiben.

Mehr als eine Stunde/Woche	64 (19%)
Mehr als 3 Stunden/Woche	114 (34%)
Täglich mehr als 1 Stunde	116 (35%)
Weniger als 1 Stunde/Woche	28 (8%)
Gar keine Zeit	9 (3%)

Abb. 3.8: Täglich eine Stunde Social Media ist löblich, aber das Mindestmaß (Quelle: socialmedia-recruiting.com, Eva Zils)

35 Prozent tun dies sogar täglich mehr als eine Stunde lang. Dies ist das Minimum, was man investieren sollte. Rechnen Sie lieber mit mindestens zwei Stunden pro Tag, um die wichtigsten Plattformen – Facebook, Twitter, XING, LinkedIn – betreuen zu können.

Eine konkrete Beispielkalkulation für Kosten einer Social-Media-Präsenz finden Sie unter http://bit.ly/Beispielkalkulation.

Bedenken Sie bitte, dass Social Media Recruiting oder Social-Media-Employer-Branding genauso wie Ihre andere Personalmarketing-Aktivitäten auch ein gewisses Budget benötigt. Sparen Sie hier nicht am falschen Ende, sonst geht der Schuss garantiert nach hinten los.

Verwendete Studien

Social Media Recruiting Studie 2011, Was kostet Social Media Recruiting und andere Fragestellungen, socialmedia-recruiting.com, Eva Zils

bewerbungspraxis 2012 – Centre of Human Resources Information Systems (CHRIS), Otto-Friedrich Universität Bamberg, Goethe-Universität Frankfurt am Main sowie Monster Worldwide Deutschland GmbH

Kapitel 4

Networking für Professionals: XING und LinkedIn

Wenn man über Social Media im Bereich Recruiting spricht, kommen stets zuerst die beiden Business-Netzwerke XING und LinkedIn ins Gedächtnis. Während XING in der D-A-CH-Region mit 5,3 Millionen Mitgliedern im Vergleich zu LinkedIn mit über 2 Millionen Mitgliedern unbestritten die Nummer 1 der sozialen Business-Netzwerke ist, sind die Amerikaner mit weltweit mehr als 150 Millionen Mitgliedern in mehr als 200 Ländern und Regionen das größte globale Online-Berufsnetzwerk. XING kann weltweit nur 11,7 Millionen Mitglieder aufweisen.

Beide Netzwerke spielen ihre Stärken vor allem im Bereich des Social Recruiting und Employer Branding aus. Es gibt dort viele Ähnlichkeiten, an einigen Stellen präsentiert man aber sehr unterschiedliche Lösungsansätze. Eines haben die beiden Netzwerke aber sicher gemeinsam: Sie richten sich hauptsächlich an Professionals, die bereits Berufserfahrung haben, und weniger an Studenten und Absolventen. Das zeigen auch die Nutzerstrukturen der beiden Netzwerke. Laut eigenen Statistiken haben 37,9 Prozent der XING-Mitglieder schon Berufserfahrung, 20,8 Prozent sind bereits Manager und 23,3 Prozent sogar Direktor oder Bereichsleiter. Insgesamt verfügen bei XING 94,7 Prozent der Mitglieder über Berufserfahrung und 56,8 Prozent sind in Führungspositionen (Stand Februar 2012).

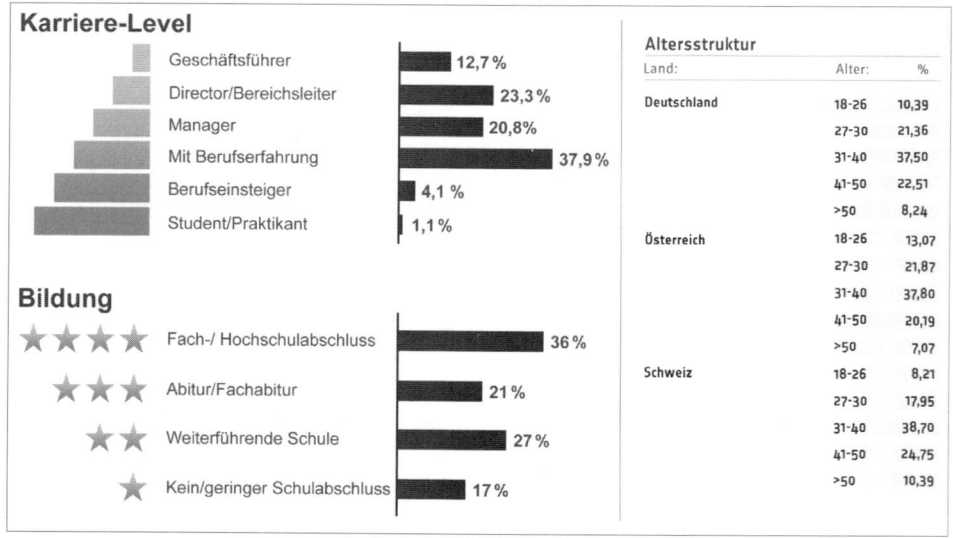

Abb. 4.1: Bei XING verfügen 94,7 Prozent der Mitglieder über Berufserfahrung und 56,8 Prozent sind in Führungspositionen (Quelle: XING AG)

Bei LinkedIn sieht das sicher ähnlich aus, auch wenn keine aktuellen Statistiken vorliegen.

4.1 Nutzung ohne spezielle Recruiter-Mitgliedschaften

Beide Plattformen bieten eine besondere »Recruiter-Mitgliedschaft«, die spezielle Werkzeuge für das gezielte Recherchieren, Finden und Rekrutieren von neuem Personal bereitstellt. Doch eine solche besondere Mitgliedschaft ist nicht zwingend notwendig, um in XING oder LinkedIn in Sachen Recruiting aktiv zu werden.

So können Sie bereits mit einer normalen Premium-Mitgliedschaft aktiv nach geeigneten Kandidaten suchen und auch aktiv nach weiterführenden Informationen über Kandidaten recherchieren, die bereits im Vorfeld identifiziert wurden.

Der bereits vorgestellten Studie des *Centre of Human Resources Information Systems (CHRIS), der Universitäten Bamberg und Frankfurt am Main in Zusammenarbeit mit Monster Worldwide Deutschland* zufolge suchen 16,2 Prozent der Studienteilnehmer in XING regelmäßig aktiv nach Kandidaten, in LinkedIn immerhin noch 4,1 Prozent. 12 Prozent recherchieren in XING aktiv nach weiterführenden Informationen über Kandidaten, bei LinkedIn sind es noch 3,5 Prozent.

Alleine mit Hilfe der normalen Suchfunktion können Sie nach Positionen und Standorten suchen. Möchten Sie Mitglieder finden, die gezielt einen Job suchen, so sind Schlüsselbegriffe wie »Herausforderung« im Suchfeld »Person sucht« sinnvoll.

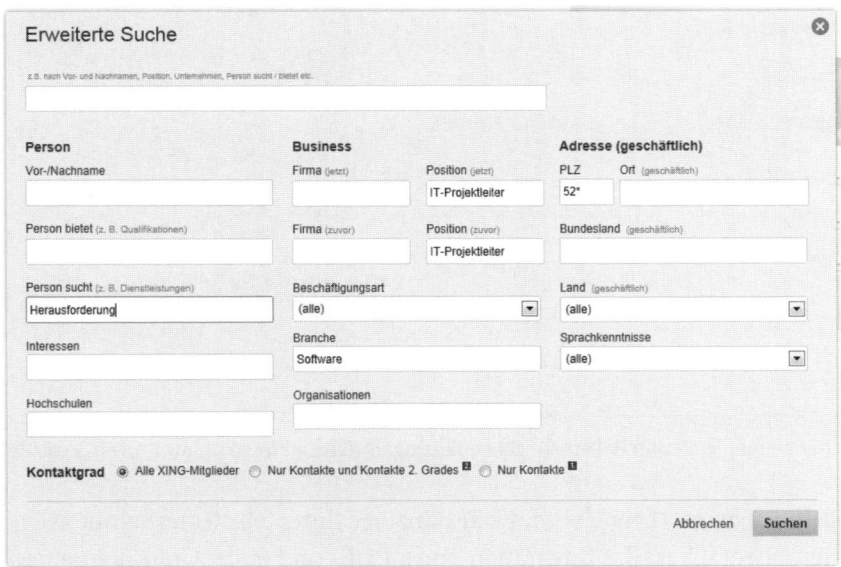

Abb. 4.2: Die Standardsuche bei XING kann durchaus für Recherchen genutzt werden (Quelle: `http://www.xing.com/de`)

Kennen Sie gar den Namen des Bewerbers, so können Sie ohne Weiteres die Person bei XING oder LinkedIn suchen und sich den Werdegang, ggf. vorherige Arbeitgeber und Auszeichnungen ansehen. Dabei dürfen Sie allerdings nicht vergessen, dass Ihr Name und Ihr Foto in der Liste der Besucher des betreffenden Profils erscheinen.

4.2 Stellenanzeigen schalten

Ebenfalls ohne spezielle Recruiter-Mitgliedschaft kann jedes XING-Mitglied Stellenanzeigen in XING oder LinkedIn schalten.

XING hält dazu gleich zwei Standard-Pakete und ein Individual-Paket bereit. Das Minimalpaket ist die Stellenanzeige »Text«, die keinerlei Grundgebühr und keinen Mindestumsatz erfordert. Abgerechnet wird nach dem Cost-per-Click-Verfahren (CPC), bezahlt werden 0,79 € pro Klick auf die Stellenanzeige zzgl. Mehrwertsteuer bei einer maximalen Laufzeit von 90 Tagen.

Abb. 4.3: Xing bietet gleich drei Pakete für Stellenanzeigen (Quelle: `http://www.xing.com/de`)

Bei der Stellenanzeige »Logo« wird die Textanzeige durch ein Unternehmenslogo aufgewertet. Ebenfalls ist die Integration eines PDFs und eines Unternehmensvideos angeboten. Bei dieser Variante ist keine CPC-Abrechnung vorgesehen, sondern eine Laufzeitgebühr 395,00 € pro 30 Tage Laufzeit zzgl. Mehrwertsteuer. Die Video-Integration kostet 95,00 € extra, ebenfalls zzgl. Mehrwertsteuer.

Das Premium-Paket ist die Stellenanzeige »Design«, die ein Stellenangebot in individuellem Design bei unbegrenzten Klicks und variablen Laufzeiten bietet. Ab 595,00 € können Sie diese Anzeige schalten lassen. XING übernimmt die Anzeigenschaltung inklusive Kategorisierung und Veröffentlichung. Darüber hinaus gibt es noch die Möglichkeit, individuelle Rahmenverträge und Pakete mit XING zu vereinbaren.

Zurzeit versucht XING vermehrt, die Zielgruppe der Studenten und Absolventen in den Fokus zu stellen. Deshalb können Unternehmen kostenlos Text-Anzeigen für Praktikanten-, Werkstudenten- und Azubi-Jobs schalten und können damit über 360.000 Studenten und Absolventen erreichen.

Bei LinkedIn sieht das Anzeigenmodell komplett anders aus. Natürlich können auch hier einmalige Stellenanzeigen mit einer Laufzeit von 30 Tagen aufgegeben werden. Für Unternehmen sind aber so genannte »Jobslots« attraktiv, das sind 5er- oder 10er-Pakete für Anzeigengutschriften zu einem reduzierten Preis. Für jede Gutschrift kann dann eine Stellenanzeige 30 Tage lang veröffentlicht werden. Die Anzeigen-Gutschriften laufen 365 Tage nach dem Kaufdatum ab. Der Preis einer Anzeige ist bei LinkedIn abhängig von dem geografischen Standort der Stelle. Deshalb ist eine allgemeine Preisauskunft hier nicht möglich.

Eine Anzeige für Aachen würde mit einer Laufzeit von 30 Tagen beispielsweise 139,95 € zzgl. Mehrwertsteuer kosten, in einem 10er-Paket kostet die Anzeige nur noch 89,50 €.

Wichtig ist in diesem Zusammenhang die Tatsache, dass beide Lösungen die Möglichkeit bieten, Stellenangebote auch in Gruppen veröffentlichen zu lassen. Während bei XING diese Funktion vom Gruppen-Moderator (Herausgeber der Gruppe) ausgeht, der anhand von Schlagwörtern frei definieren kann, welche Stellenanzeigen auf der Startseite der Gruppe, am Ende der Mitglieder-Liste und unter der Beitragssuche angezeigt werden, startet bei LinkedIn das normale Mitglied die Stellenschaltung in einer Gruppe, in der es zuvor Mitglied geworden ist – sofern der Gruppen-Moderator dem vorher zugestimmt hat. Dies kann aus dem Bereich für Stellenangebote sogar automatisch per Klick geschehen.

4.3 Spezielle Recruiter-Angebote

Neben den Standard-Werkzeugen bieten beide Netzwerke spezielle Angebote für Recruiter, Personalberater und Personalverantwortliche im Unternehmen. Dabei unterscheiden beide zwischen einer personengebundenen Recruiter-Mitgliedschaft und einer Unternehmenslösung. Der Hauptunterschied der beiden Angebote liegt darin, dass die Inhalte, Recherchen und Kontakte – also die Arbeit und das Wissen – bei der Unternehmenslösung eben dem Unternehmen gehören und nicht personengebunden sind. Das Unternehmen ist in der Lage, gleich mehrere Sachbearbeiter mit Sonderfunktionen auszustatten und diese Personen bei Bedarf auszutauschen, ohne dass die Informationen mitgehen. Das Gleiche gilt auch in dem Fall eines Ausscheidens. Die Unternehmenslösung bietet selbstverständlich auch finanzielle Vorteile, weil zehn Einzel-Mitgliedschaften einfach mehr kosten als eine Corporate-Recruiter-Mitgliedschaft.

Im Grunde handelt es sich bei allen Recruiter-Angeboten um Funktionen, die die Arbeit der »Recruiter« im Zusammenhang mit der Recherche, der Aufbereitung und Ansprache von geeigneten Kandidaten deutlich erleichtert. Dazu gehören exklusive Suchfilter (Recruiter-Filter), eine effiziente Kandidatenverwaltung auf der Plattform und eine schnellere Korrespondenz mit den Kandidaten.

Suchfilter

Die richtigen Kandidaten für den Job zu finden ist Ihre Aufgabe als HR-Manager, Personalsachbearbeiter, Personalberater oder Headhunter. Sowohl XING als auch LinkedIn bieten Ihnen viele Suchfunktionen und -filter, um genau die richtige Person zu finden.

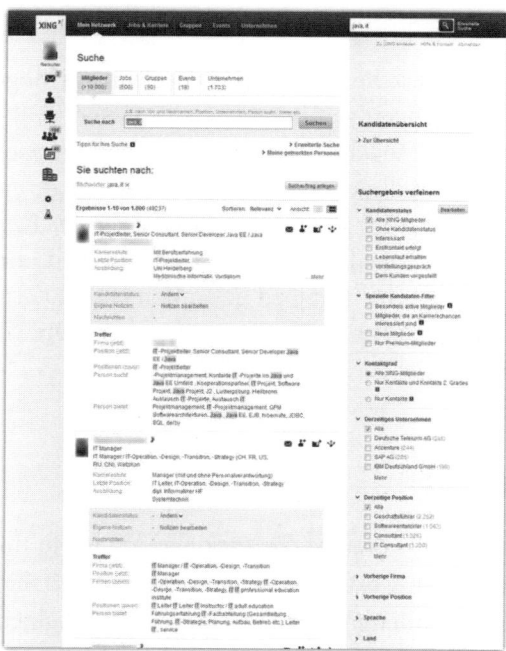

Abb. 4.4: Die Suche ist für Recruiter in XING komfortabel (Quelle: http://www.xing.com/de)

Neben Standardfiltern nach »Kandidat bietet«, derzeitiges Unternehmen und vorige Unternehmen, Interessen und Ort/PLZ-Gebiet wollen Sie vor allem Kriterien wie Berufserfahrung, Dauer der derzeitigen Beschäftigung, Karrierestufe oder Interesse an Karrierechancen im Blick haben.

Die Filter können dann Schritt für Schritt verfeinert werden. So können Sie beispielsweise auch nach Gruppen filtern, in denen sich Kandidaten möglicherweise regelmäßig aufhalten.

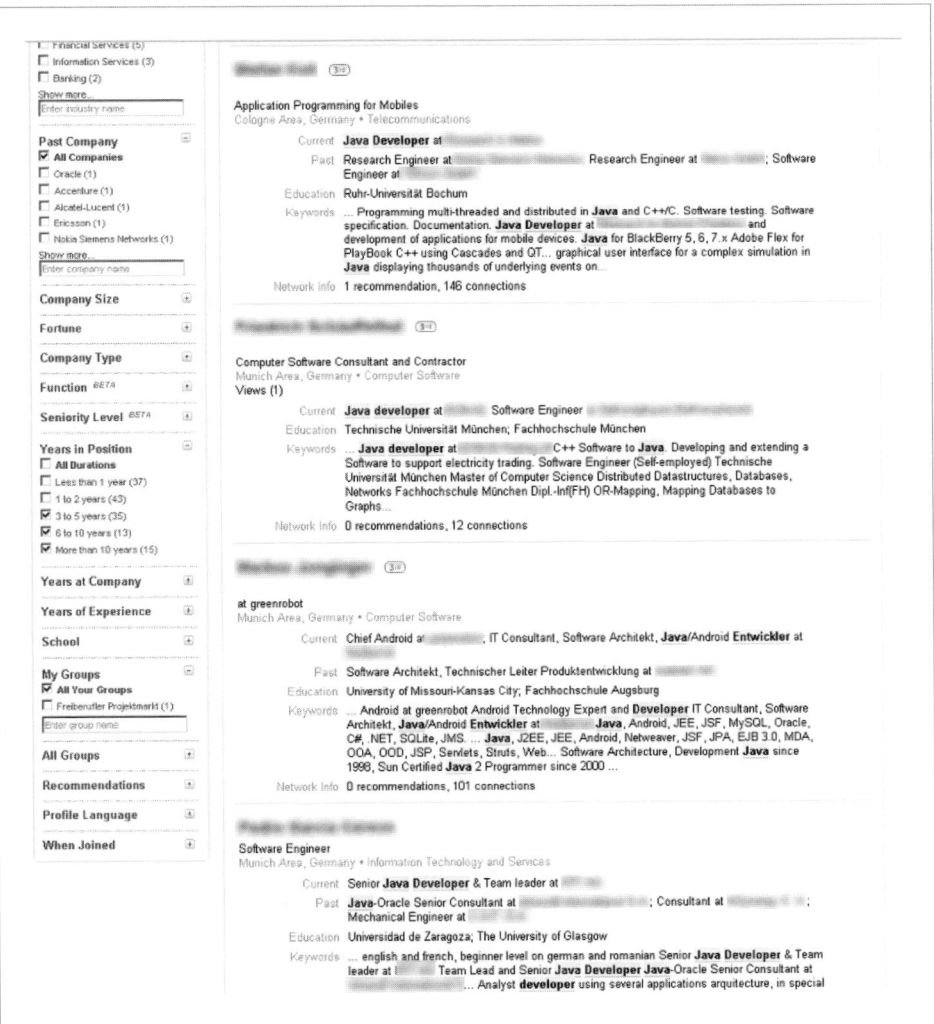

Abb. 4.5: Die Suchmaske bei LinkedIn bietet viele Verfeinerungsmechanismen (Quelle: http://de.linkedin.com)

Übersichtliche Kandidatenverwaltung

Wichtig für Ihre effiziente Arbeit ist eine übersichtliche Darstellung aller relevanten Kandidateninformationen auf einen Blick. In beiden Systemen erhalten Sie für die Treffer Ihrer Mitgliedersuche eine exklusive Ergebnisansicht.

Bei jedem gefundenen Mitglied sehen Sie auf einen Blick zusätzlich zur derzeitigen Position und dem derzeitigen Arbeitgeber die Ausbildungsdaten, die letzte Position, die aktuelle Karrierestufe (zum Beispiel »mit Berufserfahrung«, »Führungskraft« etc.) und vieles mehr.

Im weiteren Schritt werden Ihnen die geeigneten Kandidaten in ein Clipboard, eine Art von Favoritenliste, übertragen. Dieses Clipboard bietet Ihnen die Möglichkeit, Vergleiche durchzuführen und die Kandidaten im Detail zu analysieren.

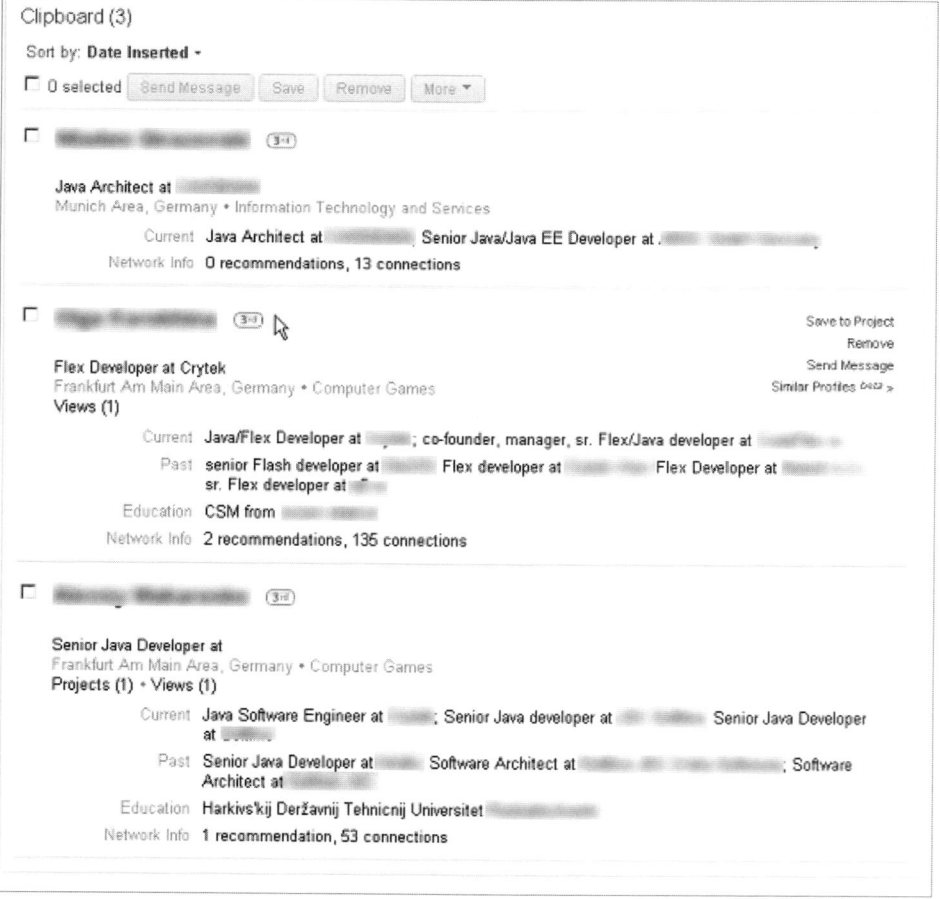

Abb. 4.6: Im Clipboard können die gefundenen Kandidaten bis zum Kontakt verwaltet und bearbeitet werden (Quelle: http://de.linkedin.com)

Die am Ende einer Recherche übrig gebliebenen Kandidaten werden auch als »Kandidaten-Pipeline« bezeichnet. Im Folgenden können Sie aus dem Clipboard heraus mit den Kandidaten Kontakt aufnehmen, ggf. alle mit einem Klick unter Verwendung von Vorlagen.

Eine Historienverwaltung zeigt zu jedem Kandidaten die gesamte Korrespondenz und den Status, zum Beispiel »Interessant«, »Erstgespräch vereinbart«, »Dem Kunden vorgestellt«, »Bewerbung angefordert« oder »Bewerbung erhalten«.

Vor allem Personen, die nicht aktiv nach Jobs suchen, also regelmäßig auf dem so genannten »Job-Board« nachschauen, sollen durch diese speziellen Recruiter-Funktionen gefunden werden.

Nachrichten an Nicht-Kontakte

Jedes XING- oder LinkedIn-Mitglied weiß, dass die Möglichkeit, Nachrichten an Nicht-Kontakte zu senden, sehr beschränkt ist. Premium-Mitglieder bei XING dürfen beispielsweise nur bis zu 20 Nachrichten pro Tag an Nicht-Kontakte senden. Da diese Funktion, Nachrichten an Nicht-Kontakte zu senden, für die Arbeit von Recruitern und Personalverantwortlichen essenziell wichtig ist, haben beide Anbieter ein Rahmenkontingent von Nachrichten in die Mitgliedschaft gepackt.

Bei XING können Recruiter bis zu 75 Nachrichten pro Tag an Nicht-Kontakte senden (Stand Mai 2012), bei LinkedIn sind es maximal 50 Nachrichten. Diese Art von Nachrichten heißen bei LinkedIn »InMail«. Besonders interessant ist dabei die LinkedIn-Garantie auf Antwort: Wenn innerhalb von sieben Tagen keine Antwort auf eine InMail kommt, wird diese dem Versender in seinem Kontingent wieder gutgeschrieben.

4.3.1 XING-Recruiter-Mitgliedschaft und XING-Talentmanager

Wie bereits dargestellt bieten beide Plattformen sowohl eine personengebundene Recruiter-Mitgliedschaft als auch eine Unternehmenslösung an. XING konzentriert sich dabei auf die Recruiter-Mitgliedschaft, die bereits alle gezeigten Features beinhaltet. Je nach Laufzeit kostet diese zwischen 39,95 € und 59,95 € monatlich zzgl. Mehrwertsteuer.

Erst seit Kurzem gibt es den »XING-Talentmanager«, eine Unternehmenslösung, die ganz gezielt für Personalvermittlungen und Personalabteilungen in Unternehmen entwickelt wurde, die viele Recruiting-Projekte über XING mit mehreren Mitarbeitern gleichzeitig abwickeln.

Hier kommen die bereits erklärten Kollaborationsvorteile zum Zuge. Sämtliche Nutzer können Listen potenziell interessanter XING-Mitglieder in einem neuen Kollaborationstool ablegen und verwalten. Jeder im Team kann den aktuellen Stand im Recruiting-Prozess verfolgen und etwa auch Notizen und Anmerkungen von Kollegen einsehen. Verlässt ein Mitarbeiter des Recruiter-Teams das Unternehmen, bleiben die Daten und das Wissen über die Recruiting-Aktivitäten im Unternehmen bzw. im XING-Talentmanager und können so durch das Team und mögliche Nachfolger weiterhin genutzt werden. Der XING-Talentmanager umfasst sämtliche gewohnten Funktionen der Premium- wie Recruiter-Mitgliedschaft.

Die Kosten des XING-Talentmanagers ergeben sich aus der Anzahl der Lizenzen. Je mehr Lizenzen – also Nutzer – gebucht werden, desto günstiger ist das Produkt. Eine konkrete Zahl ist nicht bekannt.

4.3.2 LinkedIn Talent Finder und Recruiter Corporate Edition

Auch LinkedIn bietet eine personengebundene Recruiter-Lösung und eine Unternehmenslösung an, wobei man sich von Anfang an konsequent auf die »Recruiter Corporate Edition« fokussiert. Hier gibt es vor allem im Funktionsbereich Unterschiede zur personengebundenen Recruiter-Lösung, dem »LinkedIn Talent Finder«.

LinkedIn bietet die Talent-Lösung als Basic-Version für monatlich 35,95 € (29,95 € bei Jahresabonnement), als Talent Finder für 71,95 € (59,95 € bei Jahresabonnement) und als Talent Pro für 359,95 € (299,95 € bei Jahresabonnement), jeweils zzgl. Mehrwertsteuer. Selbstverständlich unterscheiden sich auch diese Versionen in ihren Funktionsumfängen dabei deutlich. Die Details können Sie unter http://linkd.in/talentabos nachlesen. Bei LinkedIn kann man diese Pakete auch gleich für mehrere Personen buchen und nähert sich damit der Corporate-Lösung an.

Wie beim XING-Talentmanager bucht auch hier das Unternehmen die Recruiting-Lösung, nicht der Personalleiter oder -sachbearbeiter. Auch die gezeigten Funktionen findet der Nutzer meistens sowohl im Talent Finder als auch in der Corporate Edition. Dennoch gibt es einige funktionale Unterschiede, die gute Argumente für die Nutzung der »Recruiter Corporate Edition« darstellen.

Wichtigstes Argument ist natürlich auch hier die Möglichkeit zur projekt- und teamübergreifenden Zusammenarbeit. Mit der Unternehmenslösung können gleich 5, 10 oder 20 Mitarbeiter für verschiedene Unternehmensbereiche, Abteilungen oder gar Niederlassungen aktives Recruiting betreiben. Jeder Nutzer kann Bewerber oder ganze Kandidaten-Pipelines mit anderen teilen und gemeinsam bearbeiten. Wie bereits erklärt, bleiben dem Unternehmen die Kandidatenlisten und Historien immer erhalten, wenn Mitarbeiter aus den Projekten abgezogen werden oder aus dem Unternehmen ausscheiden.

Wichtig ist hier zu erwähnen, dass anders als bei XING bei LinkedIn eine funktionale Einschränkung bei den Talent-Mitgliedschaften im Vergleich zur »Recruiter Corporate Edition« besteht. Die kleinen Versionen der Unternehmenslösungen bieten weniger Suchfunktionen an.

Zudem können Sie bei den Talent-Mitgliedschaften nur nach Gruppen filtern, in denen der Recruiter selbst Mitglied ist. In der Unternehmenslösung kann nach allen relevanten Gruppen bei LinkedIn gefiltert werden.

Abb. 4.7: Über die Gruppen-Schnittstelle ist bei LinkedIn die Suche in Gruppen kein Problem (Quelle: `http://de.linkedin.com`)

LinkedIn-Empfehlungscenter

Ein weiteres attraktives Feature ist das Empfehlungscenter (im Original *Referral Engine*), eine Zusatzoption zur Recruiting-Lösung. Wenn Ihr Unternehmen diese Zusatzoption gebucht hat, bekommen alle LinkedIn-Mitglieder Ihrer Firma Kontakte ihres eigenen Netzwerks vorgeschlagen, die zu offenen Stellen in Ihrem Unternehmen passen könnten. Dabei führt LinkedIn vorher ein Matching zwischen Eigenschaften und Fähigkeiten der Kontakte mit den in LinkedIn veröffentlichten Stellen des Unternehmens durch und schlägt danach passende Kontakte aus dem Netzwerk der betreffenden Person vor. Diese kann individuell bewerten, ob und wie gut ein vorgeschlagener Kontakt zur Stelle passt. Der Kandidat und dessen Bewertung werden Ihnen als Personalleiter oder -sachbearbeiter im Unternehmen anschließend weitergeleitet. Hierbei gilt: Je mehr Jobs ein Unternehmen postet, desto besser funktioniert auch das Matching.

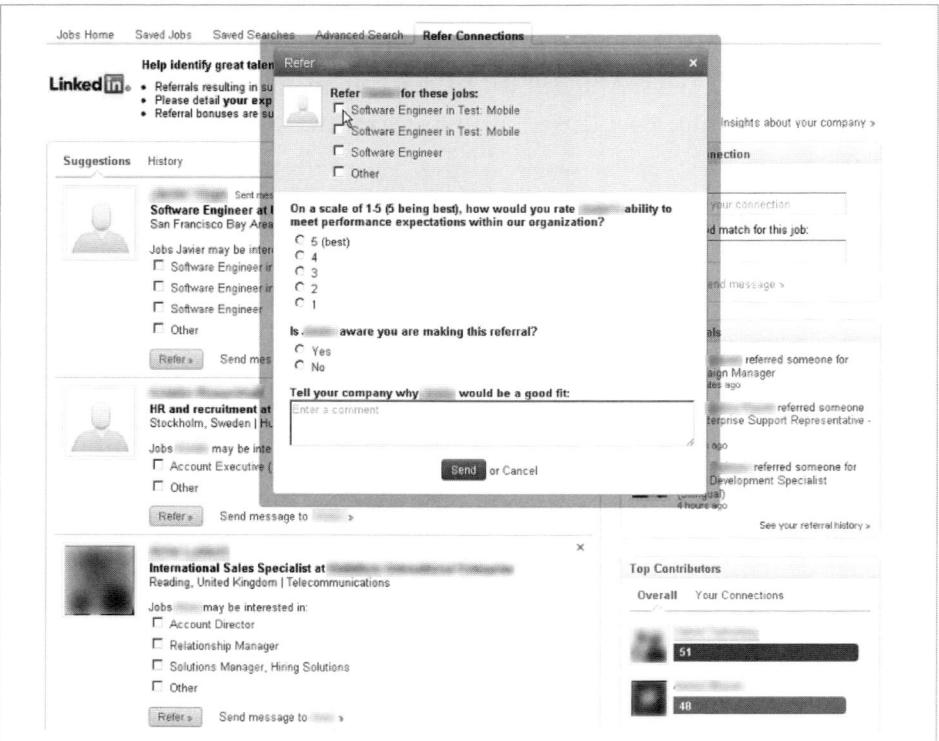

Abb. 4.8: Durch das Empfehlungscenter finden Unternehmen über andere Mitarbeiter neues Personal (Quelle: http://de.linkedin.com)

Job Seeker für Jobsuchende

Auch für die Stellen-Suchenden hält LinkedIn eine spezielle Mitgliedschaft bereit. Mit dem »Job Seeker Premium-Abonnement« können Jobsuchende sich aus der Masse der Bewerber mit Hilfe eines »Job Seeker Badge« hervorheben und mit den Recruitern und Personalverantwortlichen direkt Kontakt aufnehmen, selbst wenn diese nicht im eigenen Netzwerk sind, und die Jobsuche komfortabel organisieren. Sie erkennen ein solches Mitglied anhand einer Aktentasche als Logo, die neben dem Namen der Person in deren Profil und in Suchergebnissen angezeigt wird.

4.4 Employer Branding mit Profilen und Unternehmensseiten

Natürlich sind XING und LinkedIn auch für das Employer Branding bestens geeignet. Dieses beginnt schon in einer einheitlichen und professionellen Darstellung der Mitarbeiter im jeweils eigenen Profil. Auch wenn man rechtlich den Mitarbeitern nicht vorschreiben kann, was er in seinem Profil einträgt, so kann man mit ihnen vorher durchsprechen, was im Namen des Unternehmens im Profil veröffentlicht werden soll und was nicht. Dabei geht es beispielsweise um die korrekte Schreibweise des Firmennamens und der Position. Auch in der »Über-mich-Seite« können die Mitarbeiter Bezug nehmen auf ihren Arbeitgeber.

Durch ein perfektes, mit dem Arbeitgeber abgestimmtes Profil machen Unternehmen ihre Mitarbeiter zu ihren Botschaftern bei XING und LinkedIn.

Tipp

Formulieren Sie Vorschläge für die Gestaltung der XING- und LinkedIn-Profile Ihrer Mitarbeiter. Erarbeiten Sie mit Mitarbeitern oder den Marketing-/Kommunikationsexperten Ihres Unternehmen Richtlinien für Profile.

Die nächste Stufe des Employer Branding sind die so genannten Unternehmensseiten – kleine Microsites innerhalb der Plattformen. Dort wird den Unternehmen die Möglichkeit geboten, ihre Schokoladenseiten nach außen darzustellen. Und zwar nicht nur innerhalb der Netzwerke, sondern auch außerhalb, zum Beispiel in den Suchmaschinen.

Solche Unternehmensseiten haben vor allem drei Aufgaben:

1. das Unternehmen allgemein als Ganzes mit möglichst vielen Mitarbeitern und Kompetenzen darzustellen,
2. das Unternehmen als attraktiven Arbeitgeber zu präsentieren, zum Beispiel durch die Einbindung von Mitarbeiter-Videos, Arbeitgeberbewertungen, Zitate von Mitarbeitern, offene Stellen, News und Fakten,
3. Leser und potenzielle Bewerber an die Seite und das Unternehmen zu binden.

Deshalb bieten auch beide Plattformen mehrere Varianten mit unterschiedlichen Ausstattungspaketen, die diesen Aufgaben gerecht werden.

4.4.1 Unternehmensprofile bei XING

Bei XING gibt es drei Varianten der Unternehmensprofile: Basis, Standard und Plus. Die Basis-Seite ist kostenlos und bietet lediglich die Möglichkeit einer einfachen Unternehmensdarstellung mit Logo, Adresse und Kontaktdaten, Mitarbeiterliste, Newsbereich, Verlinkung zu eingestellten Jobs und »Über uns«-Seite. Auch wenn die Funktionalitäten noch sehr eingeschränkt sind, kann man die oben genannten Aufgaben zumindest teilweise schon damit abdecken. Durch eine freie HTML-Gestaltung sind bereits Corporate-Design-Elemente möglich, die Möglichkeit, Abonnenten zu gewinnen, bindet interessierte Besucher. Selbst Links zu Videos sind kein Problem.

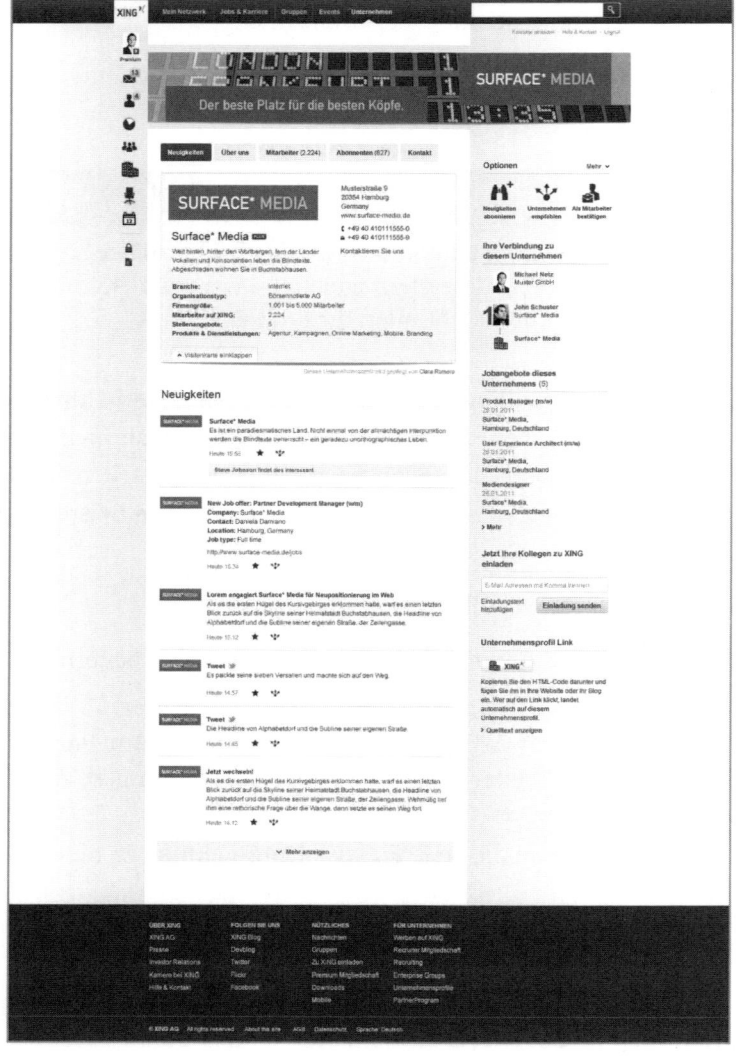

Abb. 4.9: Im Profil »Plus« bietet XING ein individuelles Design, News und diverse Kontaktmöglichkeiten, hier am Beispiel eines fiktiven Unternehmens (Quelle: http://www.xing.com/de)

Das »Standard«-Paket kostet monatlich 24,90 € zzgl. Mehrwertsteuer und bietet bereits einige Zusatzfunktionen wie die Präsentation von Ansprechpartnern, das Anlegen von mehreren Administratoren, das Anlegen von bis zu drei Suchbegriffen, unter denen das Unternehmen gefunden wird, sowie die Option, Arbeitgeberbewertungen von kununu.com einzubinden. Auf die Rolle von Arbeitgeberbewertungen gehe ich in Kapitel 11 näher ein.

Das Flaggschiff der Unternehmensseiten ist die »Plus«-Seite für monatlich 129,00 € zzgl. Mehrwertsteuer. Hier erhalten Sie die Möglichkeit, eine individuelle verlinkbare, beliebig oft austauschbare Kopf-Grafik zu nutzen, einen Twitter-Feed in die Neuigkeiten zu integrieren und bis zu zehn Ansprechpartner, fünf Administratoren und fünf Suchbegriffe einzufügen. Zudem erscheinen alle Neuigkeiten auf der Startseite der Abonnenten.

Für die Erfolgskontrolle erhält das Unternehmen nur in diesem Paket eine Übersicht der Besucher des Unternehmensprofils und eine umfangreiche Besucher- und Abonnenten-Statistik inkl. Traffic-Analyse und Profilanalyse.

4.4.2 Unternehmensseiten bei LinkedIn

Beim Thema Unternehmensseiten ist LinkedIn viel unkomplizierter. Diese sind nämlich im Großen und Ganzen kostenfrei. Eine Unterscheidung nach verschiedenen Ausstattungsvarianten gibt es nicht. Nur für Sonderfunktionen innerhalb eines Karriere-Reiters, auf den ich später noch eingehe, müssen Unternehmen Geld bezahlen.

Dafür, dass die Unternehmensseiten nichts kosten, sind sie deutlich umfangreicher als bei XING ausgestattet. Neben den Standardfunktionen wie die editierbare Unternehmensdarstellung mit Logo, Adresse und Kontaktdaten, Mitarbeiterliste, Liste der Kontakte 2. Grades und Newsbereich erhält man viele interessante Funktionen wie zum Beispiel die Einbindung von Nachrichten oder Blogs mittels RSS-Feed. Außerdem können externe News leicht über einen Link importiert werden, zu dem sich LinkedIn selbst das passende Foto und die Beschreibung über die Meta-Description der Seite holt. Die Nachrichten sind danach auch klickbar. Selbstverständlich können interessierte Leser wie bei XING der Seite auch folgen.

Ebenfalls kostenlos sind detaillierte Nutzer- und Seiten-Statistiken wie CTR (Click-Thru-Rate) und Impressionen.

Besonders für größere Unternehmen ist die Segmentierungsmöglichkeit für »Status-Updates« eine sinnvolle Funktion. Für jede News kann der Administrator zielgruppengenau definieren, wer diese News bekommen soll. Hierzu zählt zum

Beispiel eine Filterung nach Sprache, Land, Branche und Unternehmensgröße. Deutsche Nachrichten werden so nur an deutschsprachige Follower versendet, Marketingberater empfangen nicht die News für Ingenieure.

Bucht ein Unternehmen Stellenanzeigen bei LinkedIn, wird automatisch ein weiterer Reiter »Karriere« auf der Unternehmensseite generiert. Dort erscheinen dann – ebenfalls kostenlos – die geschalteten Jobangebote.

Eine richtig nützliche Karriere-Seite innerhalb der Unternehmensseite erhalten Sie allerdings auch nur gegen Gebühr. LinkedIn unterscheidet hier dann doch zwischen drei verschiedenen Paketen, der Silber-, Gold- und Platin-Seite. Leider sind die Gebühren bei LinkedIn laut Unternehmensphilosophie nicht öffentlich. Man muss also selbst nachfragen, wenn man eine professionelle Karriere-Seite einrichten möchte.

Die Gestaltungsmöglichkeiten, die Sie dann aber erhalten, sind enorm. Schon bei der Silber-Karriere-Seite, die man auch als Standard-Edition bezeichnen könnte, gehören die Einbindung von Videos, Dokumenten, Background-Informationen über das Unternehmen, die Arbeit und die Menschen bei dem Unternehmen sowie die Möglichkeit, zufriedene Mitarbeiter zu Wort kommen zu lassen (*What xy employees are saying* ...). Zwar bietet LinkedIn keine Einbindung von Arbeitgeberbewertung an, aber solche Referenzen von eigenen Mitarbeitern sind sicher genauso viel wert.

Weitere Optionen sind die Einbindung der Kontaktdaten von bis zu drei Personen aus dem Personalwesen und die Angabe von Zusatz- und Nebenleistungen (Firmenwagen, Betriebsrente, Boni etc.).

Steigen Sie auf die Gold-Seite um, erhalten Sie die Möglichkeit, mit einem Targeting maximal fünf verschiedene Versionen der Seite anzulegen, die je nach dem Profil des Betrachters verschiedene Inhalte bereitstellen. Kriterien könnten beispielsweise Position, Funktion, Branche, Karrierestufe und Herkunft/Standort des Besuchers sein.

So sehen deutsche Besucher der Karriere-Seite die deutschen Neuigkeiten und den Kontakt für Deutschland und amerikanische Mitglieder die englischen News und den Kontakt zum HR-Manager in den USA. Auch bei den Zusatzleistungen kann das Unternehmen segmentieren, zum Beispiel Position im jetzigen Unternehmen (leitende Funktion, Angestellter).

Zudem können Inhaber einer Gold-Seite Werbung für die Karriere-Seite bis zu einer Grenze von 600.000 Ad-Impressions schalten.

Mit der Platin-Seite erhöhen sich die Zahl der verschiedenen zielgruppenspezifi-
schen Seiten auf 30 und die Zahl der Ad-Impressions auf 1,5 Millionen.

Abb. 4.10: Die Karriere-Seiten bei LinkedIn bieten ein enormes Potenzial für Employer Branding
und Recruiting, hier am Beispiel SAP (Quelle: http://de.linkedin.com)

Einheitliche Darstellung

An dieser Stelle sei noch einmal erwähnt, dass bei beiden Plattformen überaus
wichtig ist, dass jeder Mitarbeiter mit einem Personenprofil den Firmennamen

einheitlich und vor allem korrekt schreibt. Denn die Zuordnung von Mitarbeitern zu einer Unternehmensseite erfolgt bei beiden automatisch über den Namen. Zwar bietet LinkedIn die Option, die Zuordnung über die Firmendomain in der E-Mail-Adresse vorzunehmen, was aber eher selten genutzt wird.

Nur wenn alle Mitarbeiter den Namen ihres aktuellen Arbeitgebers korrekt und einheitlich schreiben, werden alle der entsprechenden Unternehmensseite zugeordnet. Schon eine Abweichung in der Unternehmensform »GmbH und Co. KG« bzw. »GmbH & Co Kg« oder im Namen »Peter Müller und Paul Meier GbR« bzw. »Peter Mueller & Paul Meier GbR« bzw. »Müller & Meier GbR« führt dazu, dass die Mitarbeiter nicht der Unternehmensseite zugeordnet werden. Zudem ist eine unterschiedliche Schreibweise der Corporate Identity nicht zuträglich.

> **Wichtig**
>
> Achten Sie unbedingt darauf, dass jeder Mitarbeiter, der bei XING oder LinkedIn ein Profil führt, die gleiche Schreibweise der Firmenbezeichnung führt. Sie können darauf bestehen.

LinkedIn beugt diesem bekannten und weitverbreiteten Problem dadurch vor, dass einem Neu-Mitglied beim Anlegen des Profils der Name eines bereits bekannten Unternehmens automatisch vorgeschlagen wird. So wird dem Wildwuchs ein wenig vorgebeugt.

4.5 Zusammenfassung

XING ist laut aller Umfragen besonders bei kleinen und mittelständischen Unternehmen das beliebteste und am meisten eingesetzte soziale Netzwerk im Personalsektor. Dies zeigt zum Beispiel der *Social Media Recruiting Report 2011* des *Institute for Competitive Recruiting (ICR)*. Danach haben Unternehmen mit einer Mitarbeiterzahl von 100 bis zu 10.000 immer XING dem Konkurrenten LinkedIn vorgezogen. Lediglich bei Unternehmen mit mehr als 10.000 Mitarbeitern liegen beide Netzwerke fast gleichauf, was aufgrund der im Vergleich zu XING üppigeren Corporate-Recruiter-Lösung von LinkedIn durchaus verständlich ist.

Die gleiche Studie untersuchte auch die Nutzung der Social Media im Recruiting in verschiedenen Branchen. Hier ergab sich, dass die IT-Industrie und die Beraterbranche generell in Sachen Social Media vorne lagen, und auch in allen Branchen XING deutlich vor LinkedIn rangierten.

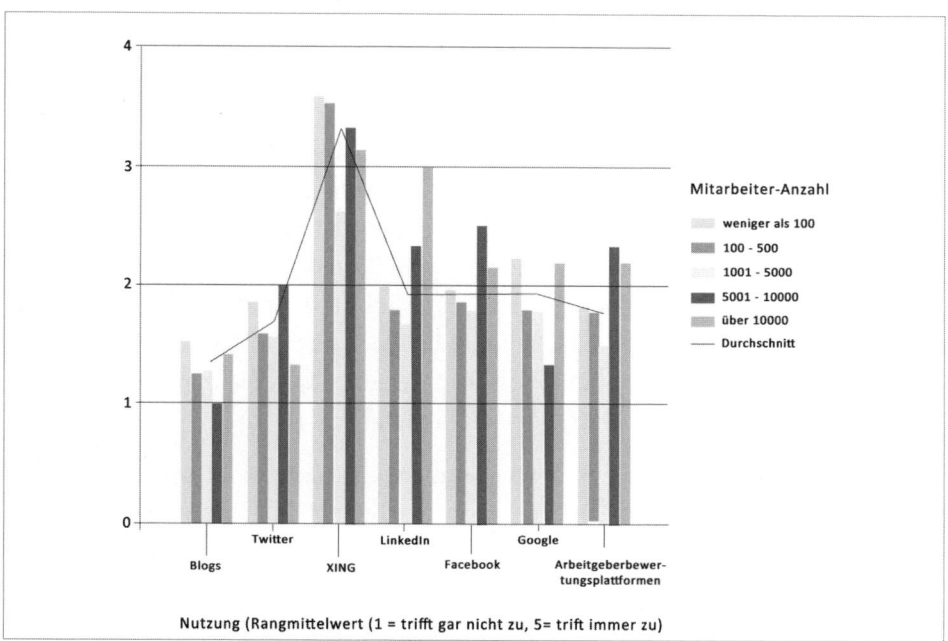

Abb. 4.11: Institute for Competitive Recruiting (ICR) untersuchte die Nutzung von Social Media im Recruiting (Quelle: ICR)

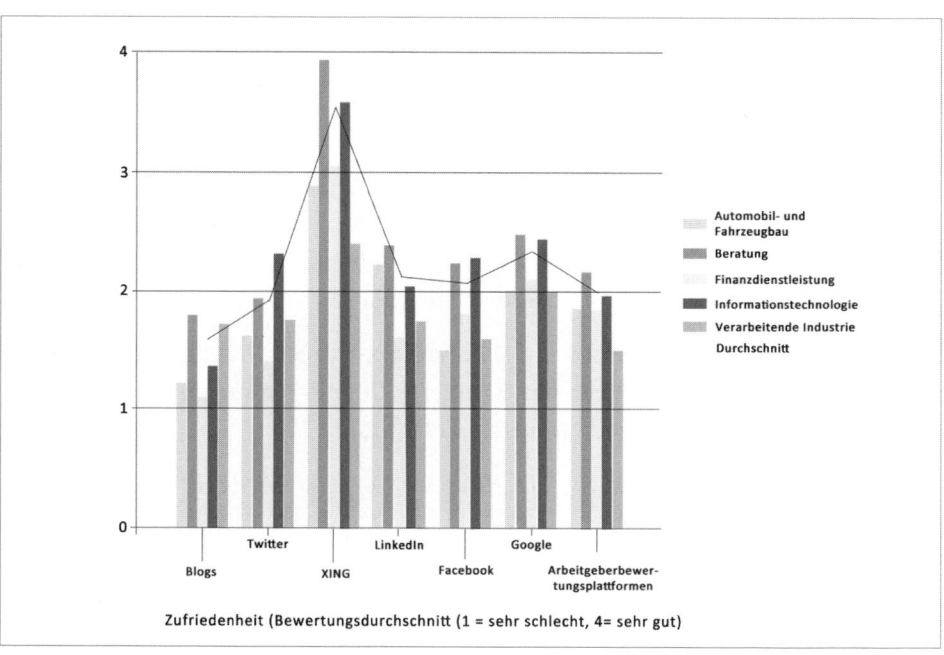

Abb. 4.12: Besonders die IT-Industrie und die Beraterbranche lieben XING für Recruiting-Maßnahmen (Quelle: ICR)

Warum gerade diese Branchen Vorreiter sind, will ich an dieser Stelle nicht analy-sieren.

Viel wichtiger ist für Sie abschließend zu klären, welche Plattform für welches Unternehmen Sinn macht. Die Antwort lautet: Grundsätzlich machen erst ein-mal beide Sinn. Wenn Sie ausschließlich im deutschen Sprachraum agieren und auch dort nach Personal suchen, ist XING sicher die bessere Wahl, weil die Mit-gliederzahlen in der D-A-CH-Region mit 5,3 Millionen Mitgliedern im Vergleich zu LinkedIn mit über 2 Millionen deutlich höher sind. Sollten Sie aber jenseits der Grenzen zum Beispiel in den Benelux-Ländern nach Mitarbeitern Ausschau halten, sollten Sie unbedingt auf LinkedIn setzen. LinkedIn hat nach eigenen Angaben dort allein über 5 Millionen Mitglieder.

Natürlich sind die vorgestellten Unternehmenslösungen nicht nur für größere mittelständische und große Unternehmen erschwinglich. Eine personengebun-dene Recruiter-Mitgliedschaft bei XING kostet je nach Laufzeit zwischen 39,95 € und 59,95 € monatlich, bei LinkedIn zwischen 29,95 € und 359,95 €, zzgl. Mehr-wertsteuer. Das sollte auch für ein kleines Unternehmen, das händeringend nach neuem Personal sucht, drin sein.

Auch die Anzeigenschaltung ist durchaus für kleine Unternehmen erschwinglich.

Last, but not least ist zumindest das kostenlose Basis-Unternehmensprofil bei XING und LinkedIn ein Muss.

Verwendete Studien

recruiting trends im mittelstand 2012 – Centre of Human Resources Information Systems (CHRIS), Otto-Friedrich Universität Bamberg, Goethe-Universität Frank-furt am Main sowie Monster Worldwide Deutschland

recruiting trends 2012 – Centre of Human Resources Information Systems (CHRIS), Otto-Friedrich Universität Bamberg, Goethe-Universität Frankfurt am Main sowie Monster Worldwide Deutschland GmbH

Social Media Recruiting Report 2011, Institute for Competitive Recruiting (ICR)

Facebook – Angeln, wo die Fische sind

Facebook erfährt zurzeit einen Hype, den vor wenigen Jahren kaum jemand für möglich gehalten hätte. Mit über 900 Millionen Nutzern weltweit und 23 Millionen deutschen Nutzern ist das Netzwerk unbestritten die Nummer 1 unter den sozialen Netzwerken. Vor allem die jungen Nutzer zwischen 18 und 34 Jahre sind stark auf Facebook vertreten.

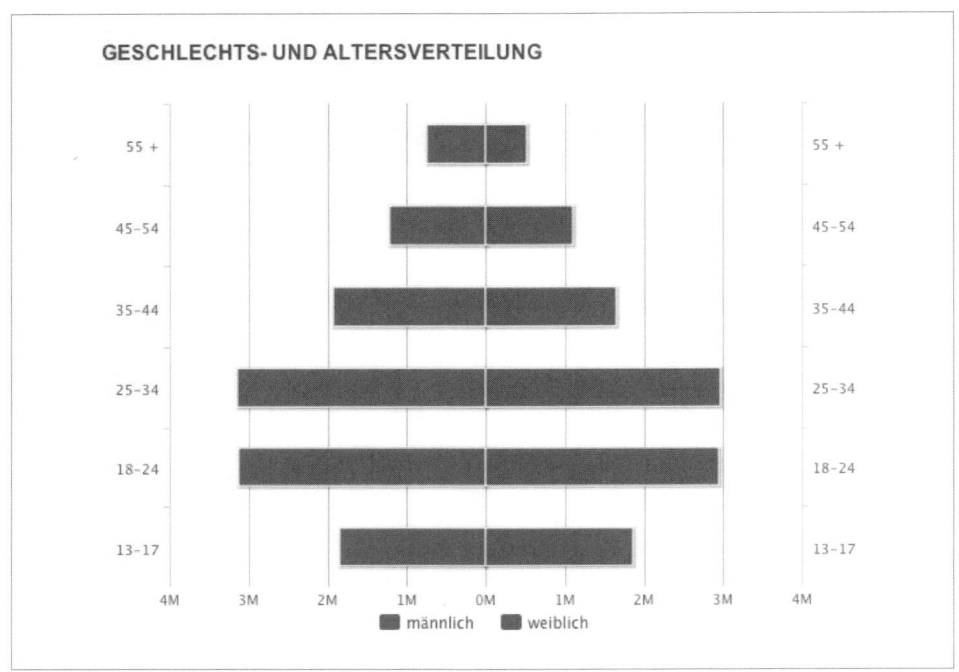

Abb. 5.1: Die Gruppe der 18- bis 34-Jährigen ist auf Facebook dabei immer noch die aktivste Gruppe, Stand April 2012 (Quelle: http://allfacebook.de)

Besonders bei Studenten ist Facebook mittlerweile sehr beliebt und hat dem früheren Platzhirsch der Social Networks für Studenten – StudiVZ – völlig den Rang abgelaufen.

Das Portal allfacebook.de gibt regelmäßig Statistiken zu Nutzerzahlen heraus und veröffentlichte 2010 erstmals Zahlen über Facebook-Nutzer an Universitäten.

Einer Studie der *Wiesbaden Business School* und der *Managementberatung embrander* aus 2011 zufolge nutzen 81 Prozent der befragten Studenten und 82 Prozent der Fach- und Führungskräfte bereits Facebook. Im Jahr 2010 waren es 76 Prozent der Studenten und 83 Prozent der Fach- und Führungskräfte. Nur YouTube ist mit 93 Prozent bei Studenten und 91 Prozent bei Fach- und Führungskräften noch beliebter.

Universität	Nutzer
LMU München	21180
FU Berlin	13680
TU München	13440
RWTH Aachen	13120
Uni Hamburg	13080
Uni Köln	12960
Uni Hamburg	13080
Uni Mainz	10940
Uni Münster	10440
Uni Bonn	10200
Uni Heidelberg	9980
TU Berlin	9740
TU Dresden	9180
Uni Frankfurt a.M.	8800
Uni Göttingen	8760
Uni Freiburg i.Br.	8280
Uni Tübingen	7920
Stand:	1. April 2010

Abb. 5.2: Die Zahlen sprechen für sich: Facebook erfreut sich bei Studenten einer wachsenden Begeisterung (Quelle: http://allfacebook.de)

Facebook ist also auch im Bereich der Young Professionals etabliert. Das bestätigt der *Cisco Connected World Technology Report 2011*, für den junge Berufstätige unter 30 Jahren in weltweit 14 Ländern zur Nutzung vernetzter Technologien befragt wurden. Dort gaben 73 Prozent der Young Professionals an, dass sie ein Facebook-Profil besitzen und mindestens einmal täglich darauf zugreifen.

Selbst am Arbeitsplatz wird Facebook mehr und mehr genutzt – ob nun erlaubt oder nicht. Der Betreiber von Firewalls *PaloAltoNetworks* hat dazu im Herbst 2011 Protokolle der bei Betrieben installierten Firewall-Lösungen des Anbieters analysiert und eine Erhebung veröffentlicht. Demnach hat sich der Anteil von Facebook am gesamten globalen Social Network Traffic in den teilnehmenden Unternehmen von Mitte 2010 bis Herbst 2011 von 9 auf 28 Prozent verdreifacht.

In den USA suchen laut der *Social Job Seeker Survey* von *Jobvite* 87 Prozent proaktiv und 81 Prozent aktiv einen Job über Facebook, 77 Prozent stehen dabei bereits im Angestelltenverhältnis.

Abb. 5.3: Facebook ist bei den Jobsuchenden in den USA führend (Quelle: Jobvite, Inc.)

Genau diese Entwicklung macht Facebook für die Personalwirtschaft so attraktiv und wichtig.

Mit der richtigen Strategie und der richtigen Umsetzung kann man bei Facebook »angeln, wo die Fische sind«.

5.1 Einsatzmöglichkeiten von Facebook

Betrachtet man die verschiedenen in Kapitel 2 definierten Bereiche der Personalwirtschaft, so stechen auch bei Facebook wie bei XING und LinkedIn zwei Komplexe heraus: Employer Branding und Personalmarketing/Recruiting. Hier muss aber klar betont werden, dass Personalmarketing/Recruiting mit Facebook lange nicht so professionell möglich ist wie bei XING oder LinkedIn.

Personalmarketing/Recruiting

Fasst man, wie bereits in Kapitel 2 beschrieben, Personalmarketing und Recruiting zu allen Maßnahmen der Personalbeschaffung bzw. konkreten Stellenbesetzung zusammen, so wird klar, warum dies so ist: Der gesamte Teil der Suche und Recherche fällt bei Facebook fast gänzlich weg. Facebook stellt nur eine einfache Suchfunktion bereit, mit der man zwar nach Namen, Orten und Schlagworten suchen, aber beispielsweise keine Detailsuche nutzen kann. Es kursieren zwar Gerüchte, dass Facebook die Suchfunktion verbessern will, für ein effektives Recruiting im Sinne von »geeignete Kandidaten recherchieren« wird es aber wohl immer noch nicht reichen.

Anders sieht die Sache aus, wenn man bereits den Namen eines Bewerbers kennt und diesen über Facebook durchleuchten möchte. Hier tun sich oft wahre Bücher über den Kandidaten auf. Denn viele Facebook-Nutzer geben unvorsichtig tiefe Einblicke in ihr Privatleben preis – da können auch »unglückliche Fotos« dabei sein. Sollten sich die Personalsachbearbeiter davon beeinflussen lassen, kann der Bewerbungsprozess schon beendet sein.

Ein Unternehmen kann also über Facebook eigentlich keine Bewerber finden, sondern die Interessenten finden auf Facebook ausschließlich das Unternehmen. Nach erfolgter Bewerbung können dann durchaus über den Bewerber Informationen im sozialen Netzwerk eingeholt werden.

Welche Möglichkeiten haben Unternehmen dann, Bewerber über Facebook zu gewinnen? Die Antwort ist einfach: positiv auf sich aufmerksam machen, eine Facebook-Karriere-Seite (auch Karriere-Fanpage genannt) nach den Wünschen der Zielgruppe betreiben und Stellenanzeigen schalten.

Employer Branding

Damit wäre ich beim Employer Branding, dem eigentlichen Nutzen von Facebook für die Personalwirtschaft. Beim Employer Branding geht es darum, in den Wahrnehmungen der potenziellen Arbeitnehmer eine unterscheidbare, authentische, glaubwürdige, konsistente und attraktive Arbeitgebermarke auszubilden (Definition Berufsverband *Queb e. V.*).

Es geht also um Wahrnehmung, Image und Außendarstellung des Unternehmens als Arbeitgeber. Hier liegen die Stärken von Facebook. Zum Beispiel zeigte die *Studie der Wiesbaden Business School und der Managementberatung embrander*, dass 39 Prozent der Studenten und 36 Prozent der Fach- und Führungskräfte sich durch eine Facebook-Fanpage besonders angesprochen fühlen und diese Seite tendenziell die Attraktivität des Unternehmens als Arbeitgeber erhöht. Das kann daran liegen, dass Unternehmen mit einer Präsenz in Facebook als modern und authentisch empfunden werden.

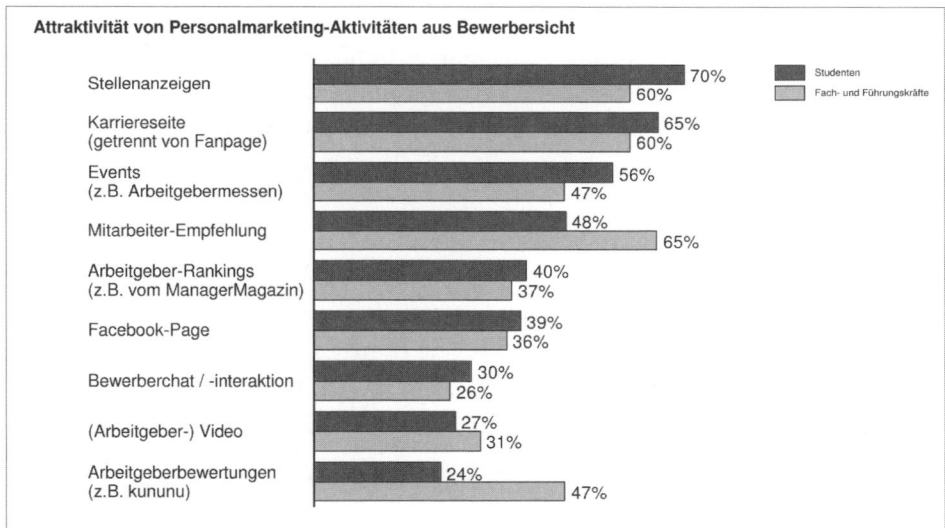

Abb. 5.4: Fast 40 Prozent der Studenten sehen in der Facebook-Fanpage eine Erhöhung der Attraktivität als Arbeitgeber (Quelle: Wiesbaden Business School & embrander)

5.2 Karriere-Fanpage für Ihr Employer Branding

Sie benötigen in Facebook also eine Karriere-Fanpage. Damit können Sie Ihr Employer Branding verbessern und in den Dialog mit Interessenten und potenziellen Bewerbern treten.

5.2.1 Erwartungen an eine Facebook-Karriere-Fanpage

Was erwarten Facebook-Nutzer und konkret die Zielgruppe der Studenten, Absolventen und Young Professionals nun von einer Facebook-Fanpage, die sie anspricht und zu einer Kontaktaufnahme verleitet? Was macht eine gute Karriere-Seite aus?

Dazu muss zuerst klar sein, was unter einer Karriere-Fanpage verstanden wird. Der freiberufliche Berater und Social-Media-HR-Experte *Henner Knabenreich* aus Wiesbaden definiert eine Karriere-Fanpage als »eine Fanpage, bei der ein Unternehmen über sich als potenzieller Arbeitgeber informiert, Einblicke ins Arbeitsleben (in Wort und/oder Bild/Video) gibt, sich via Administrator oder Botschafter des Unternehmens (Mitarbeiter) mit seinen Fans austauscht und über aktuelle Jobs informiert. Die Karriere-Fanpage dient damit dazu, sich als attraktiver Arbeitgeber darzustellen und über den Dialog mit den Fans potenzielle Kandidaten zu gewinnen.«

Diese Definition stammt aus seiner *Untersuchung der deutschen Karriere-Fanpages auf Facebook* aus dem Jahre 2010. Darin hatte er sich die Mühe gemacht, die qualitativen Aspekte einer Karriere-Fanpage herauszuarbeiten und messbar zu machen. Knabenreich hat dafür verschiedene Anforderungskriterien definiert und mehrere Karriere-Fanpages großer deutscher Unternehmen unter Personalmarketing- bzw. Employer-Branding-Gesichtspunkten analysiert. Dazu wurde ein 20 Fragen umfassender Kriterienkatalog erstellt, der wiederum in vier Oberkategorien unterteilt wurde.

Dazu gehören:

1. *Zugang und Auffindbarkeit.* Hier wurde ermittelt, wie gut und über welche Wege ein möglicher Bewerber die entsprechende Fanpage finden kann, zum Beispiel über die Unternehmenswebseite oder über Google und Facebook. Zudem wurde die Auffindbarkeit der Informationen auf der Karriere-Seite betrachtet.

2. *Information und Inhalt.* Eigentlich mit Punkt 3 die wichtigste Kategorie. Henner Knabenreich analysierte, ob die Darstellung der Informationen umfassend, zielgruppengerecht und nutzerfreundlich erfolgt.

3. *Interaktion.* Das wichtigste Kriterium schlechthin. Interaktion und Dialoge mit den Besuchern der Seite ist heute das A und O für den Erfolg einer jeden Facebook-Unternehmensseite. Henner Knabenreich wollte wissen, in welchem Maße Interaktion unter allen Beteiligten erfolgt und in welchem Maße virale Aspekte mit einbezogen werden.

4. *Technik/Funktionalität.* Der technische Aspekt gehört dazu, ist aber eher nachrangig. Natürlich müssen Apps funktionieren, Links stimmen und Videos laufen.

Nicht nur Henner Knabenreich hat sich mit den Inhalten erfolgreicher Karriere-Fanpages beschäftigt. In einer Zusammenarbeit der Personalberater von *Talential* und der *Wiesbaden Business School* ist 2010 eine Studie entstanden, die ebenfalls wertvolle Informationen über die Wünsche und Erwartungen von Studenten an Karriere-Fanpages präsentierte.

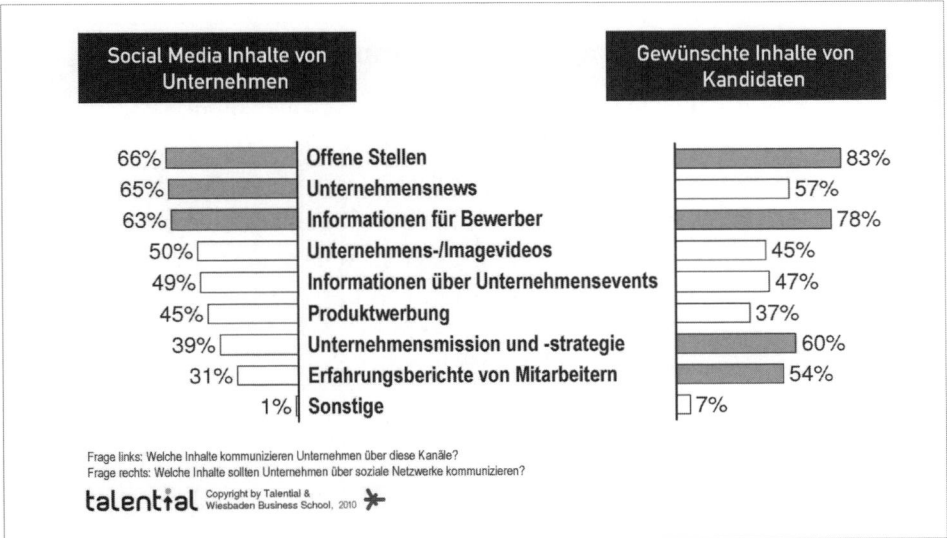

Abb. 5.5: Die Studie zeigt, was Studenten von Karriere-Seiten erwarten und was Unternehmen bieten (Quelle: Talential GmbH & Wiesbaden Business School)

Dabei wurden nicht nur die Erwartungen der Studenten an Social-Network-Präsenzen ermittelt, sondern auch die Erwartungen der Unternehmen, sprich: was Unternehmen meinen, was wichtig sei. Dabei sind einige Diskrepanzen zu sehen, die natürlich dazu führen, dass das Interesse im Einzelfall geringer ist als gewünscht.

So wünschen 54 Prozent der Bewerber Erfahrungsberichte von Mitarbeitern des Unternehmens, aber nur 31 Prozent der Unternehmen halten so etwas für sinnvoll. Auf der anderen Seite kommunizieren 65 Prozent der Unternehmen gerne Unternehmensnews über Social-Media-Kanäle, gewünscht wird dies aber nur von 57 Prozent.

Diese Studie zeigt, dass Studenten Job-Angebote, Erfahrungsberichte von Insidern (Mitarbeiter des betreffenden Unternehmens) und Einblicke in die Stellen und in die Unternehmenskultur erwarten. Das alles können Sie innerhalb einer modernen Unternehmensseite in Facebook präsentieren.

5.2.2   Elemente einer guten Facebook-Karriere-Fanpage

Geben Sie Ihrer Fanpage ein Gesicht

Bevor ich Ihnen die verschiedenen (technischen) Elemente einer guten Facebook-Karriere-Fanpage vorstelle, möchte ich Ihnen ein anderes Element ans Herz legen, das für den Erfolg einer Karriere-Fanpage meiner Meinung nach elementar ist: die Persönlichkeit der Karriere-Fanpage – geben Sie Ihrer Fanpage ein Gesicht!

Versuchen Sie, an so vielen Stellen wie möglich Personen und Gesichter Ihres Teams, der Menschen in Ihrem Unternehmen zu präsentieren. Damit zeigen Sie dem Besucher, hier ist kein anonymes und »steriles« Hochglanz-Unternehmen am Werk, hier schreiben Menschen wie »du und ich«. Das gibt dem Besucher das Gefühl, einer von ihnen zu sein. Er spürt, hier steht der Mensch im Mittelpunkt. So macht es zum Beispiel die Deutsche Flugsicherung (DFS).

Abb. 5.6: Die DFS präsentiert sehr regelmäßig Menschen aus dem Unternehmen, Azubis, Trainees, Mitarbeiter (Quelle: https://www.facebook.com/DFSde)

Und die DFS macht es noch besser: Sie benutzt die Markierungs-Funktion bei Facebook (Gesichtserkennung), mit der Facebook-Nutzer Personen auf Fotos markieren können. Auch wenn die Funktion sehr umstritten ist, so führt sie doch dazu, dass ein Team-Foto aus dem Unternehmen eine Persönlichkeit bekommt. Bei einigen Postings schreiben die Autoren des DFS-Teams sogar ihre Namen unter den Text. Löblich, aber aufwendig.

Auch BMW präsentiert sich persönlich, zum Beispiel auf Fotos in Postings.

Abb. 5.7: Das BMW-Team persönlich (Quelle: `https://www.facebook.com/bmwkarriere`)

Letztendlich tragen solche Elemente dazu bei, dass die Besucher nach und nach Vertrauen gewinnen. Das werden Sie noch dringend brauchen.

Neben dem Element »Persönlichkeit« gibt es natürlich viele weitere Elemente und Faktoren der Facebook-Seite, die den Erfolg positiv beeinflussen können.

Das Gesamtbild der Fanpage

Seit April 2012 hat Facebook für alle Unternehmensseiten das so genannte Chronik-Layout eingeführt. Zugleich wurde die Option, den Besucher auf eine individuelle Begrüßungsseite (Landingpage) zu leiten, geschlossen. Er gelangt seitdem immer auf die so genannte Timeline – ein Zeitstrahl des Unternehmens, bei dem der aktuellste Eintrag immer oben steht. Zudem wurden die Reiter durch klickbare Tabs mit kleinen Bildchen ersetzt. Das Ganze führt dazu, dass der Besucher gleich beim Eintreffen auf der Fanpage einen ersten Eindruck von der Seite und dem Unternehmen bekommt. Und Sie kennen ja die Regel »Der erste Eindruck zählt«.

Das können Sie am Beispiel der Karriere-Seite von Bayer HealthCare sehr gut erkennen. Das Unternehmen hat das Gesamtbild seiner Seite positiv dargestellt.

Abb. 5.8: Die Karriere-Seite von Bayer HealthCare hat viele positive Elemente
(Quelle: https://www.facebook.com/BayerKarriere)

Der Seitenbanner

Ebenfalls seit dem Relaunch hat Facebook einen neuen Seitenbanner eingeführt. Dieser nimmt die Rolle der ehemaligen Begrüßungsseite ein und soll den Besucher empfangen, fesseln und begeistern. Er ist damit zum wichtigsten Kommunikationsinstrument einer Unternehmensseite bei Facebook geworden. Bayer HealthCare nutzt den Banner, um auf die kulturelle Vielfältigkeit der Mitarbeiter aufmerksam zu machen. Außerdem wird Teamgeist durch die »Bemalung« der Mitarbeiter vermittelt, die man sonst aus dem Sport zum Beispiel beim American Football kennt. Sie erkennen hier übrigens, dass Bayer HealthCare sehr viel Wert auf Persönlichkeit und Gesichterzeigen legt.

Abb. 5.9: Der Seitenbanner vermittelt stets ein besonderes Gefühl für den Besucher
(Quellen: https://www.facebook.com/StihlKarriere,
https://www.facebook.com/RobinsonJobs, https://www.facebook.com/
Ausbildung.Studium.made.by.TRUMPF,
https://www.facebook.com/pwc.career)

Weitere gute Seitenbanner finden Sie zum Beispiel bei Stihl Karriere, Pricewater-houseCoopers, Trumpf und Robinson Jobs.

Die Infoseite zum Unternehmen

Die Kurzinfo bietet die Möglichkeit, das Unternehmen in wenigen Worten für den schnellen Blick vorzustellen. Hierzu gehören auch alle weiterführenden Links, eine Karte mit Standort sowie die Autoren (Seiteninhaber) der Seite.

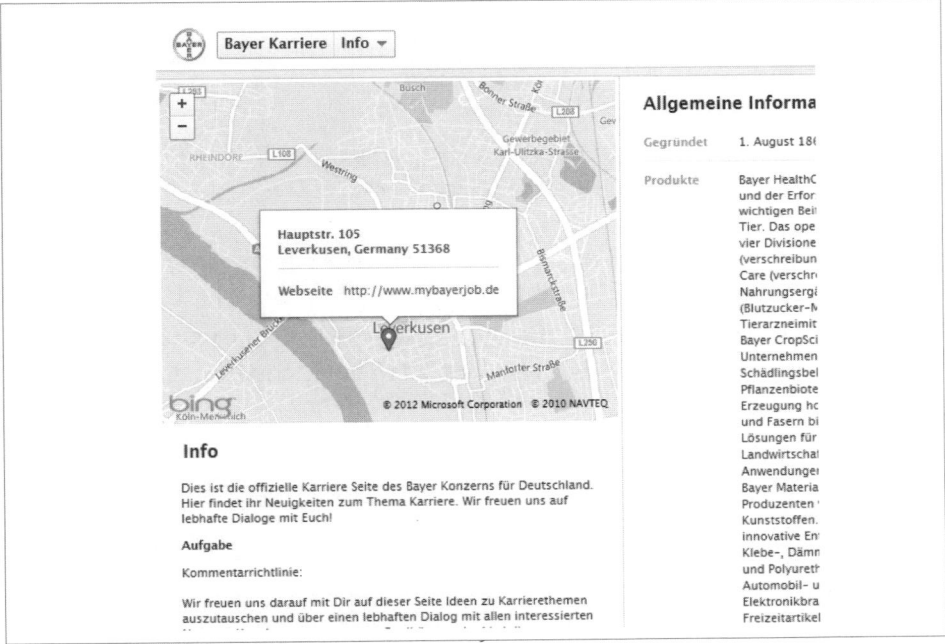

Abb. 5.10: Auf einen Blick: Die Info-Funktion zeigt die wichtigsten Unternehmensinformationen (Quelle: `https://www.facebook.com/BayerKarriere/info`)

Als Admin einer Facebook-Seite finden Sie diese Kurzinfo im Administrationsbereich im Kopfteil. Klicken Sie dort auf »Seite bearbeiten« und »Informationen bearbeiten«.

Die Seite aufwerten durch Anwendungen/Apps

Seitenbanner und Infoseite sind die ersten Schritte bei der Einrichtung und Gestaltung Ihrer Karriere-Fanpage. Facebook bietet darüber hinaus die Möglichkeit, über Tabs (früher Reiter) quasi Unterseiten anzulegen. Einige davon sind in den Facebook-Bordmitteln bereits vorhanden (zum Beispiel Veranstaltungen, Fotos, Notizen, Videos und Umfragen). Andere kann man durch so genannte

Apps (Anwendungen, die von anderen Anbietern auf Facebook angeboten und in Ihre Seite eingebunden werden können) erstellen.

Hintergrund-Informationen durch HTML-Unterseiten

Bayer HealthCare hat beispielsweise mehrere Unterseiten als einfache HTML-Seiten eingebunden.

Abb. 5.11: Die Unterseiten bei Bayer HealthCare bieten zahlreiche Hintergrund-Informationen (Quelle: https://www.facebook.com/BayerKarriere)

Die Seite »Warum Bayer« bietet dem Besucher beispielsweise viele Infos, warum es lohnen könnte, bei Bayer HealthCare zu arbeiten. Zahlreiche Links leiten auf externe Webseiten in einem Karriereportal namens myBayerjob.de. Wieder ist ein Mitarbeiter in »Team-Bemalung« und aus einem fremden Land zu sehen (Stichwort: Gesicht zeigen).

Abb. 5.12: Warum Bayer? (Quelle: https://www.facebook.com/BayerKarriere)

Auf anderen Unterseiten findet man Infos zu den möglichen Berufsbildern.

Sowohl auf der Unterseite »Wir über uns« als auch »Videos« findet der Besucher Videos mit Informationen zum Unternehmen und den Mitarbeitern.

Abb. 5.13: Die verantwortlichen Mitarbeiter präsentieren sich in einer schön gestalteten Seite in Videos (Quelle: https://www.facebook.com/BayerKarriere)

Mit solchen kleinen Unterseiten zeigen Sie dem Besucher wahre Transparenz. Je mehr Sie über Ihr Unternehmen mit seinen Strukturen, seiner Philosophie und Kultur erzählen, desto mehr wird sich der mögliche Bewerber dafür interessieren:

Liefern Sie ihm die Argumente, die er braucht, um sich gerade bei Ihnen zu bewerben.

Weitere Apps: Veranstaltungen, Jobsuche, Arbeitgeber-Bewertungen

Dazu bietet Bayer HealthCare noch Unterseiten mit aktuellen Veranstaltungen und natürlich eine umfangreiche Jobsuchmaschine, bereitgestellt von einem der vielen Jobportale, die man auf Facebook einbinden kann.

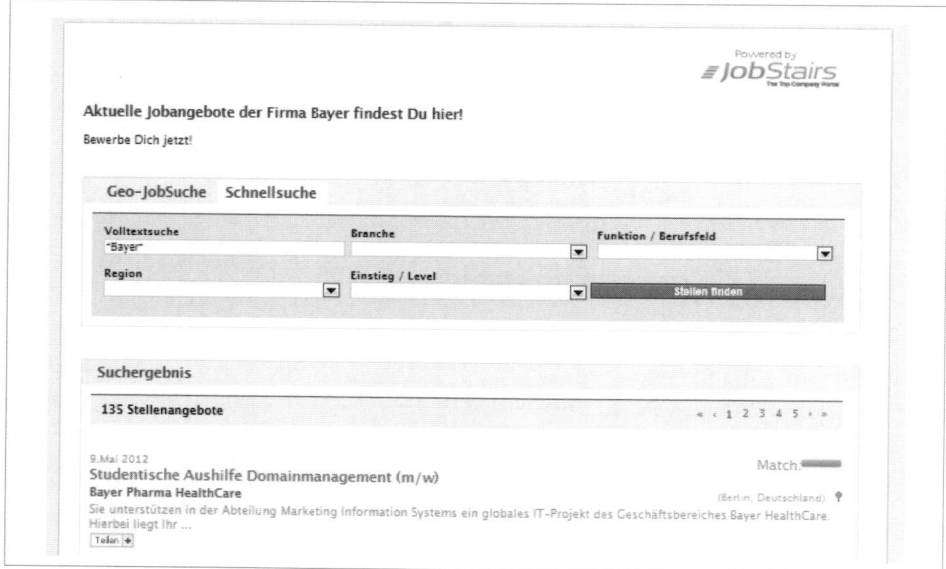

Abb. 5.14: Die Jobsuche ist eines der zentralen Elemente einer Karriere-Seite bei Facebook (Quelle: `https://www.facebook.com/BayerKarriere`)

In Kapitel 11 geht es um das Thema Arbeitgeber-Bewertungen. An dieser Stelle greife ich dem schon einmal vor und präsentiere das führende Portal für Arbeitgeber-Bewertungen »kununu«. Bei kununu können ehemalige und aktuelle Mitarbeiter eines Unternehmens ihre Arbeitgeber anhand von festgelegten Kriterien bewerten. Über externe Applikationen – so genannte Apps – kann man kununu oder auch Jobsuchmaschinen wie jobpilot.de, jobstairs.de bzw. die Meta-Suchmaschine Kimeta.de in die Facebook-Seite einbinden.

Ausrichtung auf Zielgruppen

Eine weitere Variante einer Unterseite präsentiert E-Plus. Das Unternehmen richtet seine Recruiting-Anstrengungen auf die verschiedenen Zielgruppen »Auszubildende«, »Studenten« und »Professionals«. Dazu hat man einen Reiter »Wen wir suchen« installiert, bei dem der Besucher die Wahl zwischen verschiedenen Einstiegen hat.

Abb. 5.15: Gleich mehrere Zielgruppen auf einmal. E-Plus zeigt, wie es geht (Quelle: `https://www.facebook.com/EPlusGruppeKarriere`)

Selbstverständlich sind Ihrer Fantasie keine Grenzen gesetzt, was die optische und inhaltliche Gestaltung Ihrer Karriere-Seiten angeht. Dabei spielt es nicht unbedingt eine Rolle, wie umfangreich oder perfekt gestaltet die Seite daherkommt, das ist eher eine Frage des Budgets.

Die hier gezeigten Beispiele stammen alle von Konzernen und großen Unternehmen, die sicher riesige Summen ins Employer Branding und die Personalbeschaffung investieren. Dieser Eindruck wird auch durch die Untersuchung von Henner Knabenreich bestärkt, der auch fast ausschließlich deutsche Top-Unternehmen wie E-Plus, Deutsche Bahn, IBM, Siemens, Philips usw. analysiert hatte.

Facebook ist aber für auch mittelständische Unternehmen in Sachen Personal interessant. Henner Knabenreich betreibt eine Facebook-Seite unter `https://www.facebook.com/karriere.fanpages`, auf der viele Karriere-Seiten gelistet sind. Dort findet man auch eine große Zahl von mittelständischen Unternehmen, die erfolgreiche Karriere-Seiten am Start haben.

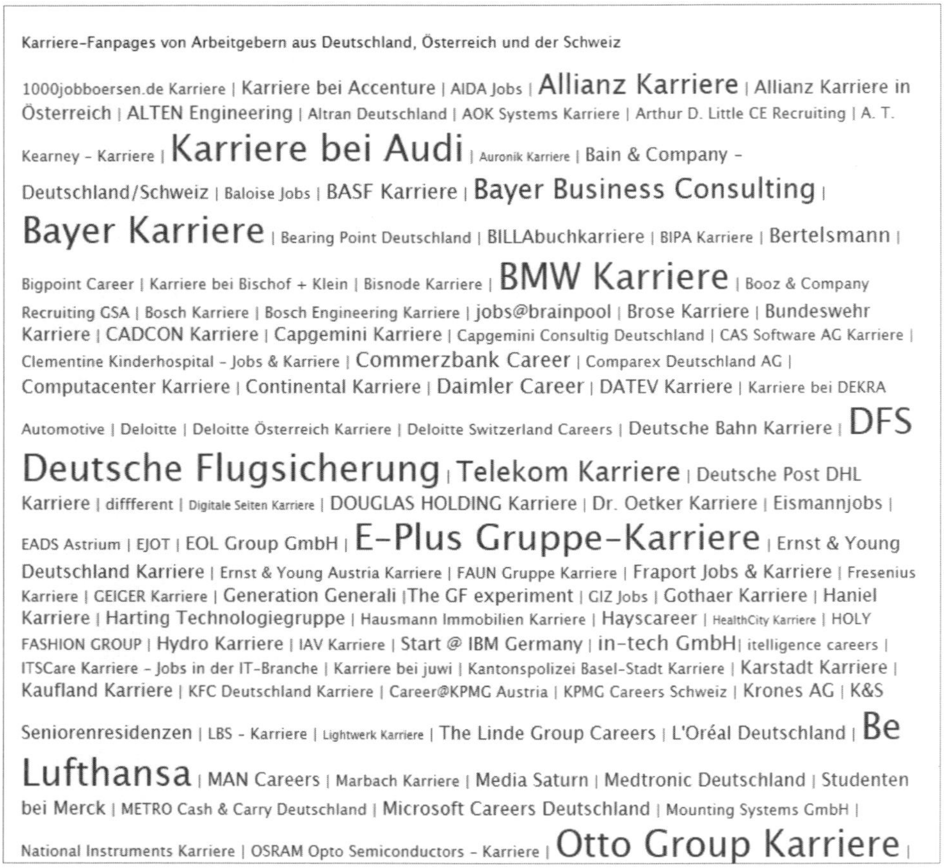

Karriere-Fanpages von Arbeitgebern aus Deutschland, Österreich und der Schweiz

1000jobboersen.de Karriere | Karriere bei Accenture | AIDA Jobs | Allianz Karriere | Allianz Karriere in Österreich | ALTEN Engineering | Altran Deutschland | AOK Systems Karriere | Arthur D. Little CE Recruiting | A. T. Kearney - Karriere | Karriere bei Audi | Auronik Karriere | Bain & Company - Deutschland/Schweiz | Baloise Jobs | BASF Karriere | Bayer Business Consulting | Bayer Karriere | Bearing Point Deutschland | BILLAbuchkarriere | BIPA Karriere | Bertelsmann | Bigpoint Career | Karriere bei Bischof + Klein | Bisnode Karriere | BMW Karriere | Booz & Company Recruiting GSA | Bosch Karriere | Bosch Engineering Karriere | jobs@brainpool | Brose Karriere | Bundeswehr Karriere | CADCON Karriere | Capgemini Karriere | Capgemini Consultig Deutschland | CAS Software AG Karriere | Clementine Kinderhospital - Jobs & Karriere | Commerzbank Career | Comparex Deutschland AG | Computacenter Karriere | Continental Karriere | Daimler Career | DATEV Karriere | Karriere bei DEKRA Automotive | Deloitte | Deloitte Österreich Karriere | Deloitte Switzerland Careers | Deutsche Bahn Karriere | DFS Deutsche Flugsicherung | Telekom Karriere | Deutsche Post DHL Karriere | diffferent | Digitale Seiten Karriere | DOUGLAS HOLDING Karriere | Dr. Oetker Karriere | Eismannjobs | EADS Astrium | EJOT | EOL Group GmbH | E-Plus Gruppe-Karriere | Ernst & Young Deutschland Karriere | Ernst & Young Austria Karriere | FAUN Gruppe Karriere | Fraport Jobs & Karriere | Fresenius Karriere | GEIGER Karriere | Generation Generali |The GF experiment | GIZ Jobs | Gothaer Karriere | Haniel Karriere | Harting Technologiegruppe | Hausmann Immobilien Karriere | Hayscareer | HealthCity Karriere | HOLY FASHION GROUP | Hydro Karriere | IAV Karriere | Start @ IBM Germany | in-tech GmbH| itelligence careers | ITSCare Karriere - Jobs in der IT-Branche | Karriere bei juwi | Kantonspolizei Basel-Stadt Karriere | Karstadt Karriere | Kaufland Karriere | KFC Deutschland Karriere | Career@KPMG Austria | KPMG Careers Schweiz | Krones AG | K&S Seniorenresidenzen | LBS - Karriere | Lightwerk Karriere | The Linde Group Careers | L'Oréal Deutschland | Be Lufthansa | MAN Careers | Marbach Karriere | Media Saturn | Medtronic Deutschland | Studenten bei Merck | METRO Cash & Carry Deutschland | Microsoft Careers Deutschland | Mounting Systems GmbH | National Instruments Karriere | OSRAM Opto Semiconductors - Karriere | Otto Group Karriere |

Abb. 5.16: Die Liste der Karriere-Seiten von Henner Knabenreich (Quelle: `https://www.facebook.com/karriere.fanpages`)

Beispiele dafür sind die Softwarehäuser CAS Software und SAGE, der Entsorgungsfahrzeugbauer FAUN sowie der Telemarketing- und Call-Center-Anbieter TeleTeam.

Abb. 5.17: Karriere-Seiten in Facebook sind nicht nur Spielwiesen für die Großen (Quellen: https://www.facebook.com/pages/CAS-Software-AG-Karriere/ 173716495979270, https://www.facebook.com/faunkarriere, https:// www.facebook.com/SageKarriere, https://www.facebook.com/teleteam)

Ein Wort zur Technik

Die Erstellung von Facebook-Seiten und -Unterseiten ist technisch keine Hexerei und kostet in der Regel auch kein Vermögen. Alle hier vorgestellten Unterseiten basieren – wie bereits dargestellt – auf fertigen Apps, die teilweise von Facebook angeboten werden, teilweise kostenlos im Facebook-App-Center (https:// www.facebook.com/appcenter) zur Verfügung stehen und teilweise von den Dienstleistern wie kununu oder Jobstairs nur für deren Kunden angeboten werden.

Um beispielsweise Videos oder Fotostrecken einzubinden, kann man die kostenlosen Apps von YouTube, Flickr oder Picasa nutzen. Auch diese stehen kostenlos für jedermann zur Verfügung.

Die Bewertungs-App von kununu oder die Jobsuche-App von Jobstairs hingegen werden nur Kunden innerhalb eines Vertrages zur Verfügung gestellt. Allerdings stellen die Anbieter ihren Kunden stets gut verständliche Anleitungen zur Verfügung, mit denen die Integration einfach ist. Dennoch empfehle ich Ihnen, auf das Know-how von Facebook- oder Webexperten in Ihrem Unternehmen zu setzen.

Wichtig ist eigentlich nur, dass Sie solche Anwendungen in der Regel nicht selbst programmieren (lassen) müssen, um bei Facebook Unterseiten nutzen zu können.

Auch einfache Unterseiten können heute durch – teilweise sogar kostenlose – Content-Management-Systeme (CMS) für Facebook wie eine normale Webseite gepflegt werden. Die Verantwortlichen für die Seite benötigen lediglich ein Grundwissen in Sachen Internetseiten, CMS und viel Gefühl für die Zielgruppen. Eine gute Karriere-Seite auf Facebook ist also heute weniger eine Frage des Budgets, sondern eher eine Frage des Verständnisses.

5.2.3 Die Fanpage mit Leben füllen

Nun haben Sie Ihre Facebook-Karriere-Fanpage eingerichtet und müssen sie mit Leben füllen. Gerade am Anfang ist dies gar nicht so einfach. Deshalb möchte ich Ihnen einige Anhaltspunkte an die Hand geben.

Dialoge und Interaktion

Oberstes Ziel einer Facebook-Fanpage ist der Dialog mit dem Leser. Dies gilt selbstverständlich auch für die Karriere-Fanpage. In Abschnitt 2.3 wurde bereits deutlich, dass Bewerber von Social-Media-Auftritten der Unternehmen vor allem die Möglichkeiten zum Dialog mit dem potenziellen Arbeitgeber erwarten (vgl. Studie der *DIS AG*). Genau dieser Bereich, den Henner Knabenreich als »Interaktion« bezeichnet und in seiner Untersuchung als wichtigstes Kriterium für den Erfolg einer Karriere-Seite in Facebook definiert.

Der aktive Austausch zwischen Interessenten und Bewerbern mit Mitarbeitern ist die Grundlage für Beziehungen und letztendlich Ursache für den Aufbau von Vertrauen und Vertrautheit. Durch den Relaunch der Unternehmensseiten und dem neuen Chronik-Layout wurde die Wichtigkeit von Interaktionen noch einmal verstärkt, weil jeder Besucher immer zunächst die Timeline zu sehen bekommt und er sofort erkennt, wenn auf der Seite »nichts los« ist.

Doch auch Aktivität auf Facebook gibt es in zwei Ausprägungen: einseitig und zweiseitig. Einseitig bedeutet, dass nur das Unternehmen unentwegt Postings schreibt und von sich berichtet, zweiseitig ist – logischerweise – erst der Dialog, der Austausch mit den Lesern/Besuchern der Seite.

Es soll sogar Unternehmen geben, die Postings von Besuchern auf der Facebook-Seite ganz verbieten – das ist zwar sicher und angenehm, führt aber zu keinem Erfolg. Die Gründe, warum Unternehmen dies dennoch so handhaben, reichen von Sicherheitsbedenken, wenn Fremde auf der Timeline posten, bis zu Ressourcen-Engpässen.

Zugegeben, der Zeitaufwand für eine einseitige Kommunikation hält sich durchaus in Grenzen. Man schreibt zwei oder drei Mal pro Tag einen kleinen Beitrag und wartet auf Fans oder Kommentare. Da ist der Zeitaufwand für die richtige Kommunikation schon deutlich höher. Man muss sich schon im Klaren sein, dass eine regelmäßige Aktivität mit echten Dialogen einer intensiven Betreuung der Seite bedarf. Zumal – wie in Abschnitt 2.3. deutlich wurde – 73 Prozent der befragten Bewerber eine Reaktion auf Anfragen innerhalb von 24 Stunden oder schneller erwarten. Im Idealfall müsste eine Facebook-Seite also sieben Tage und rund um die Uhr betreut werden. Das hätten die Nutzer gerne. Praktisch ist das kaum umzusetzen, auch in Zeiten von Smartphones und Apps nicht.

Aber während der Kernarbeitszeiten ist eine regelmäßige Beobachtung der Seite schon erforderlich. Das bedeutet natürlich nicht, dass man einen Mitarbeiter oder eine Mitarbeiterin vor den PC setzt, um auf Kommentare und Anfragen zu warten.

Schließlich gehen die Anfragen und Postings der Fans nicht im Minutentakt ein – es sei denn, man heißt Porsche oder Coca-Cola o.Ä. oder besitzt bereits 100.000 Fans.

Facebook macht dem Seiteninhaber das Leben dahin gehend etwas leichter, dass jede Aktivität – egal ob Posting, Kommentar oder »Gefällt mir« – per E-Mail bekannt gegeben werden – es sei denn, man stellt diese Funktion ab.

Dadurch müssen Sie nicht ständig vor dem Bildschirm sitzen und warten, sondern können normal Ihrer Arbeit nachgehen.

Doch wie kommt es zu Reaktionen, wie baut man Dialoge auf?

Starten Sie mit eigenen Beiträgen. Also doch einseitige Aktivität? Ja und nein. Natürlich beginnt alles mit regelmäßigen Beiträgen des Unternehmens. Schließlich muss erst einmal Leben auf Ihre Seite.

Relevante Themen finden

Egal, welchen Social-Media-Kanal man bedient, der inhaltliche Anfang ist immer schwer. Was soll man schreiben, was wollen die Leser, was ist interessant und was ist neu? Generell kann man sagen, dass alle Themen, die für den Besucher der Seite Nutzen stiften oder Informationen bereitstellen, interessant und damit relevant sind.

Dazu kann man eine Online-Umfrage unter mehr als 200 Facebook-Usern zwischen 24 und 40 Jahren im Auftrag von *fischerAppelt, relations* bemühen, die zeigt, dass sich 72 Prozent der User exklusive Informationen wünschen, die sie nur über die Fanseite erhalten. Für rund die Hälfte der Facebook-Nutzer (48 Prozent) sollten Rabattaktionen und Gewinnspiele zum Fanpage-Repertoire gehören. Fast genauso viele (46 Prozent) möchten wissen, welche Menschen hinter der Marke stehen und wie die Produkte hergestellt werden.

Die Studie »Facebook: Impact on Brand and Sales?« von *defacto x* aus 2011 deckte ebenfalls die Wünsche der Facebook-Nutzer im Allgemeinen auf. Hier wurden Insidernews, Diskussionen, Einblicke in das Unternehmen und exklusive Angebote genannt.

Nun kommen beide Studien aus der Konsumgüterindustrie und können zunächst nicht 1 zu 1 auf die Personalthematik adaptiert werden. Jedoch stehen auch bei Studenten Informationen, Diskussionen, exklusive Angebote und Insidernews im Vordergrund. Insofern sind die Ergebnisse durchaus brauchbar.

Tipp: Konzeptionelle Arbeit mit einem Redaktionsplan

Um die Arbeit konzeptionell anzugehen und für das Redaktionsteam leichter handhabbar zu machen, sollten Sie einen Redaktionsplan aufsetzen und führen. Im Redaktionsplan werden zunächst Themen gesammelt, dann zu Postings konkretisiert und dann zeitlich geplant. Der Redaktionsplan hilft, wichtige Themen zu identifizieren. In großen Teams kann er zudem als Hilfsmittel der Ressourcenplanung dienen und im Krankheitsfall Kollegen die Einarbeitung in die Fanpage-Redaktion erleichtern. Dabei spielt es keine Rolle, ob man die Planung klassisch auf Papier, in einem Kalender oder aber digital durchführt.

KW	Datum	Thema	Verantwortlich
30	25.07.2012	Tag der offenen Tür	Höfer
31			
32	01.08.2012	Start neue Azubis	Meyer
	02.08.2012	Vorstellung Azubis	Höfer
	05.08.2012	Vorbereitungen Start-Messe	Höfer
33	16.08.2012	1. Vorbericht Start-Messe	Meyer
34	22.08.2012	2. Vorbericht Start-Messe mit Fotos	
35	30.08.2012	Start-Messe	Höfer
36			
37	13.09.2012	Fotoreportage Firmenausflug Spessart	Willer
40	01.10.2012	Start neue Betriebsstudenten	Meyer

Abb. 5.18: Beispiel eines unfertigen Redaktionsplans mit Termin und Verantwortlichkeit

Beginnen Sie zunächst, Eckpunkte und Meilensteine festzulegen und in ein Excel-Blatt einzutragen. Das können zum Beispiel Events oder besondere Aktionen sein, die an einem bestimmten Tag stattfinden. Dazu gehört beispielsweise der Tag der offenen Tür, der Ausbildungstag, der erste Arbeitstag der Azubis, Bewerbungsphasen, feste Zeiten für Einstellungsgespräche, anstehende Betriebsferien usw. Darum baut man eine ein- bis mehrwöchige Dramaturgie um den Event auf.

Anschließend ist es die Aufgabe der verantwortlichen Person, darauf ein Posting zu schreiben und es zum geplanten Datum zu veröffentlichen.

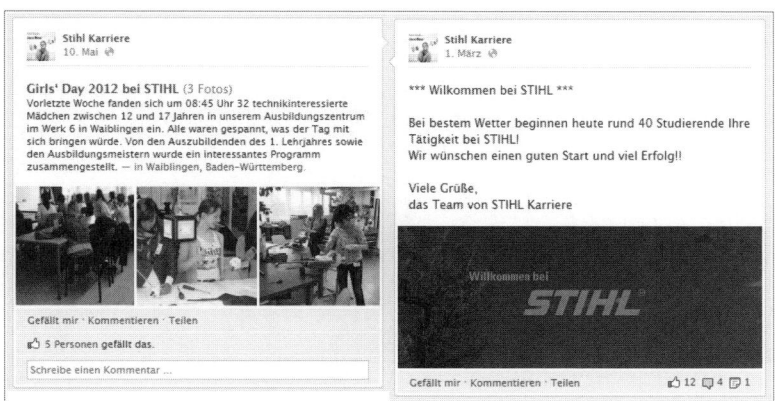

Abb. 5.19: Stihl berichtet über seinen Girls Day 2012 und begrüßt die neuen Studenten (Quelle: https://www.facebook.com/StihlKarriere)

Facebook unterstützt diese Meilensteine durch eine ebenfalls mit dem Relaunch neu eingeführte »Meilenstein-Funktion«, mit der Sie in der Zeitleiste – leider nur zurückliegend – Meilensteine Ihres Unternehmens festlegen können. Dadurch entsteht eine lebendige Geschichte Ihres Unternehmens, die sicherlich auch für potenzielle Bewerber interessant ist.

Zwischen und in Kombination mit den gesammelten Events und Meilensteinen planen Sie dann multimediale Inhalte wie Videos und Fotos aus dem Unternehmen, vom letzten Betriebsausflug, der Firmenkontaktmesse oder der Azubi-Abschluss-Fete – nur bitte gesittet und öffentlichkeitsreif.

Schließlich kommen aktuelle Themen wie zum Beispiel neue Tarifabschlüsse, Branchennews oder gar Eilmeldungen sowie natürlich Leseranfragen hinzu, die man nicht planen kann.

Zumindest die planbaren Inhalte können Sie aber durchaus bis auf die Uhrzeit der Veröffentlichung genau festlegen. Schauen Sie dazu einfach in die Seitenstatistiken (im Administrationsbereich unter Statistiken zu finden) und analysieren Sie, zu welcher Tageszeit die meisten Seitenzugriffe stattgefunden haben.

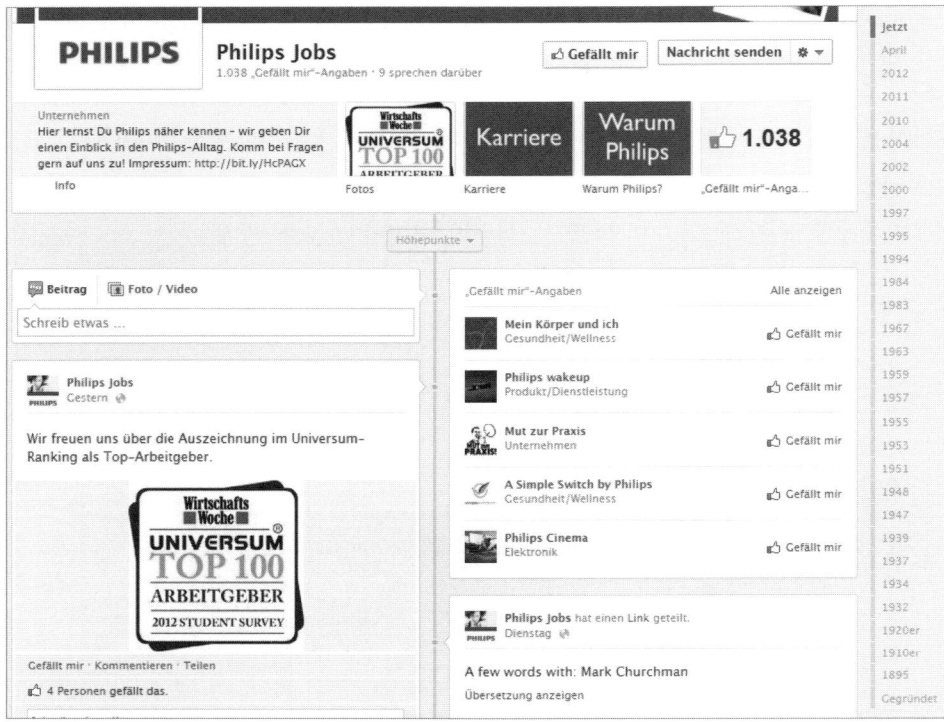

Abb. 5.20: Philips hat eine sehr lebendige und gefüllte Historie
(Quelle: https://www.facebook.com/PhilipsJobs)

Dass die zeitliche Planung der Postings durchaus Relevanz hat für den Erfolg der Interaktivität, zeigte 2011 die *Masterarbeit von Andrea Bößenecker* über die »empirische Analyse der Interaktion auf Facebook-Karrierefanseiten«. Sie bewies, dass erfolgreiche Betreiber von Karriere-Seiten auf Facebook regelmäßig und mit Bedacht posten, während weniger erfolgreiche sehr unregelmäßig posten – mal mehrfach am Tag und mal im Abstand von einer Woche.

Nach und nach entsteht auf diese Weise ein Gerüst, ein Plan, mit dem Sie die regelmäßige »Befüllung« der Seite mit Inhalten sicherstellen.

Starten Sie die Interaktion

Nun ist es Zeit, mit den Besuchern in den Dialog zu treten und Diskussionen zu starten. Dafür gibt es viele Methoden. Die einfachste ist die Umfrage-Funktion auf Facebook, mit der Sie Ihre Besucher nach ihrer Meinung fragen.

Sie können zum Beispiel auch über ein in der Öffentlichkeit kontrovers diskutiertes Thema wie zum Beispiel anonyme Bewerbungen oder die geplante gesetzlich festgelegte Frauenquote schreiben und die Besucher zur Diskussion animieren.

Denken Sie aber daran, dass Sie als Unternehmen auch eine eigene Meinung zu dem jeweiligen Thema vertreten sollten, falls Sie danach gefragt werden.

Abb. 5.21: Mit einer Umfrage bittet Opel die Leser aktiv um ihre Meinung
(Quelle: `https://www.facebook.com/OpelAusbildung`)

Schließlich lädt der Aufruf »Wir freuen uns auf eure Fragen und Beiträge« geradezu zum Mitmachen ein.

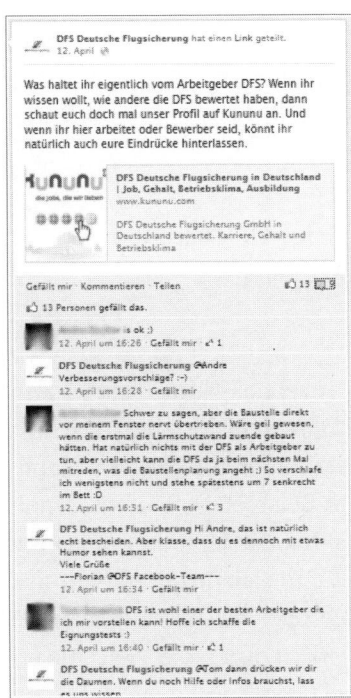

Abb. 5.22: Die Deutsche Flugsicherung fragt die Fans immer wieder aktiv nach ihren Meinungen
(Quelle: `https://www.facebook.com/DFSde`)

Insgesamt zeigt das Beispiel der Deutschen Flugsicherung sehr deutlich, wie aktives Leben auf einer Facebook-Seite stattfindet. Lebendige Texte, viele Fotos, Aktionen und Aufrufe laden ein zum Plausch und zur Diskussion. Rund 8.700 Fans zeigen, dass es wirkt.

Die bereits erwähnte Masterarbeit von Andrea Bößenecker gibt noch viele weitere gute Hinweise, wie man als Unternehmen erfolgreich die Interaktion der Facebook-Seite steigert. Dazu gehören beispielsweise die Tonalität, die Ansprache und die Kreativität der Postings, also die Art, wie Sie mit den Besuchern Ihrer Seite kommunizieren.

Auch das Interaktions- und Antwortverhalten der Seitenbetreiber gehört zu den Erfolgsfaktoren einer Seite. Denn wenn Anfragen oder Postings der Besucher eingehen, sollte man tunlichst schnell – innerhalb von 24 Stunden – reagieren und lösungsorientiert antworten. Einzige Ausnahme kann, muss aber nicht das Wochenende sein.

Basisfaktoren	Zusatzfaktoren	Spezielle Einzelfaktoren
• Bereitschaft, Offenheit & Aufmerksamkeit	• Strategie & Koordination	• Postanzahl: 2-3 pro Woche
• Schnelle & konstruktive Unterstützung der Fans	• Optisches & inhaltliches Auffallen	• Seite auf Englisch
• Glaubwürdige, authentische & persönliche Kommunikation	• Zusätzliche Fanwertschätzung & Transparenz	• Interessante Themen mit Mehrwert
• Inhaltlicher Fokus: „Job & Karriere"	• Aktivieren der Fans	
	• Mitarbeiter als Markenbotschafter	

Abb. 5.23: Andrea Bößenecker gibt viele gute Hinweise für eine erfolgreiche Interaktion mit Fans auf der Facebook-Seite (Quelle: Andrea Bößenecker)

Geschichten erzählen und der Blick hinter die Kulissen

Viele der vorgestellten Studien zeigen deutlich, dass Facebook-Nutzer Einblick in das Unternehmen wünschen. Der »Blick hinter die Kulissen« ist wichtig, um sich ein Bild vom möglichen Arbeitgeber zu machen. Sie können aus solchen Einblicken leicht eine ganze Geschichte machen, wie es zum Beispiel das Unternehmen Yelp! getan hat. Unter dem Titel »Day in the Life of ...« hat das Unternehmen eine ganze Serie von Beiträgen mit Text und Video erstellt, in denen Mitarbeiter aus allen Bereichen des Unternehmens erzählen, was sie tun, welche Aufgaben sie erfüllen und wie das Arbeiten bei Yelp! ist. Der Leser erhält durch die Vielzahl verschiedener Berichte ein Bild über den Arbeitgeber und dessen Kultur.

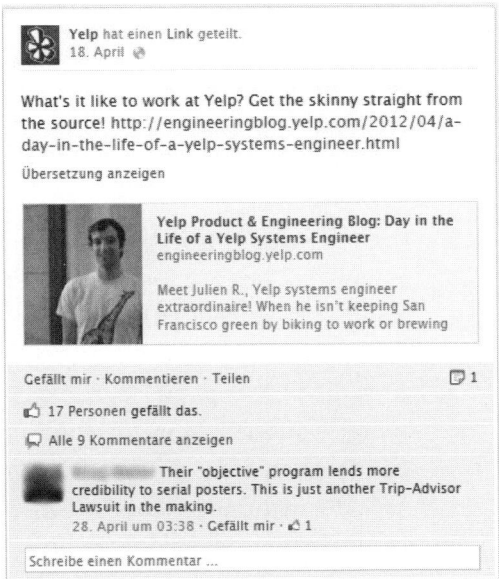

Abb. 5.24: Yelp erzählt Geschichten aus dem Leben seiner Mitarbeiter
(Quelle: `https://www.facebook.com/yelp`)

Hier wurde ein Erfolgskonzept eingesetzt, das bereits bei XING und LinkedIn beschrieben wurde und später im Kapitel über Arbeitgeber-Bewertungen (siehe Kapitel 11) noch einmal aufgegriffen wird: die Rolle der Mitarbeiter als Botschafter des Unternehmens. Durch Geschichten wie bei Yelp! gelingt es, die Mitarbeiter aktiv in den Facebook-Auftritt einzubinden. Es ist aber ebenso denkbar, dass Mitarbeiter mit ihrem privaten Profil (also nicht im Namen des Unternehmens!) auf der Karriere-Seite des eigenen Arbeitgebers schreiben, wie toll es ist, dort zu arbeiten. Es darf allerdings keinesfalls der Eindruck aufkommen, dass diese Beiträge vom Arbeitgeber »gekauft« oder verlangt worden sind.

Die richtig Ansprache auf Facebook: Du oder Sie?

Jeder, der eine eigene Facebook-Seite betreibt, stellt sich gleich zu Beginn die Frage, ob er die Leser mit »Du« oder »Sie« ansprechen soll. Auch wenn es grundsätzlich immer auf den Einzelfall ankommt, so ist die generelle Regel »Du«. Zu dieser Einschätzung kommen zahlreiche Social-Media- und HR-Experten im Blog von Henner Knabenreich. Er selbst macht diese Meinung schon an der Begrüßung von Facebook selbst auf der Anmeldeseite fest. Dort heißt es

»Facebook ermöglicht es dir, mit den Menschen in deinem Leben in Verbindung zu treten und Inhalte mit diesen zu teilen.«

Auch im Eingabefeld für Postings ist zu lesen »Was machst du gerade«. Facebook selbst nutzt also konsequent das »Du« und dies ist auch die übliche Ansprache der Seitenbetreiber an ihre Leser.

5.2.4 Die Gewinner der Fanpage-Untersuchung

Nach so vielen Hinweisen und Empfehlungen, worauf es bei einer guten Karriere-Seite in Facebook ankommt, bin ich noch die Ergebnisse der Untersuchung von Henner Knabenreich aus dem Jahre 2010 schuldig. Er analysierte die qualitativen Aspekte mehrerer Karriere-Fanpages großer deutscher Unternehmen unter Personalmarketing- bzw. Employer-Branding-Gesichtspunkten.

Sieger wurde die Karriere-Seite der Robinson Group, gefolgt von der Seite der E-Plus-Gruppe und der Otto-Group. Die Untersuchung von Henner Knabenreich war damals eine Momentaufnahme, sicherlich hat sich seitdem sowohl bei den untersuchten als auch bei neuen Karriere-Seiten auf Facebook einiges getan. Die hier als positive Beispiele gezeigten Karriere-Seiten von Bayer HealthCare und DFS wurden von Henner Knabenreich beispielsweise gar nicht untersucht, hätten aber sicher auf den vorderen Plätzen gelegen.

Abb. 5.25: Die beste Karriere-Seite in der Untersuchung von Henner Knabenreich (Quelle: https://www.facebook.com/RobinsonJobs)

5.3   Aktionen für das Recruiting nutzen

Auch wenn das Employer Branding bei Facebook-Karriere-Fanpages deutlich im Vordergrund steht, so können Sie mit gezielten Aktionen auch ein wenig Recruiting betreiben. Wichtig ist dabei, dass die Aktionen – zum Beispiel Gewinnspiele – zum Thema und zur Zielgruppe passen.

Entwickler gesucht – Knack den Accenture Code

Das Unternehmen Accenture hatte im Sommer 2012 ein Gewinnspiel durchgeführt, bei dem man ein MacBook Air der neuesten Generation gewinnen konnte. Das Unternehmen, das zu diesem Zeitpunkt einen SAP-Spezialisten suchte, hat aber nicht irgendein gewöhnliches Frage-und-Antwort-Spielchen angeboten, sondern ein Quiz, das zur Zielgruppe der Software-Entwickler passte. Auf einer Unterseite wurde ein unvollständiger Programm-Code angeboten, der von den Nutzern vervollständigt werden musste. Derjenige, der den Code knackte, kam in einen Lostopf und konnte das MacBook Air gewinnen.

Für Accenture bedeutete diese Aktion, dass man durch die virale Verbreitung neue Fans erreichte, und zwar nur diejenigen, die man auch sucht: Software-Entwickler.

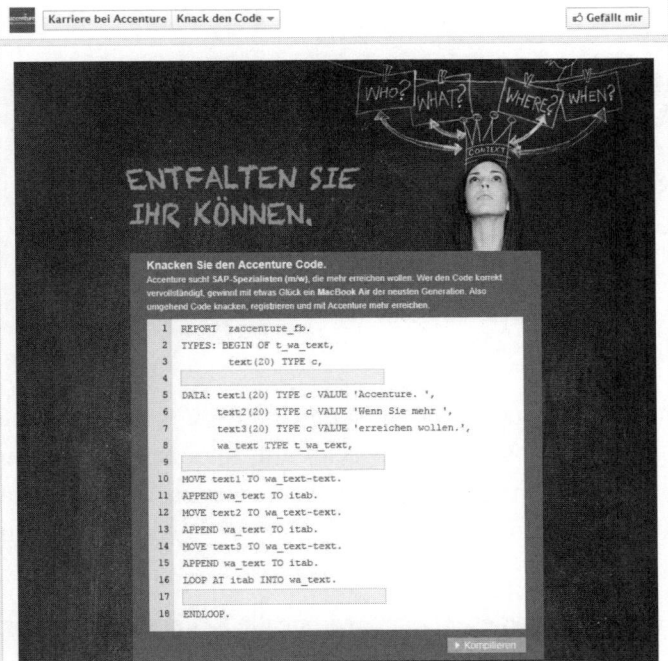

Abb. 5.26: Knack den Code bei Accenture: Nur Software-Experten kommen durch (Quelle: https://www.facebook.com/accenturekarriere)

Das Beispiel zeigt, dass man durchaus auch auf Karriere-Seiten Gewinnspiele durchführen kann, wenn sie gut durchdacht und zielgruppenspezifisch sind.

Nerds gesucht in der Technologieregion Karlsruhe

Die Technologieregion Karlsruhe erklärte sich im Sommer zur Nerd-Zone. Dazu wurde auf der Facebook-Seite eine Anwendung installiert, über die ein Interessent sein Foto hochladen und sich online via Bart und Brille zum »Nerd« machen konnte. Auch dies war eine witzige Identifikation mit der Branche und der Region.

Abb. 5.27: Die Technologieregion Karlsruhe suchte Nerds
(Quelle: `https://www.facebook.com/nerdzone`)

Klar ist, dass diese Aktionen nicht ganz billig waren, schließlich steckt hier eine Menge individuelle Programmierarbeit drin. Das bekommt man nicht mehr von der Stange. Wenn Sie so ein Gewinnspiel starten wollen, müssen Sie schon ein wenig mehr Budget zur Verfügung haben. Man ist hier schnell im 5-stelligen Euro-Bereich.

Fragen Sie doch einfach die Anbieter dieser Seiten, wie sie die Aktionen umgesetzt haben.

5.4   Der Erfolg einer Karriere-Seite

Natürlich stellt sich besonders beim Facebook-Marketing die Frage nach der Erfolgsmessung und immer wieder fällt sofort der Begriff »Fanzahl« als Maßeinheit. Das ist in der Regel einfach und auch naheliegend, leider aber auch falsch. Während man bei XING oder LinkedIn die Zahl der Follower oder Abonnenten, die einer Unternehmensseite folgen, durchaus als Maßstab des Interesses der Zielgruppen an dem Unternehmen sehen kann, ist die Zahl der »Gefällt mir« keineswegs ein Erfolgskriterium für eine Karriere-Seite. Und das hat einen ganz bestimmten Grund: Laut mehrerer Studien aus den letzten Jahren wollen ein Großteil der regelmäßigen Besucher einer Facebook-Karriere-Seite nicht, dass die Unternehmen erfahren, wer die Seite besucht. Aus Angst, das Unternehmen könnte die persönliche Chronik des Nutzers durchstöbern und ausspionieren, verneinen diese Personen das »Gefällt mir« bewusst.

So gaben in der Umfrage zur Nutzung von Social Media im Employer Branding und im Online-Recruiting von *Talential & Wiesbaden Business School* 47 Prozent der befragten Kandidaten an, keine Einblicke in ihr Privatprofil durch ein Unternehmen haben zu wollen.

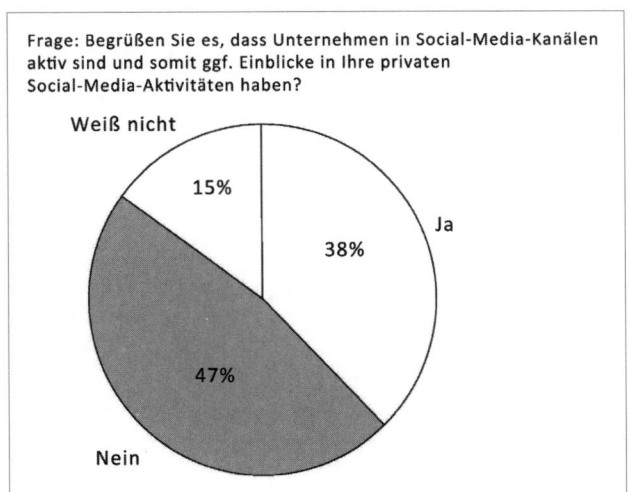

Abb. 5.28: Fast die Hälfte der befragten Kandidaten will keine Verknüpfung zum Unternehmen auf Facebook (Quelle: Wiesbaden Business School & Talential GmbH)

In der ebenfalls bereits vorgestellten ähnlichen internationalen Studie von *OSCAR, Talential und squeaker.net* gaben 65 Prozent der befragten Studenten an, überhaupt keine persönlichen Informationen in Facebook preiszugeben aus

Angst, ein potenzieller Arbeitgeber könne sie mitlesen. Indes gaben 70 Prozent der Recruiter an, genau dies zu tun.

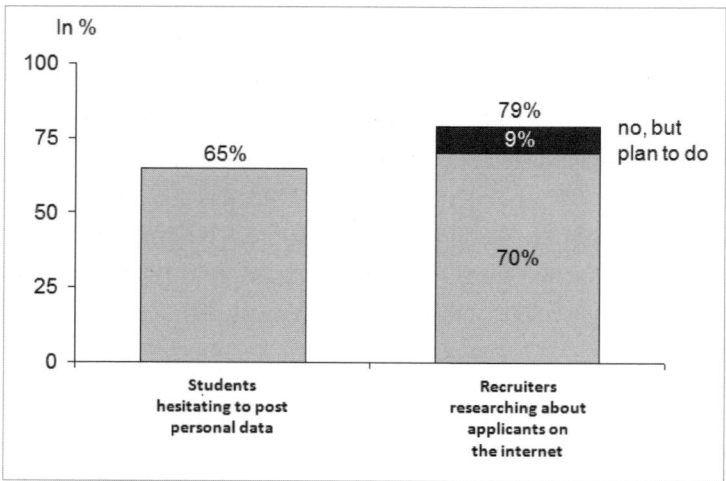

Abb. 5.29: Die Angst der Studenten vor Spionage der Unternehmen ist groß (Quelle: OSCAR GmbH, Talential GmbH und squeaker.net GmbH)

Ein Dilemma? Nein.

Zum einen kann man die Besucher durch gezielten Aufbau von Vertrauen und Persönlichkeit doch zum gewünschten Klick auf den »Gefällt mir«-Knopf bewegen und zum anderen gibt es deutlich bessere Statistiken für eine Erfolgsmessung als die Fanzahl.

Vertrauen und Persönlichkeit

Sicher erinnern Sie sich noch, dass ich zu Beginn des Abschnitts 5.2.2 Vertrauen erwähnt habe. Dieses Vertrauen, das Sie sich durch »Gesicht zeigen« sowie durch Offenheit und Authentizität in den Dialogen erworben haben, benötigen Sie, um den Besucher zum gewünschten Klick auf den »Gefällt mir«-Knopf zu bewegen.

Notwendig ist das aber nicht, da die Fanzahl wie bereits dargestellt kein echter Messwert für den Erfolg einer Seite ist.

Zahlen für die Erfolgsmessung

Viel wichtiger sind andere Statistiken, die Facebook selbst dem Seitenbetreiber zur Verfügung stellt. Diese so genannten »Page Insights« oder deutsch Seitenstatistiken geben einen umfassenden Überblick, was wirklich auf der Seite los ist.

Bereits in der Zusammenfassung erhält man vier aufschlussreiche Metriken:

1. »Gefällt mir«-Angaben insgesamt: die Gesamtzahl der Einzelpersonen, denen die Seite gefällt.

2. Freunde von Fans: die Anzahl der Einzelpersonen, die mit den aktuellen Fans der Seite befreundet sind.

3. Personen, die darüber sprechen: die Anzahl der Einzelpersonen, die während eines bestimmten Zeitraums eine Meldung über die Seite erstellt haben. Eine Meldung wird zum Beispiel erstellt, wenn jemandem ein Beitrag gefällt, er diesen kommentiert oder teilt sowie die Seite erwähnt.

4. Gesamte Reichweite: die Anzahl der Einzelpersonen, die während eines bestimmten Zeitraums Inhalte gesehen haben, die mit der Seite verknüpft sind.

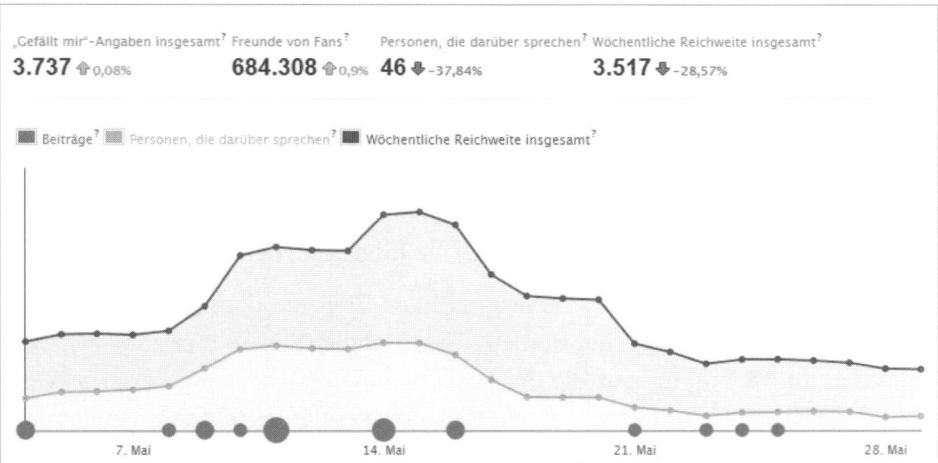

Abb. 5.30: Seitenstatistiken geben Aufschluss über den wahren Erfolg eine Facebook-Seite (Quelle: `https://www.facebook.com/conpublica`)

Man kann wie bei Webseitenanalysen mit Google Analytics fast beliebig in die Tiefe einsteigen, die Statistiken als Excel-Datei auf den PC laden und analysieren, zum Beispiel nach Geschlecht, Herkunftsland oder Ort, Viralität, Erfolg der Apps etc.

Alleine die Seitenaufrufe innerhalb der Statistiken zur Reichweite geben darüber Aufschluss, wie viele Besucher die Seite innerhalb des Zeitraums wirklich hatte.

5.5   Recruiting und Employer Branding mit Facebook Ads

Ein Punkt, der im Zusammenhang mit Employer Branding und Recruiting via Facebook nicht vergessen werden darf, sind die Anzeigen. Auch Facebook bietet wie die Business-Netzwerke XING und LinkedIn die Möglichkeit, zielgruppengenaue Anzeigenwerbung zu schalten. Dabei funktioniert das Matching und die gesamte Schaltung ähnlich wie die Suchmaschinen-Werbung bei Google.

Zunächst legen Sie sich ein persönliches Werbekonto an. Das ist notwendig, um alle Kampagnen und Budgets zu managen. Die Anzeigenerstellung selbst können Sie über die Seite `https://www.facebook.com/advertising` starten. Hier haben Sie alle Ihre Seiten im Überblick und können die Facebook-Seite auswählen, die Sie bewerben wollen. Alternativ können Sie wieder aus dem Administrationsbereich einer einzelnen Seite heraus starten. Gehen Sie dazu auf »Publikum erweitern« und »Werbeanzeige erstellen«.

Im weiteren Verlauf legen Sie dann noch die Suchbegriffe (Keywords), die Zielgruppe, das Budget, die Laufzeit und den Klickpreis fest. Im Gegensatz zu Google, wo in Echtzeit die Keywords mit den Suchbegriffen der Suchmaschinen-Nutzer abgeglichen werden, geht es bei Facebook um die Interessen der Nutzer. Die Suchbegriffe sollten also so präzise wie möglich die Interessen der Bewerber abdecken.

Besonders wichtig ist die Auswahl des richtigen Ziels, zu dem die Besucher, die auf die Anzeige klicken, geleitet werden. Grundsätzlich stehen hier zunächst zwei Optionen zur Verfügung: auf die eigene Facebook-Seite oder eine externe Webadresse zu leiten. Innerhalb der eigenen Facebook-Seite besteht dann zudem die Möglichkeit, auf eine bestimmte Unterseite, zum Beispiel mit den Jobangeboten oder einer Begrüßung zu lenken. Je genauer die Begrüßungs-Seite, die man im Allgemeinen als Landingpage bezeichnet, zum gewonnenen Besucher passt, desto höher wird sein Interesse sein. Dies ist ein altbekanntes Konzept des Suchmaschinen-Marketings.

Schon während der Erstellung der Anzeige zeigt Facebook bereits die Reichweite an, die diese Anzeige erreichen könnte. Zum Schluss wird die Bestellung für die Anzeige aufgegeben, die dann durch Facebook geprüft und gemäß dem Schaltungsplan gestartet und beendet wird.

Neben klassischen Jobanzeigen nutzen viele Unternehmen die Facebook-Anzeigen auch zur Image-Werbung. Immerhin 19,9 Prozent der 1.000 größten deutschen Unternehmen werben laut der Studie Recruiting Trends 2012 in Facebook für ihr Arbeitgeber-Image. 9,6 Prozent schalten Stellenanzeigen in Facebook.

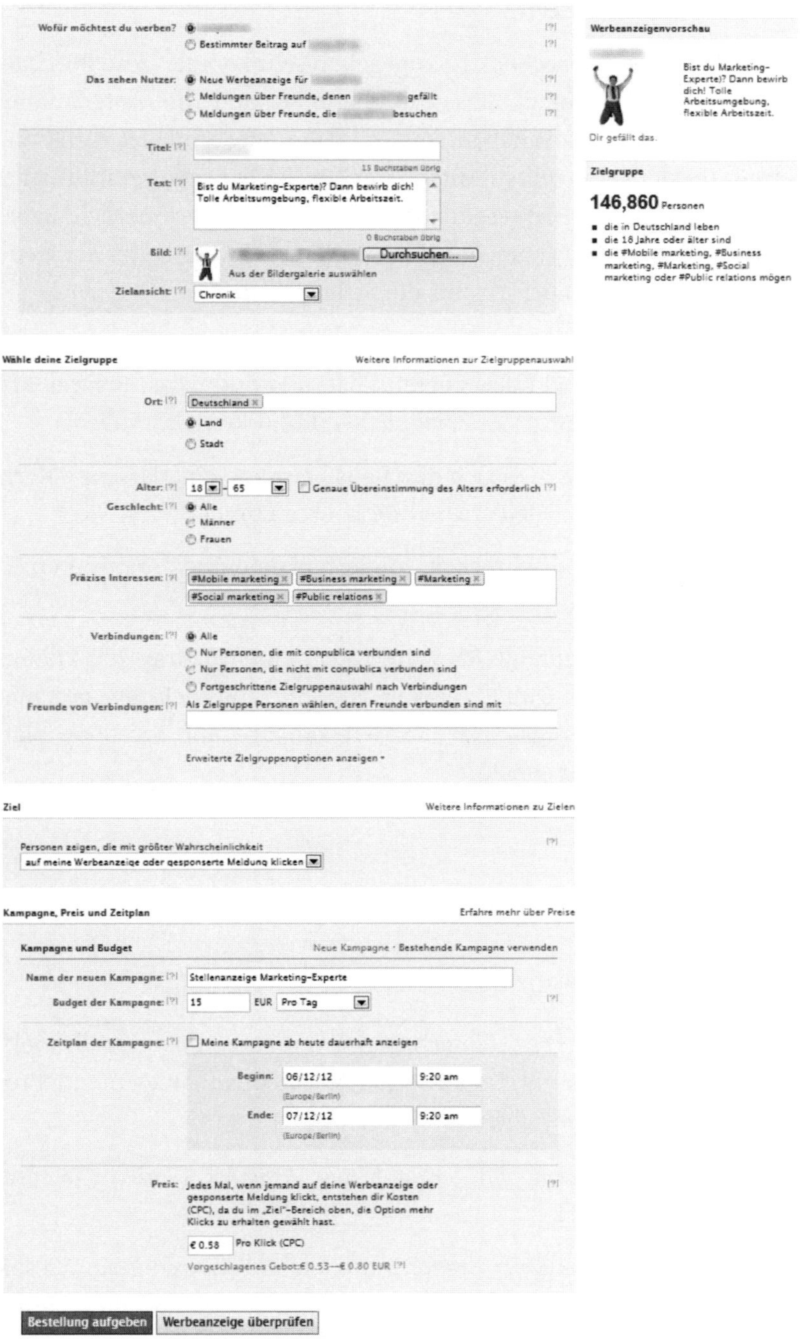

Abb. 5.31: Facebook Ads rechnen nach dem Cost-per-Click(CPC)-Verfahren ab, Budgetkontrolle garantiert (Quelle: https://www.facebook.com/conpublica)

5.6   Zusammenfassung

Das Thema Karriere-Seiten in Facebook ist zugegeben sehr komplex und durchaus ambitioniert. Grundsätzlich sollten das Unternehmen und die Seitenautoren bereits Erfahrung mit Social Media haben, sonst wird die Seite schneller zum GAU, als man erwartet. Idealerweise sollten Mitarbeiter für die Fanpage verantwortlich sein, die selbst in sozialen Netzwerken aktiv sind, deren Kultur verinnerlicht haben und die Sprache der Community sprechen. Hier bieten sich Mitarbeiter der Generation Y an. Vielfach lässt man auch Azubis die Seite betreuen.

Um eine Karriere-Seite in Facebook erfolgreich zu starten und zu betreiben, bedarf es viel Arbeit und Zeit, viel Einsatzbereitschaft und Enthusiasmus, viel Kreativität und Einfallsreichtum sowie viel Persönlichkeit und Kontaktfreude.

Was die Kosten betrifft, so sollte man sich durchaus bewusst sein, dass eine Karriere-Seite zumindest zu Beginn viele Personal-Ressourcen bindet.

Aber lassen Sie sich bitte nicht abschrecken, sondern planen und organisieren Sie vielmehr die ganze Sache im Vorfeld gut.

In diesem Zusammenhang empfehle ich Ihnen auch einen Beitrag von Henner Knabenreich, in dem er zwölf Dinge aufzählt, die ein Unternehmen beachten sollte, wenn es eine Ausbildungs- oder Karriere-Fanpage auf Facebook plant (`http://bit.ly/12_Dinge_Facebook`).

Verwendete Studien

Studien

Social Job Seeker Survey 2011, Jobvite, Inc,

Wirkung von Social Media im Personalmarketing, Wiesbaden Business School / Hochschule RheinMain, Lehrstuhl Organisation & Personalmanagement, Prof. Dr. Thorsten Petry & embrander / Talential GmbH

Recruiting und Employer Branding mit Social Media, OSCAR GmbH, Talential GmbH und squeaker.net GmbH

Nutzung von Social Media im Employer Branding und im Online-Recruiting, Wiesbaden Business School / Hochschule RheinMain, Lehrstuhl Organisation & Personalmanagement, Prof. Dr. Thorsten Petry & Talential GmbH

Cisco Connected World Technology Report 2011, Cisco Systems, Inc.

The Palo Alto Networks Application Usage and Risk Report, PaloAltoNetworks, Inc.

Social Media Recruiting Report 2011, Institute for Competitive Recruiting (ICR)

Umfrage unter Facebook-Usern, fischerAppelt AG

Untersuchung der deutschen Karriere-Fanpages auf Facebook, Henner Knabenreich, Knabenreich Consult

Facebook: Impact on Brand and Sales?, defacto x GmbH

Twitter – Recruiting mit 140 Zeichen

In einem Buch über Social Media darf der Microblogging-Dienst Twitter sicher nicht fehlen. Twitter (englisch für *Gezwitscher*) ist eine digitale Echtzeit-Anwendung, mit der die Nutzer kurze Textnachrichten (*Tweets*) mit maximal 140 Zeichen im Internet verbreiten. Ein Tweet kann auch multimediale Inhalte wie Videos oder Foto sowie einen Link enthalten. Über so genannte Hashtags (#) kann eine Kategorisierung vorgenommen werden.

Weltweit hat Twitter etwa 500 Millionen Nutzer, von denen sich laut eigenen Angaben Ende 2011 rund 100 Millionen Nutzer mindestens einmal pro Monat eingeloggt haben, rund die Hälfte davon täglich.

In Deutschland liegt die Nutzerzahl laut *ComScore* bei etwa 4 Millionen.

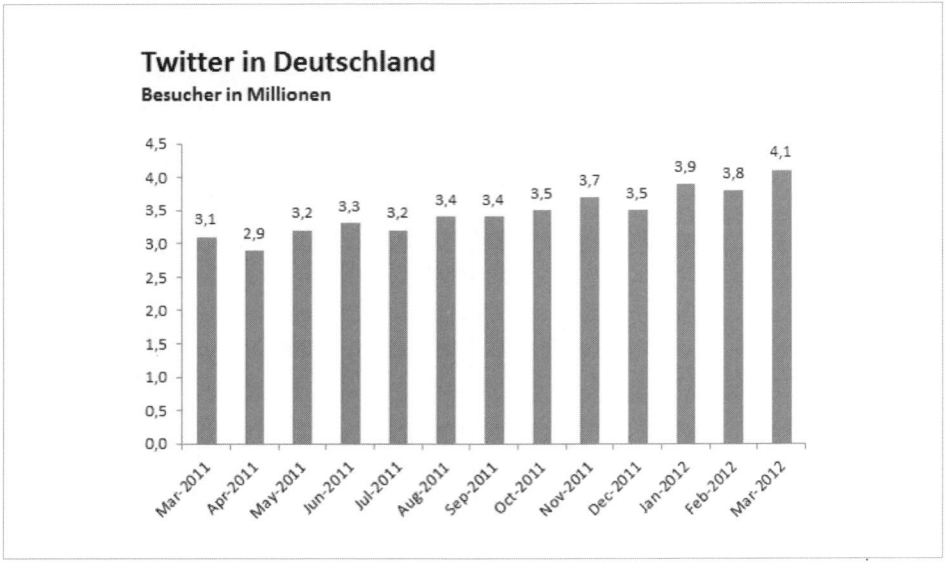

Abb. 6.1: Besucherzahlen von Twitter für Deutschland (Quelle: ComScore, Inc.)

6.1 Zielgruppe: Jung, dynamisch, städtisch

Natürlich gibt es auch für Twitter statistische Zahlen über die Nutzer. Laut einer Erhebung des *Pew Research Center's Internet & American Life Project* aus dem Frühjahr 2012 ist die Mehrheit der Twitter-Nutzer männlich, zwischen 18 und 29 Jahre alt und städtisch bzw. vorstädtisch. Zu den 26 Prozent der 18- bis 29-Jährigen gesellen sich noch 14 Prozent 30- bis 49-Jährige. Damit sind 40 Prozent der Twitter-Nutzer jünger als 50 Jahre. Auch wenn die Zahlen aus den USA stammen, zeigen sie die Bedeutung von Twitter für die Personalwirtschaft auch in Deutschland. Denn viel anders dürften die Zahlen hier auch nicht aussehen.

Leider fristet Twitter im Bereich der Personalwirtschaft zumindest in Deutschland immer noch ein eher unscheinbares Dasein, wobei der Dienst mit relativ wenig Aufwand im Bereich Recruiting, aber auch im Employer Branding eingesetzt werden kann. Letzteres wird hauptsächlich durch das Image eines twitternden Unternehmens begünstigt. Das alleine reicht, um einen positiven Eindruck in der Gruppe der eher jungen und äußerst internetaffinen Zielgruppe aufzubauen. Wer als Unternehmen heute twittert, punktet bei jungen Menschen.

6.2 Recruiting mit Twitter – Twitcruiting

In Kapitel 2 definierte ich Recruiting als »Maßnahmen zur Besetzung von offenen Stellen mit qualifizierten und motivierten Kandidaten«. Dabei hatte ich die Zielgruppen, also die qualifizierten und motivierten Kandidaten, zwischen denjenigen, die aktiv nach einem Job suchen, und denjenigen, die nicht suchen, aber dennoch unter bestimmten Voraussetzungen wechselwillig wären, unterteilt. Bereits in Kapitel 4 zeigte sich, dass das Recruiting in den Kreisen der aktiven Jobsuchenden deutlich einfacher ist als das Recruiting in den Kreisen der Nicht-Suchenden. XING und LinkedIn bieten hierfür spezielle Werkzeuge und Mitgliedschaften an, um die qualifizierten Kandidaten zu identifizieren und anzusprechen.

Auch bei Twitter muss man zwischen diesen beiden Zielgruppen unterscheiden. Das amerikanische Unternehmen *Jobvite* unterscheidet sogar zwischen drei Zielgruppen: den **proaktiv Suchenden** (die in einem Beschäftigungsverhältnis stehen, aber offen sind für eine neue Herausforderung), den **aktiv Suchenden** (die in einem Beschäftigungsverhältnis stehen oder nicht und aktiv suchen) und den bereits **Beschäftigten** (die in einem Beschäftigungsverhältnis stehen und nicht offen sind für eine neue Herausforderung).

In der *Social Jobseeker Studie* von *Jobvite* zeigte sich dann auch deutlich, dass die proaktiv und aktiv Suchenden deutlich mehr in sozialen Netzwerken und auch in Twitter nach Jobs Ausschau halten als die Beschäftigten.

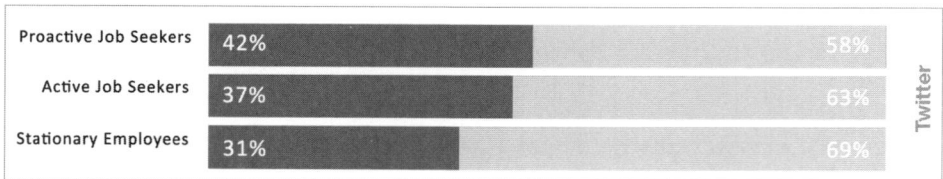

Abb. 6.2: Die Jobsuchenden nutzen Twitter deutlich mehr als die Nicht-Suchenden (Quelle: Jobvite, Inc.)

Demnach nutzen 42 bzw. 37 Prozent der proaktiv und aktiv Suchenden Twitter, während nur 31 Prozent der Nicht-Suchenden Twitter nutzen. Diese Zahlen gelten für die USA und dürften in Deutschland deutlich niedriger liegen.

Dennoch wird klar, dass man proaktiv und aktiv Suchende durchaus mit Twitter abholen, ja rekrutieren kann. Durch den hohen Grad an Viralität (schnelle und einfache Verbreitung von Tweets) erreicht man unter Umständen auch viele Personen, die gar nicht aktiv nach einem neuen Job suchen (die Beschäftigten). Sie könnten beim Durchstöbern der Tweets ihrer Followings auf eine interessante Joboferte stoßen und plötzlich Appetit bekommen.

6.2.1 Rekrutierung in drei Stufen

Eine Rekrutierungsstrategie mit Twitter kann in drei Stufen erfolgen, die logischerweise zu unterschiedlichen Erfolgen führen.

Stufe 1: Twitter als reiner Jobkanal und Stellenbörse

Mit wenig Aufwand hat ein Unternehmen ein Twitter-Konto eingerichtet und twittert von da an regelmäßig seine offenen Stellen. Dabei sollte die Anzeige, die ja bekanntlich auf 140 Zeichen begrenzt ist, so aufbereitet sein, dass alle wichtigen Informationen nicht nur für den Leser, sondern auch für Suchmaschinen bzw. die Twitter-Suche erkennbar sind. Wichtig sind Ort, Tätigkeit, Unternehmen und ein Link. Dabei sollte für den Link ein so genannter Link-Verkürzer (engl. *URL-Shortener*) genutzt werden. Dieser macht aus einer langen Adresse eine ganz kurze. Zudem bieten kostenlose Services wie *bitly* (`https://bitly.com`) die Möglichkeit, Tracking zu betreiben, also quantitativ zu kontrollieren, wie viele Interessenten auf diesen Link geklickt haben.

Des Weiteren ist es wichtig, die Hashtag-Funktion (#) zu nutzen, um die Stellenanzeige zu verschlagworten (engl. *taggen*) und für die Hashtag-Suchdienste auffindbar zu machen.

Die wichtigsten Hashtags sind #Jobs oder #Job, Städtenamen wie #Köln oder #München (sogar mit Umlauten) bzw. international #Cologne und #Munich und die Branchen #Pflege, #Pharma, #Maschinenbau oder #Elektro.

Insgesamt sollte die Stellenanzeige die 140 Zeichen nicht überschreiten, weil Twitter sonst die Darstellung abbricht und dem Leser wichtige Informationen entgehen.

Medizin Jobs ... @Medizin_Job   1h
#Job #Pflege Gesundheits- und Krankenpflegehelfer / in in Hamburg
(m/w): Hamburg - . Mindestvertragslaufzeit 3 M... bit.ly/KrPfHI
Öffnen

element GmbH @element_news   5 Jun
SAP SD Berater (m/w) für ein florierendes Industrieunternehmen,
Inhouse Position. #Jobs #Job #SAP #Hessen #Frankfurt
tinyurl.com/d6nktkb
Öffnen

Abb. 6.3: Falsche und richtige Job-Tweets. Oben ist zu lang, unten mit verschiedenen Hashtags versehen (Quelle: `https://twitter.com/search`)

Viele Unternehmen tendieren dazu, die Stellenangebote via RSS-Feed automatisch von der Karriere-Webseite in das Twitter-Konto zu überführen und dort zu veröffentlichen. Das spart zwar Arbeit, ist aber überhaupt nicht ratsam, weil die Stellenbeschreibungen in der Regel länger als 140 Zeichen sind, keine Hashtags enthalten und nicht dem notwendigen Aufbau einer Twitter-Anzeige entsprechen.

Was passiert mit den Jobangeboten?

Aktiv und proaktiv Suchende, die Twitter nutzen, recherchieren über die Twitter-Suche (`https://twitter.com/search`), die Hash-Tag-Suche (`http://hashtags.org`) oder die Twitter-Personensuche *TweepZ* (`http://tweepz.com/`) aktiv nach Jobs in ihrer Stadt mit bestimmten Schlagworten.

Ist der Suchende bei einem Unternehmen auf dessen Twitter-Seite fündig geworden, kann er das Unternehmen zu den Favoriten hinzufügen oder gleich dem Unternehmen »folgen«, um regelmäßig Jobangebote zu erhalten.

Jobsuchende, die nach einem bestimmten Unternehmen suchen, nutzen ebenfalls die Suchdienste und finden einen Hinweis auf dessen Webseite »Find us on Twitter« oder einen Tweet bei anderen Followern. Auch dieser Personenkreis kann bei Bedarf »folgen«.

Mehr wird zunächst nicht passieren mit Ihrem Twitter-Konto. Die Zahl der Follower wird nur sehr langsam wachsen, es sei denn, man hat viele Jobs anzubieten oder einen sehr hohen Bekanntheits- oder Beliebtheitsgrad bei Jobsuchenden und Studenten.

Was in den wenigsten Fällen passieren wird, ist ein Retweet, also eine Weiterleitung des Jobangebots an die Follower des Suchenden. Aber genau die Retweets sind das Instrument, um Reichweite und Verbreitung der Jobangebote zu erreichen.

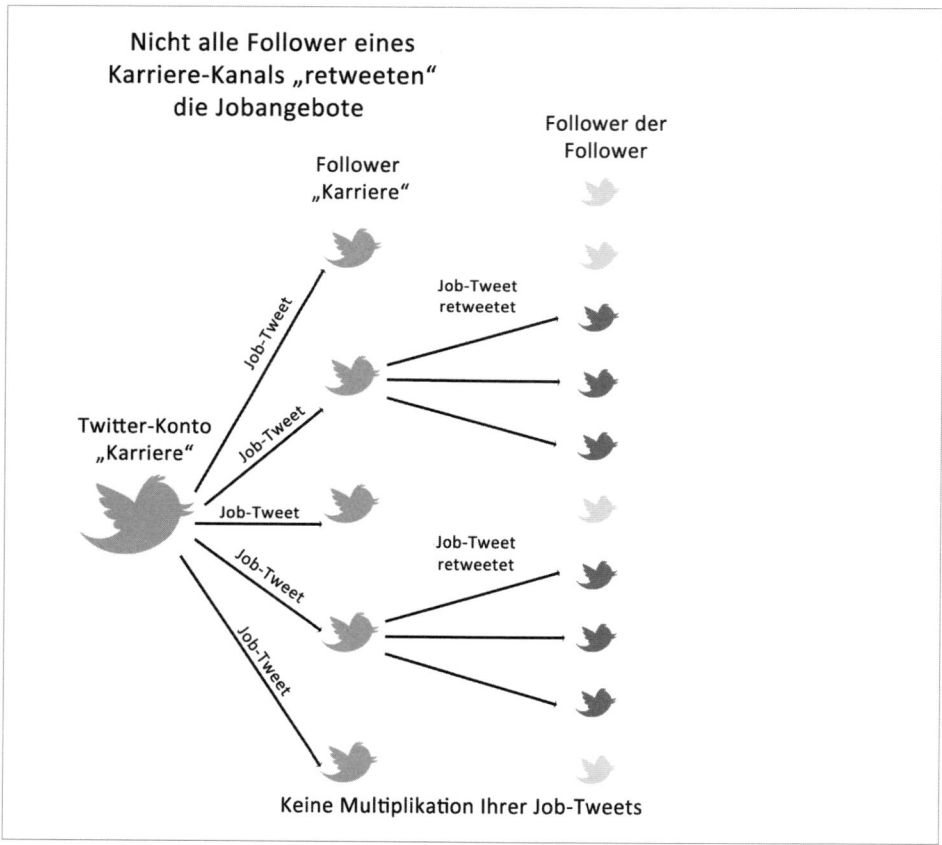

Abb. 6.4: Nur wenige Follower werden reine Job-Tweets retweeten

Da man in dieser Stufe in der Regel auch keine anderen interessanten Tweets mit Bildern, Videos oder aktuellen Themen bietet, ist die Bereitschaft, ohne aktuelle Suchbereitschaft zu folgen, eher gering. Die Gruppe der Beschäftigten, die in einem Beschäftigungsverhältnis stehen und nicht nach einer neuen Herausforderung suchen, wird nicht erreicht.

Stufe 2: Die Nutzung von Multiplikatoren in Twitter

Stellt sich nun die Frage, wie man das ändert. Die Antwort lautet: Man nutzt Multiplikatoren. Dies sind zum einen die vielen verschiedenen Dienste im Internet, die 24 Stunden lang in Micro-Blogs wie bspw. Twitter, Google Buzz oder friendfeed sowie in sozialen Netzwerken wie zum Beispiel Facebook und MySpace nach Jobangeboten und anderen passenden Informationen suchen, sammeln, aufbereiten und auf einer Seite zentral anbieten.

Die bekanntesten Dienste sind zum Beispiel *Jobtweet* (`http://jobtweet.de`) und *TwitterJobSearch* (`http://www.twitjobsearch.com`).

Als Unternehmen braucht man eigentlich nichts anderes zu tun, als die Stellenangebote in Micro-Blogs oder soziale Netzwerke einzustellen. Diese werden dann automatisch gefunden. Anmelden kann man sich als Arbeitgeber dort nicht.

Abb. 6.5: Die bekannteste deutsche Jobsuchmaschine auf Basis von Twitter bietet weit über 100.000 Jobs (Quelle: jobtweet.de)

Darüber hinaus gibt es die Möglichkeit für Unternehmen, den Umweg über Jobportale zu gehen. Die allermeisten Portale wie monster.de, stepstone.de, stellenmarkt.de, experteer.de, top-jobs-europe.de usw. bieten ihren Kunden den Service, die Jobangebote über ihre Twitter-Seiten zu verbreiten. Diese besitzen meisten eine hohe Zahl an Followern, so dass schon eine höhere Reichweite erreicht werden kann. Es ist allerdings immer noch so, dass für gewöhnlich nur Job-Suchende diese Jobsuchmaschinen nutzen und den Jobportalen folgen. Für andere wäre die Nutzung Zeitverschwendung.

Eine dritte Möglichkeit, Multiplikatoren einzusetzen, ist die Nutzung der eigenen Mitarbeiter. Man kann dies als eine Art von Empfehlungsprogramm ansehen.

Mitarbeiterempfehlungen wirken

Mitarbeiterempfehlungsprogramme sind bei vielen Unternehmen ein beliebtes Instrument bei der Rekrutierung. Laut einer empirischen Untersuchung mit 1.000 Unternehmen aus dem deutschen Mittelstand nutzen 78 Prozent aller befragten Unternehmen Mitarbeiter im Rahmen von Empfehlungen, um neue Fachkräfte zu rekrutieren. 39,0 Prozent gehen hierbei auch aktiv auf Mitarbeiter zu, um diese für Mitarbeiterempfehlungsprogramme zu gewinnen. Auf der anderen Seite gaben 36 Prozent der *Social Jobseeker Studie* von *Jobvite* an, über Empfehlungen einen neuen Job bekommen zu haben.

Die Nutzung der eigenen Mitarbeiter für ein Empfehlungsprogramm in Twitter ist denkbar einfach. Man spricht die Mitarbeiter, die privat Twitter nutzen, aktiv an und bittet sie, der Twitter-Seite ihres Arbeitgebers zu folgen. Von nun an werden alle oder einzelne Jobs, die das Unternehmen über Twitter aussendet, von den Mitarbeitern retweetet, also an deren Follower weiterverbreitet. So erreicht man neue Zielgruppen.

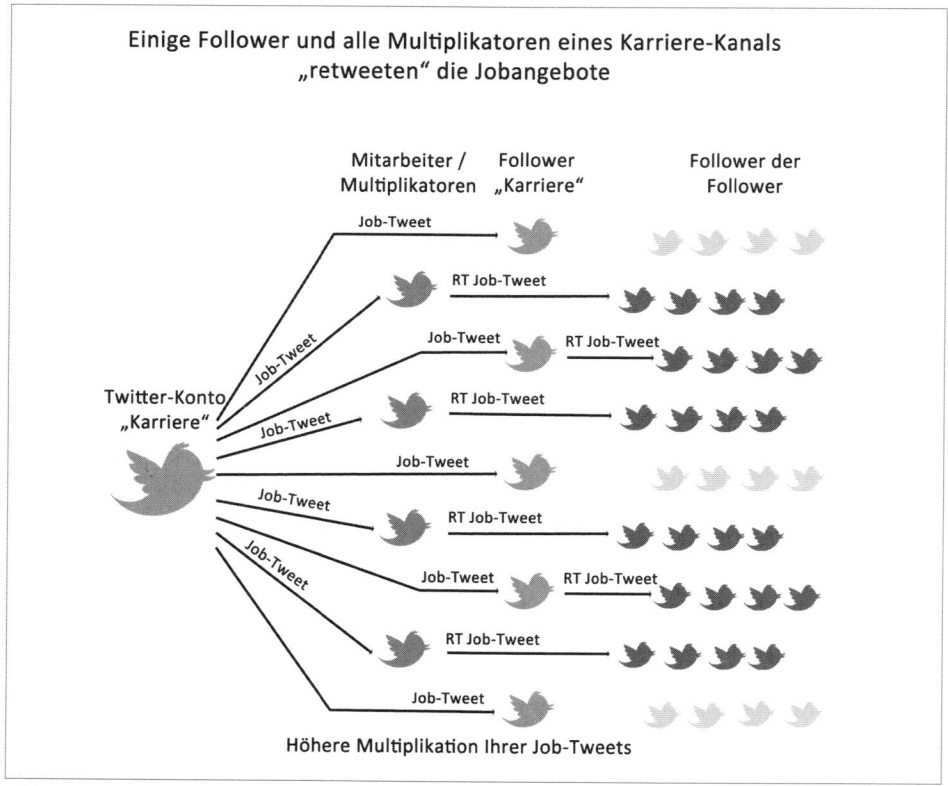

Abb. 6.6: Die eigenen Mitarbeiter sorgen für mehr Reichweite

Aber Achtung: Es darf weder ein Zwang bestehen noch Druck auf die Mitarbeiter ausgeübt werden. Ein Folgen und Retweeten muss jedem freigestellt sein. Auch muss jeder Mitarbeiter die Gefolgschaft jederzeit problemlos und ohne eine Begründung abgeben zu müssen beenden können.

Für die Mitarbeiter besteht seitens deren Follower keine Gefahr. Es ist legitim, die vakanten Stellen seines eigenen Arbeitgebers an seine eigenen Freunde zu kommunizieren. Mag ein Follower dies nicht, kann der auch die Gefolgschaft jederzeit beenden.

Stufe 3: Der Dialog zwischen HR-Abteilung und Interessent

Natürlich gilt für Twitter dasselbe wie für Facebook: Content is King. Wer nur Jobangebote zwitschert, wird nicht viel Erfolg haben bei Twitter – selbst wenn man wie beschrieben Multiplikatoren und fremde Dienste in Anspruch nimmt.

Erst wenn man beginnt, dem Twitter-Konto Leben einzuhauchen, regelmäßig aktiv Informationen, Tipps und Tricks, Fotos und Videos zu twittern, bekommt man Reaktionen, entstehen Diskussion und Dialoge. Die Follower kommen dann von selbst und retweeten auch gerne Beiträge mit Mehrwert oder Funfaktor. Dann macht es erst Spaß.

Man muss sich allerdings darüber im Klaren sein, dass eine solche lebendige Twitter-Seite genauso wie die lebendige Facebook-Seite Arbeit bedeutet und Ressourcen bindet. Aber auch hier gilt, dass die betreffenden Mitarbeiterinnen und Mitarbeiter nicht ständig vor dem Twitter-Kanal sitzen müssen, sondern zwei bis drei Mal täglich reinschauen sollten. Über Direktnachrichten und Erwähnungen wird man per E-Mail informiert.

Und wieder stellt sich die Frage, was man denn zwitschern soll.

Wie bei Facebook sind es aktuelle Themen, Termine und Veranstaltungen, Unternehmensnews, aber auch Informationen aus dem Unternehmen, hier und da ein paar Interna und Fotos, Fotos, Fotos.

Hays AG - Karriere @hayscareer   15 Mai
Unsere Mannschaft auf der Akademika in #Nürnberg steht! Am Stand
407. Freuen uns auf spannende #Karriere Gespräche.
pic.twitter.com/SG7wKg3S
🖼 Foto anzeigen

Hays AG - Karriere @hayscareer   22 Nov
Heute mal wieder Führungsworkshop... :0) pic.twitter.com/vOBDIOQd
🖼 Foto verbergen ← Antworten ⇄ Retweeten ★ Favorisieren

Abb. 6.7: Die Hays AG twittert über Events, Termine und zeigt Fotos von internen Meetings
(Quelle: `https://twitter.com/hayscareer`)

Brose Gruppe @Brose_Karriere   10 Feb
8 grobe Fehler im Umgang mit dem Chef: bit.ly/AwJtdP
Öffnen

Telekom Karriere. @TelekomKarriere   25 Mai
Schlüsselfragen im Bewerbungsgespräch und wie ihr euch vorbereiten
könnt: bit.ly/K3PzF1 Ein sonniges Wochenende!
Öffnen

Bayer Karriere @BayerKarriere   20 Sep
Controlling oder Finanzen sind Deine Passion? Dann komm am 29.09.
zum 6. BayDay und tausch Dich mit #Bayer Kollegen
aus.http://t.co/LDIFzPoA
Öffnen

Abb. 6.8: Tipps und Trick und Terminankündigungen gehören auch in die Twitter-
Kommunikation (Quellen: `https://twitter.com/Brose_Karriere`, `https://twitter.com/TelekomKarriere`, `https://twitter.com/BayerKarriere`)

Natürlich ist es sehr wünschenswert, statt nur Tweets auszusenden, auch Dialoge
mit den Followern aufzubauen.

Abb. 6.9: Follower fragen, die Twitter-Teams antworten. So können kurze Dialoge aussehen (Quellen: `https://twitter.com/DBKarriere` und `https://twitter.com/TelekomKarriere`)

Abb. 6.10: Auch wenn das Thema nicht gerade sehr informationsreich ist, kann man mit Twitter richtig kommunizieren (Quelle: `https://twitter.com/TelekomKarriere`)

Und manchmal entwickeln sich auch längere Gespräche zwischen mehreren Followern.

Wichtig ist, auch bei Twitter Persönlichkeit zu zeigen. Die Twitter-Seiten von Hays, Brose, Deutsche Bahn und der Telekom zeigen sich alle sehr persönlich, weil das Redaktions-Team mit Namen und Foto gezeigt wird.

6.3   Twitter und Mobile Recruiting

Kapitel 13 beschäftigt sich ausführlich mit dem Thema »Mobile Recruiting«. Ohne etwas davon vorwegnehmen zu wollen, ist es an dieser Stelle sinnvoll, auf die besondere Rolle von Twitter in diesem Umfeld einzugehen. Denn besonders Twitter nimmt bei den Nutzern des mobilen Internets eine spezielle Rolle ein.

Laut der Daten des *Pew Research Center's Internet & American Life Project* haben 95 Prozent der amerikanischen Twitter-Nutzer ein Mobilfunkgerät und die Hälfte von ihnen nutzt den Service darüber. In den fünf führenden europäischen Märkten Deutschland, Frankreich, Großbritannien, Italien und Spanien hat sich der Zugriff auf Twitter laut *comScore* von 3,98 Millionen in September 2010 auf knapp 8,6 Millionen Mobilenutzer in 2011 erhöht, das ist eine Steigerung zum Vorjahr von 115 Prozent.

Unternehmen müssen also unbedingt sicherstellen, dass ihre Stellenangebote auf Smartphones und Tablets ausgeliefert werden. Das geschieht hauptsächlich über die Twitter-eigene Applikation, die es für alle gängigen mobilen Betriebssysteme gibt.

Abb. 6.11: Die Twitter App gibt es für alle gängigen Betriebssysteme. (Quelle: Twitter, Inc.)

Darüber hinaus bietet beispielsweise die deutsche Jobsuchmaschine auf Basis von Twitter *Jobtweet* eine eigene App für iOS und Android, mit der alle Suchergebnisse auf mobilen Endgeräten ausgegeben werden können.

Abb. 6.12: Mit der App von Jobtweet gelangen Stellenangebote via Twitter aufs Smartphone (Quelle: jobtweet.de/atenta GbR)

6.4 Zusammenfassung

Twitter ist chic, Twitter ist hip. Damit beeinflusst die Präsenz eines Arbeitgebers dort mit Sicherheit das Employer Branding positiv. Aber bringt es wirklich etwas im Recruiting? Ähnlich wie bei Facebook kommt es auf den Aufwand an, den man investiert.

Wenn man als Unternehmen, ganz gleich ob als kleiner Mittelständler oder Konzern, nur die offenen Stellen von der Webseite aus via RSS ins Twitter-Konto importiert und dort auf eine Verbreitung hofft, wird man enttäuscht sein. Es wird sicher den einen oder anderen geben, der folgt und sich vielleicht sogar irgendwann mal bewirbt.

Die guten Leute wird man so aber nicht erreichen. Und vor allem nicht diejenigen, die eigentlich gar keinen neuen Job suchen. Dazu bedarf es schon mehr – mehr an Arbeit und Investition und mehr an Einsatz und Kreativität. Über Multiplikatoren wie den eigenen Mitarbeiter erreicht man schon mehr Leute.

Mit Hilfe eines lebendigen und abwechslungsreichen Twitter-Kontos erhöht man das Interesse bei der Zielgruppe und erreicht durch echte Retweets noch viel mehr Menschen.

Verwendete Studien

recruiting trends im mittelstand 2012 – Centre of Human Resources Information Systems (CHRIS), Otto-Friedrich Universität Bamberg, Goethe-Universität Frankfurt am Main sowie Monster Worldwide Deutschland GmbH

Pew Research Center's Internet & American Life Project, Washington 2012

comScore MobiLens Studie 2011, comScore, Inc.

Kapitel 7

Videos und Pinterest – Visuell auf Mitarbeiterfang

Auf der Jagd nach den besten Köpfen beschreiten Unternehmen immer neue Wege. Ein Trend, der sich seit einigen Jahren abzeichnet, ist die Visualisierung von Botschaften durch Videos und neuerdings durch Bilder.

Das ist keineswegs verwunderlich, liegt die Videoplattform YouTube im Vergleich der genutzten Social-Media-Kanäle bei Fach- und Führungskräften mit 91 Prozent und bei Studenten mit 93 Prozent auf Platz 1.

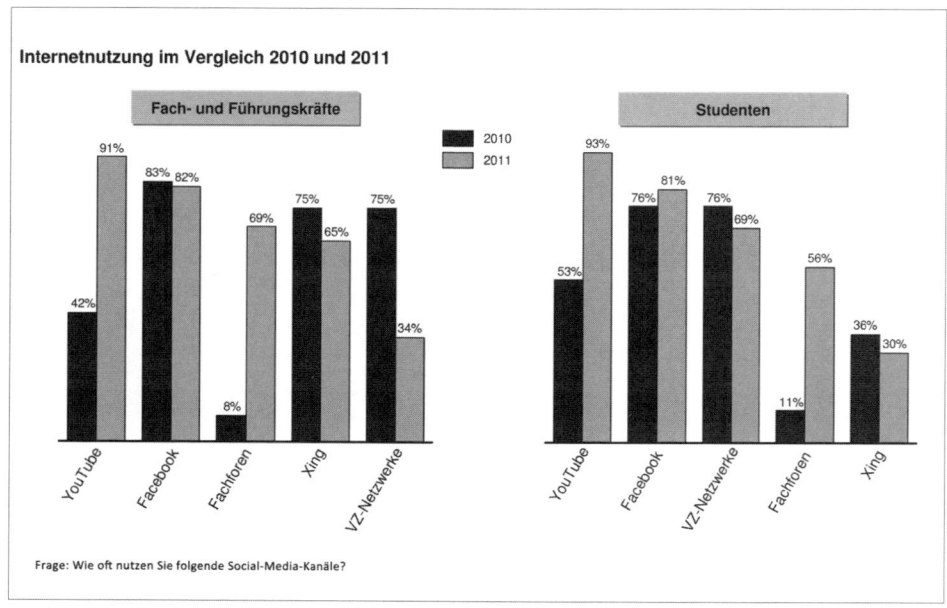

Abb. 7.1: Die Studie zur Wirkung von Social Media im Personalmarketing zeigt YouTube an erster Stelle (Quelle: Wiesbaden Business School & embrander)

Und auch die neue Studie »Video-Content in Online-Jobbörsen« des *Forschungsschwerpunkts Kommunikationsforschung der FH Düsseldorf* kommt zu einem überzeugenden Ergebnis für Videos im Bereich Recruiting und Employer Branding. Demnach bewerten Bewerber Videos in Stellenanzeigen mehrheitlich sehr positiv. So zeigten sich rund 43 Prozent der Befragten erfreut über das Vorhandensein von Unternehmensvideos oder setzten Videos für die Stellenauswahl sogar voraus. Ein gut gestaltetes Recruiting-Video stärkt gemäß den Studienergebnissen den positiven Gesamteindruck des Unternehmens. Unternehmen mit Videos werden in Stellenanzeigen gegenüber denen mit Anzeigen ohne Video beispielsweise als freundlicher und teamorientierter wahrgenommen.

7.1   Videos für mehr Glaubwürdigkeit und Transparenz

In vorangegangenen Kapiteln beispielsweise zu Facebook wurde deutlich, dass potenzielle neue Mitarbeiter, allen voran die jungen Leute der Generation Y, also Azubis, Studenten, Absolventen und Young Professionals, Glaubwürdigkeit und Transparenz von ihrem Arbeitgeber erwarten. Genau dies kann man durch Videos ideal transportieren, heißt es doch so schön: Ein Bild sagt mehr als 1000 Worte.

Dabei sollte das Video keinesfalls wie ein steriles Image- oder Werbevideo aufgemacht sein, sondern eher Menschlichkeit, Ehrlichkeit und Gefühl transportieren. Die Bewerber wollen keine perfekt in Szene gesetzten Sequenzen über das Unternehmen oder den Chef sehen, sondern Menschen, mögliche Kollegen oder den Chef, der sich locker und natürlich präsentiert.

Ein kurzes, originelles, natürliches Video statt eines gestylten Image- oder Werbevideos hält das Budget auch klein.

Besonders Videos mit Witz, Esprit, Einfallsreichtum und der richtigen Portion Entertainment sind sehr beliebt und werden gerne von Betrachtern an Freunde verteilt. Das wiederum bringt dem Unternehmen Reichweite, neue Kontakte und ein positives Image. Erstes Ziel erreicht.

Inhaltlich sollte ein Recruiting-Video vor allem vier Dinge erfüllen:

1. Es sollte ein reales Bild vom potenziellen Arbeitgeber zeigen.
2. Es sollte Einblicke in die Unternehmenskultur geben.
3. Es sollte wichtige Informationen zur angebotenen Stelle anbieten.
4. Es muss zur Zielgruppe passen.

Hierzu gibt es eine Menge guter Beispiele:

Im Jahr 2009 stellt die schwedische Unternehmensberatung *altran technologies* ein Video ins Netz, das immer noch als gutes Beispiel dafür gilt, wie man sehr unterhaltsam auf Vakanzen im eigenen Unternehmen aufmerksam machen kann. Darauf ist ein Mitarbeiter nur mit Unterhose, Socken, Hemd und Krawatte bekleidet zu sehen, der mit Hilfe seiner Kollegen auf sehr innovative und sportliche Art und Weise vollständig bekleidet wird. Wer möchte seinen Lebenslauf nicht an ein derart hippes Unternehmen senden?

Abb. 7.2: »send your cv« ist eines der bekanntesten und berühmtesten Karrierevideos und vermittelt Teamwork (Quelle: altran technologies, http://youtu.be/SKu6H3xg52U)

Ebenfalls ein humorvolles Video, das das eigene Schauspiel-Talent der Mitarbeiter sogar ein wenig auf die Schippe nimmt, hat Twitter produziert. Einfach und simpel zeigen die Mitarbeiter in einem hausgemachten Low-Budget-Video und zum Teil in 80er-Jahre-Ästhetik, wie cool es doch ist, bei Twitter zu arbeiten.

Abb. 7.3: Unter dem Motto »At Twitter, The Future is You!« erstellten Twitter-Mitarbeiter ein eigenes höchst authentisches Video (Quelle: Twitter, Inc., http://youtu.be/vccZkELgEsU)

Ein aufwendigeres Video produzierte BayerKarriere. In dem über vier Minuten langen Werk singen und spielen Bayer-Mitarbeiter sehr professionell den Recruiting-Song. Auch wenn hinter einem solchen Video bereits viel Geld steckt, dürfte der Effekt, den Bayer bei der Zielgruppe erreichte, enorm sein. Gut gelaunte Mitarbeiter singen für ihren Arbeitgeber, sie werden zum Botschafter für die Arbeitgebermarke. Und für den Betrachter bietet sich folgendes Bild: singende gut gelaunte Arbeitnehmer = gutes Arbeitsklima = guter Arbeitgeber.

Abb. 7.4: Bei Bayer singen die IT-Manager, Personalmanager und Chemiker den Recruiting-Song (Quelle: BayerKarriere, `http://youtu.be/TGICsTAqRi4`)

Ebenfalls singend stellte sich im April 2012 der Chef der *Agentur Wilhelm Innovative Medien, Jens Wilhelm,* mit seiner alten Wandergitarre spontan vor die Kamera und sang eine Stellenanzeige in bester Reimform. Gesucht wurde ein PHP-Entwickler/in in Berlin. Was über diverse Jobportale auf sich warten ließ, klappte nach wenigen Wochen über dieses Video: Wilhelm hat zwei neue Programmierer gefunden.

Abb. 7.5: Aus lauter Verzweiflung suchte Jens Wilhelm einen PHP-Entwickler und sang sich den Frust aus der Seele (Quelle: Agentur Wilhelm Innovative Medien GmbH, `http://youtu.be/nYPqIJDdkjo`)

Essenziell für den Erfolg eines Karriere-Videos ist, dass man keine schöne heile Welt vorspielt. Die Nachricht »Alles ist perfekt bei uns und jeder ist glücklich« wirkt unglaubhaft. Lieber auch mal ein »aber« einfließen lassen, als nur Lobhudelei auf den Arbeitgeber.

Und wie bereits erwähnt ist es enorm wichtig, dass das Video zur Zielgruppe passt. Die BMW Group hatte mit ihrem BMW Praktikum Rap 2011 versucht, Praktikanten zu gewinnen. Praktikanten und Azubis der BMW Group hatten sich in einem Projekt mit diesem Thema kreativ auseinandergesetzt und wollten mit dem Video zeigen, wie wichtig und spannend ein Praktikum sein kann. Offenbar ging das Projekt ziemlich nach hinten los. Verfolgt man die vielen negativen Kommentare, scheint vor allem die musikalische Aufbereitung am Geschmack der Zielgruppe vorbeigeschossen zu sein. Ebenfalls wird deutlich, dass für die Nutzergemeinde das Video nicht authentisch wirkt und einfach nicht zu BMW passt.

Abb. 7.6: Der BMW Praktikum Rap war 2011 kein großer Erfolg (Quelle: BMW Group, http://youtu.be/VM36TAo6i5o)

7.2 Videoplattformen als Basis

Nun macht ein Video alleine noch keinen Erfolg aus. Man benötigt die richtigen Plattformen, um die Videos zu zeigen und zur Verbreitung bzw. zur Bewertung anzubieten. Nummer eins ist hier klar YouTube. Dahinter folgen Plattformen wie MyVideo und Clipfish. YouTube ist auch mit 490 Millionen Mitgliedern und 2 Milliarden Videos, die täglich angesehen werden, weltweit der Marktführer. Die Hauptnutzergruppe ist zwischen 18 und 54 Jahre alt.

Jeder YouTube-Nutzer hat nach seiner Anmeldung automatisch einen eigenen Kanal (*Channel*). Darüber hinaus können Unternehmen (oder besser Marken) einen Markenkanal (*Brand-Channel*) besitzen, der es ihnen ermöglicht, eine »markenfähige« und benutzerdefinierte Oberfläche auf YouTube zu erstellen.

Durch die üblichen Bewertungs-, Kommentar- und Teilen-Funktionen bei YouTube können die Betrachter des Videos ihre Meinung abgeben, das Video bewerten und über Twitter, Facebook und Google+ mit Freunden teilen.

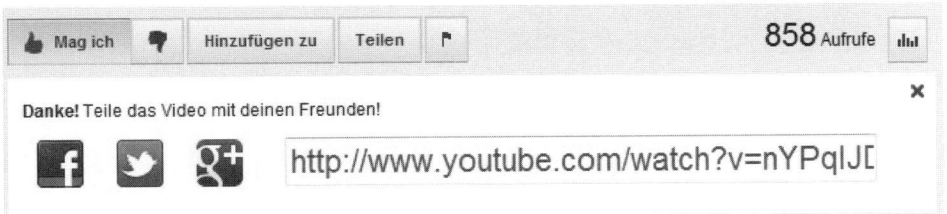

Abb. 7.7: YouTube bietet die Möglichkeit einer leichten Bewertung und viralen Verbreitung (Quelle: `http://www.youtube.com`)

Darüber hinaus gibt es spezielle Videoportale für Job, Karriere, Arbeitgeber und Stellenangebote wie JobTV24 (`http://www.jobtv24.de`). Hier finden Bewerber Unternehmensvideos nach Branchen geordnet.

In diesem Portal können Unternehmen zusätzlich ein Unternehmensprofil anlegen, in dem Informationen zum Unternehmen, aktuelle Stellenanzeigen, Auszeichnungen und Kontaktmöglichkeiten – auch über Social Media – angeboten werden.

Laut eigener Angaben sind die Nutzer von JobTV24 erfahrene Fach- und Führungskräfte und Spezialisten aller Branchen, aber auch Berufseinsteiger, Studenten/Absolventen, Schüler und Schulabgänger.

Über Preise für die Unternehmensprofile wollte man keine Angaben machen.

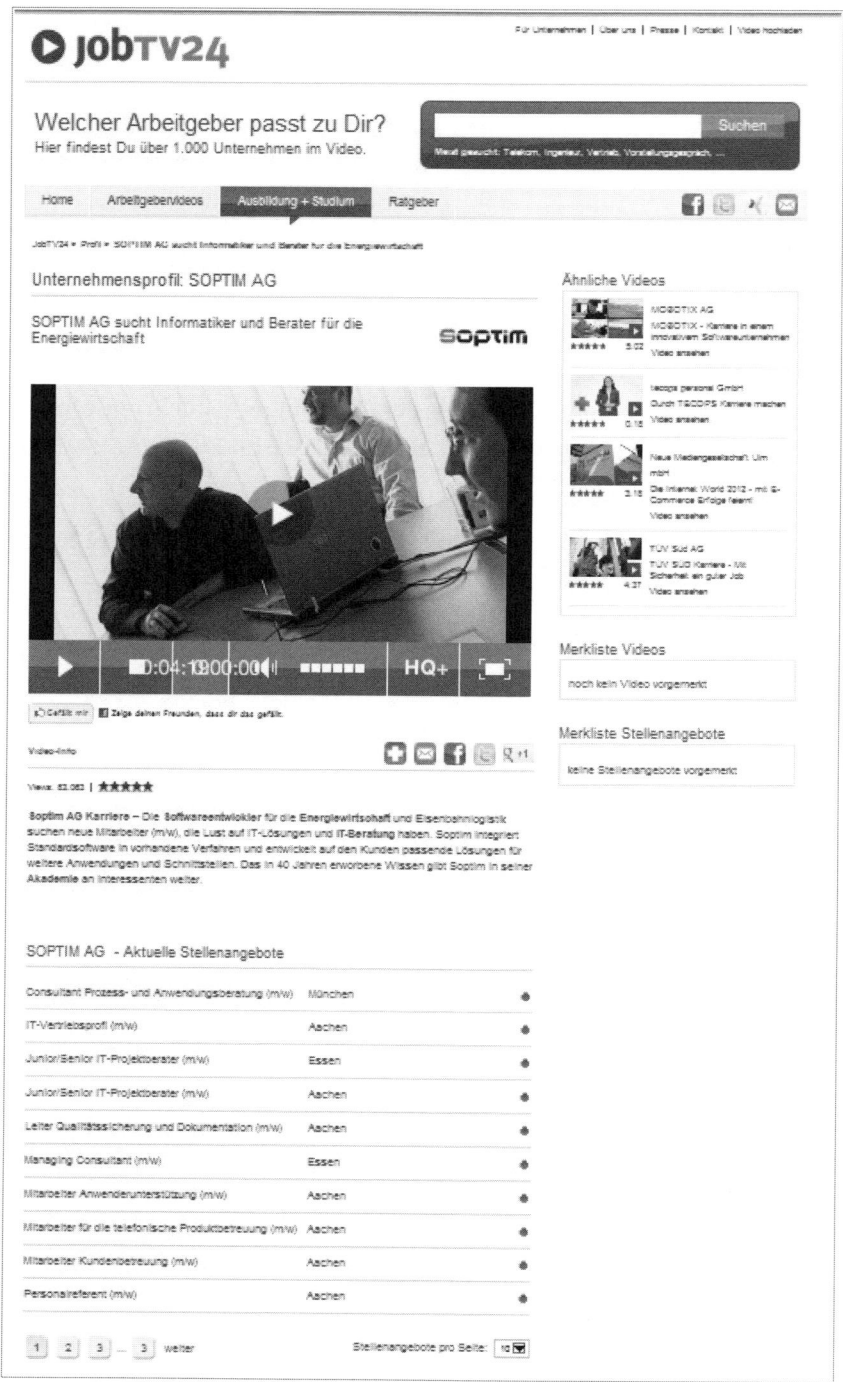

Abb. 7.8: Ein Unternehmensprofil auf JobTV24 bietet Unternehmen die Möglichkeit, mehr als nur Videos zu präsentieren (Quelle: http://www.jobtv24.de/profil/ soptim-ag)

7.3   Einbindung bei Facebook und Twitter

Natürlich sollten die erstellten Videos über alle verfügbaren Kanäle von der Web-seite bis zur Karriere-Seite in Facebook und dem Profil bei Twitter verbreitet wer-den. Nur bei einer Multi-Channel-Nutzung erhöht sich die Reichweite so, dass man Resonanz erhält.

Während bei Twitter lediglich ein Link (mit Linkverkürzer) getwittert wird, bietet Facebook zwei Wege, ein Video zu präsentieren. Idealerweise sollten beide Wege genutzt werden.

1. Die Funktion zum Einbinden von Videos auf der Timeline

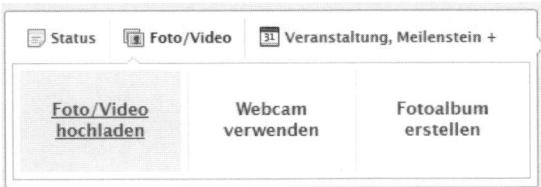

Abb. 7.9: Direkt im Statusfeld der Timeline kann man eigene Videos hochladen (Quelle: `https://facebook.com`)

Facebook legt dann automatisch ein Video-Album an und einen Tab »Videos«, in dem alle eingestellten Videos gesammelt werden.

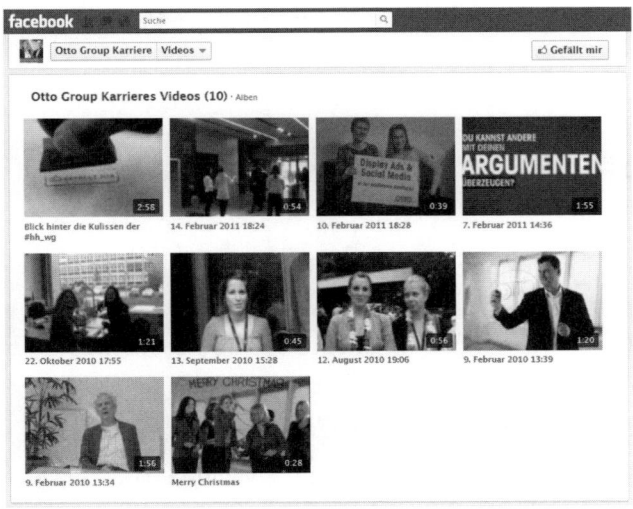

Abb. 7.10: Die OttoGroup bietet eine ganze Reihe von Videos an (Quelle: `https://www.facebook.com/ottogroupkarriere?sk=app_2392950137`)

2. Eine gestaltete Unterseite mit eingebetteten Videos als externe App

Abb. 7.11: Audi bietet eine Karriere-Seite mit Mitarbeitervideos
(Quelle: `https://www.facebook.com/audikarriere/app_273824769319900`)

Mit mehr Budget kann man über externe Apps eigene Microseiten gestalten lassen, in die zum Beispiel die Videos eingebettet sind. Das macht viel her, ist aber sehr aufwendig und kostenintensiv.

7.4 Hippes Employer Branding mit Bildern: Bilderpinnwand Pinterest

Eine visuelle Bewerberansprache muss nicht nur über bewegte Bilder erfolgen. In letzter Zeit sind neue Trends entstanden, die beispielsweise mit dem sozialen Netzwerk Pinterest (`http://pinterest.com`) arbeiten. Auf Pinterest können Nutzer Bilder-Kollektionen mit Beschreibungen an virtuelle Pinnwände heften, untereinander teilen und »liken« sowie anderen Nutzern folgen.

Auch Pinterest wurde längst von Unternehmen als neue Social-Media-Spielwiese entdeckt, wobei es zurzeit noch sehr modelastig zugeht, weil der überwiegende Anteil der Nutzer weiblich ist.

Seit Anfang 2012 wagen aber bereits die ersten Unternehmen in Sachen Employer Branding ihre Schritte in Richtung Pinterest. Als Beispiele findet man PwC Karriere, Bertelsmann und GREY Worldwide GmbH.

Von der Idee her pinnen die Unternehmen nur Fotos mit einer Beschreibung an die virtuelle Pinnwand und wollen damit Eindrücke aus dem Unternehmen, über die Kultur, die Mitarbeiter, die Projekte und Standorte vermitteln. Auch hier setzt man klar auf die Prämisse »Ein Bild sagt mehr als 1000 Worte«.

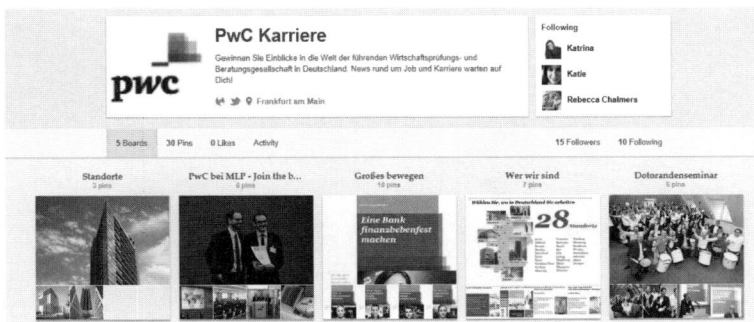

Abb. 7.12: PwC gibt einen Überblick über Veranstaltungen, Stellen, Standorte und das Unternehmen (Quelle: `http://pinterest.com/pwckarriere`)

Abb. 7.13: Bertelsmann setzt Pinterest gezielt für das Karriere-Event »Talent Meets Bertelsmann« ein (Quelle: `http://pinterest.com/CYOCBertelsmann/talent-meets-bertelsmann`)

Abb. 7.14: Auch Grey zeigt viel auf Pinterest: Leistungsspektrum, Jobs etc.
(Quelle: http://pinterest.com/greygermany/grey-jobs-recruiting)

Insgesamt ein netter Ansatz, der sicher ein wichtiger Baustein einer Social-Media-Personalstrategie werden wird. Zurzeit ist Pinterest noch ein Exot, allerdings mit enormem Potenzial auch für Personalwirtschaft.

Übrigens beginnen auch die ersten Jobsuchenden, ihre Lebensläufe auf Pinterest zu »pinnen«. Gehen Sie mal auf die Suche! Das könnte ein Faktor für beginnendes Recruiting sein.

7.5 Zusammenfassung

Videos sind in, auch im Karrierebereich. Die Studien zeigen einerseits, dass Studenten, Absolventen und Young Professionals geradezu gierig sind nach guten Videos auf YouTube & Co. Wer hier Witz und Kreativität sowie Offenheit, Echtheit und Authentizität werkelt, punktet bei der Zielgruppe.

Leider ist die Erstellung eines guten Videos, sei es auch noch so einfach und schlicht, nicht ganz billig. Ein Storyboard, gute Vorbereitung und halbwegs professionelles Technik-Equipment ist schon notwendig. Dennoch halte ich die Video-produktion im Vergleich zum Reichweiten-Potenzial vom Preis-Leistungs-Verhältnis her für sehr empfehlenswert.

Verwendete Studien

Wirkung von Social Media im Personalmarketing, Wiesbaden Business School / Hochschule RheinMain, Lehrstuhl Organisation & Personalmanagement, Prof. Dr. Thorsten Petry & embrander / Talential GmbH

Video-Content in Online-Jobbörsen, Fachhochschule Düsseldorf, Fachbereich Wirtschaft, Forschungsschwerpunkt Kommunikationsforschung, Prof. Dr. Sven Pagel in Zusammenarbeit mit JobTV24.de

Kapitel 8

Weblogs – Employer Branding, Recruiting oder »Schwarzes Brett«

Weblogs (Kurzform Blogs) sind öffentliche Online-Tagebücher und waren ein erster Schritt in Richtung Social Media. Laut Wikipedia sind die ersten Blogs Mitte der 90er Jahre aufgetaucht. Ende 2011 zählten die Marktforscher von *NM Incite* rund 183 Millionen Blogs weltweit, fünf Jahre zuvor, also 2006, waren es noch 36 Millionen.

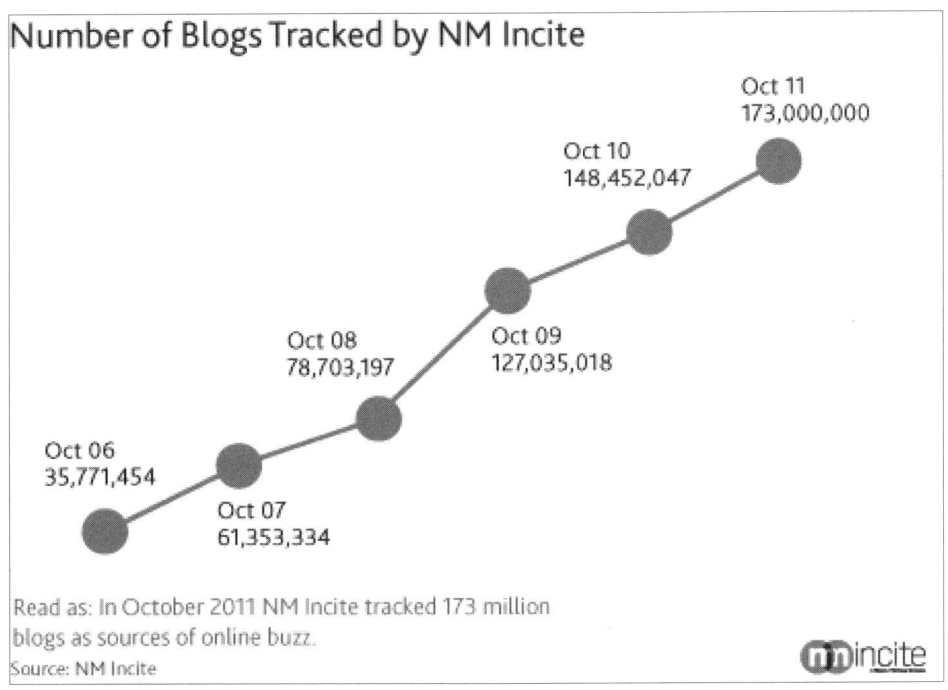

Abb. 8.1: NM Incite zählte jahrelang die Blogs dieser Welt (Quelle: NM Incite)

Die am meisten genutzten Blog-Plattformen sind Blogger, WordPress und Tumblr, wobei Letzteres das rasanteste Wachstum in diesem Trio hingelegt hat. Mehr zu den Blog-Systemen und Plattformen erfahren Sie später in Abschnitt 8.5.

Auch wenn der überwiegende Anteil an Weblogs privater Natur ist, so wächst die Zahl der unternehmerischen Blogs, auch als Corporate Blogs bezeichnet, in Deutschland stetig. Laut einer Blogger-Studie der *Fachhochschule Köln* in Zusammenarbeit mit der *infospeed GmbH* betrieben im Jahr 2009 noch 68 Prozent der Blogger in Deutschland ihr Blog rein privat, 24 Prozent nebenberuflich und 8 Prozent hauptberuflich. Die meisten unternehmerischen Blogs lassen sich inhaltlich der Designer-Branche zuordnen (36,6 Prozent), gefolgt von Musik (25,1 Prozent), Freizeit und Tourismus und IT (jeweils 20,5 Prozent).

Die Branche Personalwesen und Personalbeschaffung schneidet mit 0,6 Prozent eher mager ab.

Der *Bundesverband Digitale Wirtschaft (BVDW) e.V.* kommt 2011 zu dem Ergebnis, dass 38,2 Prozent der befragten deutschen Unternehmen ein eigenes Corporate Blog pflegen, und zwar mit überwiegender Zielsetzung, die Bekanntheit zu steigern und das Image zu verbessern.

Damit wird auch eine der wichtigsten Kernaufgaben von Corporate Weblogs deutlich: der Aufbau eines modernen und offenen Images, die Pflege der digitalen Reputation und eines Expertenstatus. Blogs haben im Vergleich zu Unternehmenswebseiten ein hohes Maß an Glaubwürdigkeit, die natürlich gepflegt werden muss.

Dabei geht es bei Blogs vor allem um eines: um Kommunikation. *Ansgar Zerfaß* schreibt in seinem Werk »Corporate Blogs: Einsatzmöglichkeiten und Herausforderungen« dazu:

> *»Corporate Blogs ermöglichen eine direkte, ungefilterte und dialogorientierte Kommunikation mit wichtigen Stakeholdern.«*

Ich persönlich würde die »wichtigen Stakeholder« durch »relevante Zielgruppen« ersetzen. Diese sind dann sowohl extern als auch intern zu finden. In Ihrem Bereich sind das Bewerber, Interessenten, Studenten und Talente sowie bestehende Mitarbeiter im Unternehmen.

8.1 Corporate Weblogs für das Personalmanagement

Das Einsatzspektrum von Corporate Weblogs ist riesig. Hierzu hatte Ansgar Zerfaß ein Schaubild erstellt, das heute noch Gültigkeit hat. Er unterscheidet dabei zwischen der internen und externen Kommunikation, und dabei zwischen Markt-Kommunikation und Public Relations. Bei den Aufgaben sind u.a. die Bereiche »Themen besetzen«, »Image bilden« und »Beziehungen pflegen« zu sehen.

Für die Personalwirtschaft sind meiner Meinung nach vier Erscheinungsformen relevant, wobei drei davon im Schaubild von Zerfaß bereits existieren.

1. CEO-Blogs
2. Knowledge-Blogs
3. Collaboration-Blogs
4. Karriere-Blogs

Im Folgenden möchte ich kurz auf diese vier Erscheinungsformen von Blogs eingehen, die dann in Abschnitt Abschnitt 8.3 und Abschnitt 8.5 ausführlicher und mit Beispielen vorgestellt werden.

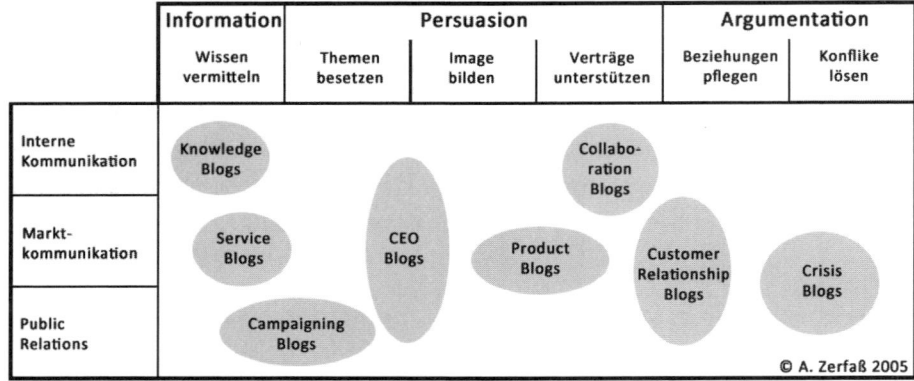

Abb. 8.2: Ansgar Zerfaß versuchte bereits 2005, die Corporate Blogs zu kategorisieren (Quelle: Ansgar Zerfaß, 2005)

CEO-Blogs

Bei CEO-Blogs werden die Führungspersonen eines Unternehmens selbst zu Bloggern, um dem Unternehmen als Ganzes mehr Persönlichkeit und Authentizität zu verleihen. Sie gehören klassischerweise eher in die Kategorie der externen Kommunikation. Beispiele hierzu sind Hotelmagnat Bill Marriott (`http://www.blogs.marriott.com/`), Kevin Roberts, CEO von Saatchi & Saatchi (`http://krconnect.blogspot.com`) oder einst Ralf Däinghaus, Gründer der Internet-Versandapotheke Doc Morris.

Ein passendes Beispiel aus Deutschland ist das Blog des Personalvorstands von McDonald's Deutschland, Wolfgang Goebel (`http://www.employerbranding-blog.de`), auf das ich später im Detail eingehen werde.

Knowledge- und Collaboration-Blogs

Knowledge-Blogs (Wissensblogs) sind Weblogs, in denen das Know-how der einzelnen Mitarbeiter kollaborativ gesammelt werden kann. Solche Blogs gehören zur internen Kommunikation und bieten eine Möglichkeit, um personen- oder projektbezogenes Wissen zu speichern und für alle Mitarbeiter zugänglich zu machen. Knowledge-Blogs können aber auch als Weiterbildungsblog geführt werden, in denen wenige Experten allen Mitarbeitern Know-how zu einem bestimmten Thema vermitteln, zum Beispiel zum Thema betriebliche Altersversorgung oder EDV.

Arbeiten viele Mitarbeiter beispielsweise im Rahmen eines Projekts zusammen und nutzen das Blog zum Austausch von Dateien oder zur Dokumentation, spricht man auch von Collaboration-Blogs

Karriere-Blogs

Nach meinem Empfinden fehlen diese Blogs in der Skizze von Zerfaß, für die es schon damals keinen Anspruch auf Vollständigkeit gab. Sie spielen für die Personalwirtschaft aber eine tragende Rolle. Karriere-Blogs besetzen in der Regel das Thema »Karriere bei ...«, sind nach außen gerichtet und im Bereich der Marktkommunikation angesiedelt. 100 Prozent passend ist die Zuordnung nach Zerfaß nicht, aber ich denke, Sie wissen, um was es hier geht.

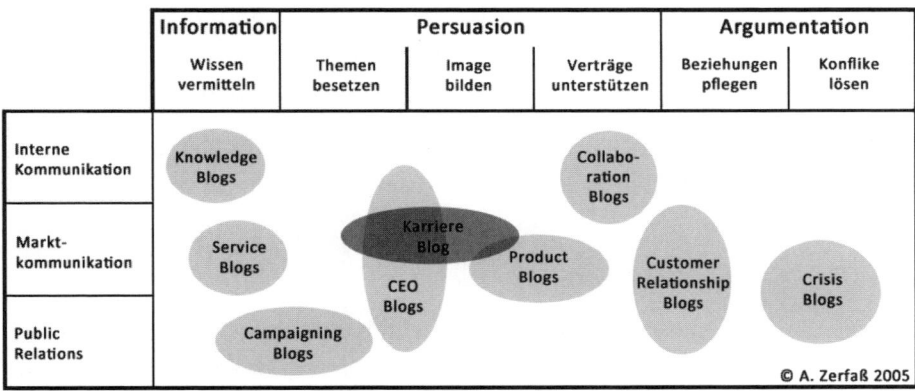

Abb. 8.3: Kategorisierung der Corporate Blogs nach Zerfaß, ergänzt um Karriere-Blogs

Alle anderen Blogarten und weitere, die hier ebenfalls fehlen, haben für die Personalwirtschaft eine eher untergeordnete Rolle, wobei es sicher aufgrund der Kreativität von Unternehmen und Personalabteilungen Spezialformen gibt, die hier nicht aufgeführt sind.

8.2 Wichtige Entscheidungen vorab

Bevor ich in die Tiefen der Weblogs eintauche, möchte ich Ihnen noch ein paar strategische Fragen auf den Weg geben, die geklärt werden sollten, bevor Sie ein Blog starten.

8.2.1 Ziele und Zielgruppe

Im Kapitel 3 ging es bereits um Ziele und Zielgruppen, und in den Folgekapiteln wurden die Zielgruppen eindeutig definiert. Hier bei den Blogs ist erstmals zwischen externen und internen Zielgruppen zu unterscheiden.

Wollen Sie mit dem Blog eher neues Personal finden oder bestehendes aktiv einbinden und begeistern? Wollen Sie eher etwas für das Arbeitgeber-Image tun oder sofort Recruiting betreiben? Je nach Antwort entscheidet an dieser Stelle bereits, welche Art von Blog Sie starten müssen (siehe Abschnitt 8.1).

8.2.2 Team, Kompetenzen und Verantwortung

Weiterhin stellt sich die zentrale Frage, an welcher Stelle das Blog organisatorisch integriert wird, wer die Verantwortung trägt, wer über Themen entscheidet und wer schreiben soll (und darf).

Bloggen Experten zu einem Thema oder der Chef? Führen die Mitarbeiter das Blog eigenverantwortlich oder wird der Themenplan zentral vorgegeben. Stammen die Autoren aus der PR- oder Personalabteilung oder beiden?

Eine Menge Fragen, deren Beantwortung den Weg des Blogs klar aufzeigt. Dazu kommt noch die Entscheidung über das einzusetzende Blogsystem.

8.2.3 Das richtige Blogsystem

Wenn Sie die wichtigen strategischen Entscheidungen über Art des Blogs, dessen Zielsetzung und natürlich zum Team getroffen haben, müssen Sie sich noch entscheiden, welches Blogsystem Sie einsetzen wollen. Es gibt eine Menge meist kostenlose Systeme, die alle ihre Vor- und Nachteile haben.

Grundsätzlich lassen sich Blogsysteme in zwei Kategorien unterteilen, nämlich in

- solche, die als Hosting-Lösung (heute auch Cloud-Lösung genannt) von einem meist kommerziellen Anbieter betrieben und beliebigen Nutzern nach einfacher Registrierung zur Verfügung gestellt werden, und
- solche, die von den jeweiligen Inhabern auf ihrem individuellen Webserver meist unter eigener Domain betrieben werden (Blog-Software).

Hosting-Lösungen

Die bekanntesten Blog-Services sind Googles Blogger.com und WordPress.com, daneben gibt es kleinere wie Blog.de und Blogg.de.

Der gravierende Nachteil dieser Blog-Communities ist, dass man den engen gestalterischen Regeln des Anbieters ausgeliefert ist und auf viele Freiheiten und Sonderapplikationen verzichten muss. Zudem kann es vorkommen, dass Ihnen das Blog rechtlich gesehen oft nicht gehört. Darauf sollten Sie achten!

Blog-Software

Selbstbetriebene Blogsysteme haben dagegen den Vorteil, dass Sie der »eigene Herr« des Blogs sind und jeglichen gestalterischen Spielraum haben. Solche Lösungen lassen sich sehr flexibel an Ihre eigenen Bedürfnisse anpassen.

Die Auswahl an guter Blog-Software ist relativ groß, wobei Sie hier noch mal zwischen kostenloser Open-Source-Software und lizenzpflichtiger Software eines professionellen Anbieters unterscheiden müssen.

Bei den Open-Source-Blogsystemen sind WordPress (`http://wordpress-deutschland.org`), Serendipity (`http://www.s9y.org`), Movable Type (`http://www.movabletype.org`) und Textpattern (`http://textpattern.com`) führend, es gibt aber viele weitere.

Das verbreiteteste Blogsystem ist zurzeit WordPress. Die Software ist sehr einfach zu bedienen und wird von einer riesigen Community gepflegt und weiterentwickelt. Mittlerweile gibt es fast für jeden Sonderwunsch eine Applikation, Plug-in genannt. Zudem stehen Tausende von freien und kostenpflichtigen Templates zur Verfügung, mit denen ein WordPress-Blog in wenigen Minuten an den Start gebracht werden kann.

Movable Type ist ein ebenfalls weit verbreitetes Blogsystem, das vom kalifornischen Unternehmen Six Apart entwickelt wird. Es gilt u.a. als Vorreiter für die so genannte Trackback-Funktion, die inzwischen von den meisten Blog-Systemen übernommen wurde. `netzwelt.de` beschreibt Movable Type als »*Weblog-System mit Qualitäten eines Content-Management-Systems und einem Social-Networking-System*«.

Movable Type gibt es in drei Lizenz-Varianten: Neben der Open-Source-Software für Entwickler gibt es eine Movable Type Pro für Blogger und KMU sowie eine Movable Type Advanced für große Unternehmen und Extrem-Anwender. Während die Blogger-Lizenz ebenfalls kostenlos ist, verlangt der Anbieter Six Apart, Ltd. für die Business-Version einmalig 395,95 $ (ein Server, fünf Benutzer-Lizenzen).

Serendipity – auch kurz S9y genannt – ist ein eher unbekanntes Open-Source-Blogsystem, das eigentlich genauso einfach zu installieren und benutzen ist wie

WordPress. Auch der Einsatz von Plug-ins und Templates ist ähnlich. Allerdings ist der Umfang der Templates und Plug-ins stark beschränkt, da die Entwicklergemeinde wesentlich kleiner ausfällt, als es bei vergleichbaren Blog-Systemen der Fall ist.

Wenn es einfach und schlicht sein soll oder wenn wenig Speicherplatz auf dem Webserver vorhanden ist, ist Textpattern die erste Wahl. Anders als die meisten anderen Blog-Systeme ist Textpattern mit gerade mal 500 KB sehr schlank und verzichtet auf üppige Funktionalität. Allerding ist Textpattern von der Bedienung her sehr minimalistisch gestaltet, was sich wiederum positiv auf die Geschwindigkeit des Blogs auswirkt.

Welches Blogsystem Sie letztendlich nutzen, hängt u.a. von den Erfahrungen und Vorlieben Ihrer IT-Fachleute mit dem einen oder anderen System ab.

8.3 Externe Blogs

Wie bereits dargestellt unterscheidet man heute zwischen internen und externen Blogs, je nach Zielgruppe und Zielsetzung. Die externen Blogs richten sich an die Öffentlichkeit, an externe Zielgruppen. Im Falle der Personalwirtschaft sind dies bspw. Studenten, Absolventen und (Young-)Professionals. Externe Blogs dienen vornehmlich der Pflege des Employer Branding.

8.3.1 CEO-Blog – Hier schreibt der Chef noch selbst

Wie bereits beschrieben nutzen immer wieder Mitglieder des Top-Managements (zum Beispiel der Vorstand) oder der Chief Executive Officer (CEO) eines Unternehmen ein Blog dazu, dem gesamten Unternehmen mehr Persönlichkeit und Authentizität zu verleihen. Das alleine führt in der Regel zu einem äußerst positiven Image-Effekt – wenn das Blog regelmäßig geführt und authentisch ist.

Im HR-Bereich gibt es ein ganz prominentes Beispiel, das in direktem Zusammenhang mit dem Ziel »Employer Branding« genutzt wird: Das Blog des Personalvorstands von McDonald's Deutschland, Wolfgang Goebel, das ich zuvor schon kurz erwähnt hatte. Besonders interessant ist die Seitenadresse, die nicht `http://www.goebel-blog.de` oder `http://www.mcdonalds-CEO-Blog.com` oder ähnlich heißt, sondern eben `http://www.employerbranding-blog.de`. Damit zeigt Wolfgang Goebel deutlich und unmissverständlich, um was es ihm geht: Employer Branding für sein Unternehmen.

Wie macht er das?

Wolfgang Goebel spricht aus seiner Sicht viele aktuelle, teilweise kritische Themen aus der HR-Welt und aus dem Personalbereich bei McDonald's Deutschland
an. Immer in der persönlichen Ich-Form berichtet er mal über die Ausbildungsfä-
higkeit der Schulabgänger bei McDonald's Deutschland, mal erzählt er seine Sicht
über die Tarifauseinandersetzungen in Deutschland und mal lässt er ein Mitglied
der berühmten Generation Y selbst zu Wort kommen, um über seinen ungewöhn-
lichen Einstieg bei McDonald's zu berichten. Ein kluger Schachzug, meine ich.
Der CEO lässt seine Mitarbeiter selbst reden und erzählen.

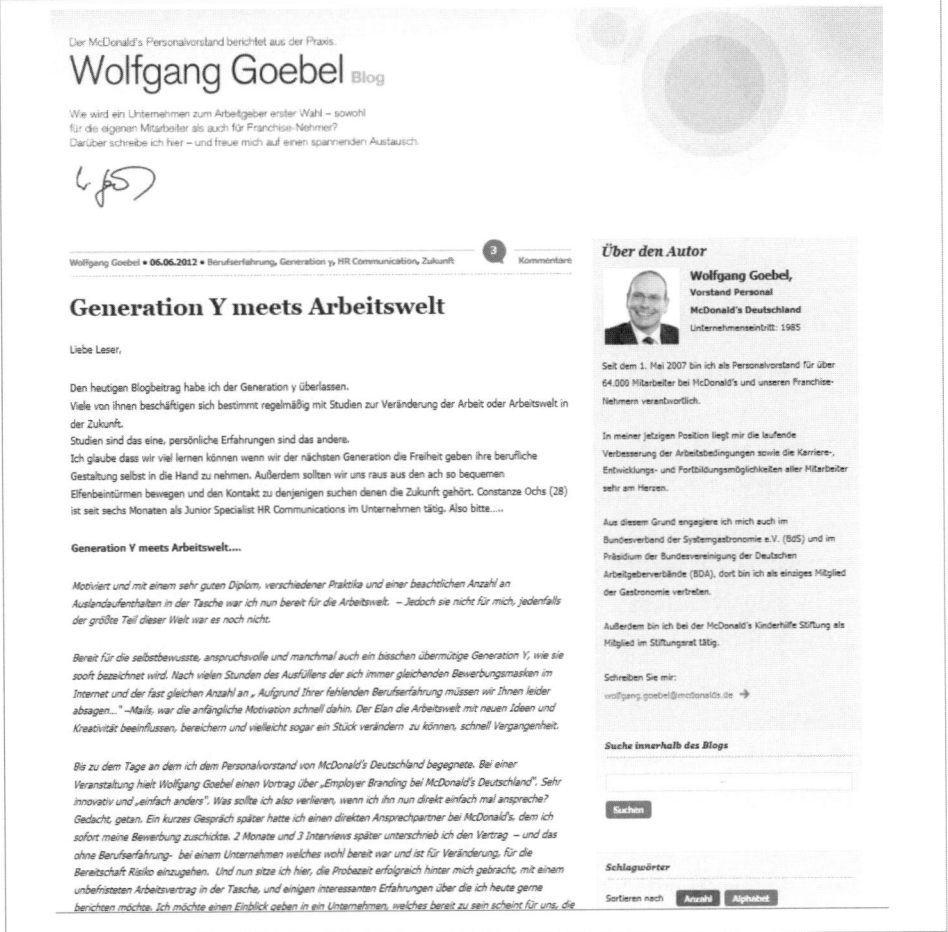

Abb. 8.4: Wolfgang Goebel ist seit Januar 2011 unter die Blogger gegangen und schreibt aus
seiner persönlichen Sicht über HR-Themen bei McDonald's Deutschland (Quelle:
`http://www.employerbranding-blog.de`)

Das Blog ist wirklich als regelmäßige Lektüre zu empfehlen. Interessenten, die sich für einen Job bei McDonald's interessieren, würden eher durch das Blog als durch die teure Imagekampagne des Unternehmens beeindruckt. Denn hier schreibt ein Personalvorstand eines Konzerns als Mensch, mit dem man reden kann und den man vor allen Dingen kontaktieren kann. Und wenn der Herr schon über die Wünsche und Sorgen seiner Mitarbeiter bloggt, was muss das dann für eine offene Unternehmenskultur sein? Spüren Sie den Geist, den Wolfgang Goebel geweckt hat?

Die richtige Person finden

Wenn Sie ein solches Blog einführen möchten, sollten Sie sich fragen, wer dafür in Frage kommt. Denn natürlich ist nicht jeder CEO zum Blogger geboren. Das muss ja auch nicht sein. Denn auch wenn diese Blogs in der Praxis unter dem Namen »CEO-Blog« bekannt sind, so muss nicht der CEO selbst bloggen. Das Beispiel von Wolfgang Goebel zeigt, dass es auch der Personalvorstand oder Personalleiter sein kann. Es gilt aber, je höher die Person in der Unternehmens-Hierarchie steht, desto glaubwürdiger wirkt das Blog.

8.3.2   Karriere-Blogs – gut fürs Employer Branding

Neben den CEO-Blogs für aktives Employer Branding dienen vor allem Karriere-Blogs dem Aufbau und der Pflege des Arbeitgeber-Images. Typischerweise werden Karriere-Blogs von Mitarbeitern des Unternehmens geführt. Sie bloggen tagein tagaus über ihren Arbeitsalltag und stellen so Karrierechancen, Stellenangebote und die Arbeitsatmosphäre sehr persönlich dar. In den vorangegangenen Kapiteln, zum Beispiel zu Twitter, unterstrich ich die einmalige Chance für Unternehmen, vorhandene Mitarbeiter zu Botschaftern des Unternehmens zu machen. Mit einem Karriere-Blog gelingt Ihnen das perfekt. Ein paar Beispiele gefällig?

Das Daimler-Blog

Bei Daimler bloggen seit Oktober 2007 mehrere Daimler-Mitarbeiter, um Einblicke in das »Leben im Konzern« zu geben und um den Dialog mit interessierten Leserinnen und Lesern aufzubauen. Diese Mitarbeiterinnen und Mitarbeiter kommen aus den unterschiedlichsten Bereichen des Konzerns.

Was den Grad an Persönlichkeit und Authentizität noch stärkt, ist die Aussage, dass das, was die Autoren auf dem Daimler-Blog veröffentlichen, ihrer persönlichen Meinung und nicht unbedingt der offiziellen Unternehmensmeinung entspricht. Toll. Wenn das so gelebt wird, wie es dort geschrieben steht, ist das Blog ein Volltreffer. Die Mitarbeiter dürfen fast frei von der Leber weg schreiben.

Abb. 8.5: Ein Team von fünf Mitarbeitern bloggt über Einblicke in das »Leben im Konzern« (Quelle: `http://blog.daimler.de`)

Die selbstauferlegten Regeln für das Verhalten im Blog haben die Mitarbeiter in den Daimler Blogging Guidelines zusammengefasst – und veröffentlicht. Das Ganze ist nachzulesen unter `http://bit.ly/daimlerpolicy`.

EnBW-Karriere-Blog

Beim EnBW-Karriere-Blog schreiben die Trainees der EnBW Energie Baden-Württemberg AG über ihren Berufsalltag in ihrem Konzern. Mehrere junge

Berufseinsteiger gewähren so einen persönlichen Blick hinter die Kulissen von Deutschlands drittgrößtem Energieversorgungsunternehmen.

So wird zum Beispiel der Auswahlwahlprozess fürs Trainee-Programm aufgerollt, um mehr Licht ins Dunkel zu bringen. Oder ein Trainee berichtet von seiner Dienstreise zum *European Federation of Energy Traders (EFET)* in Brüssel – einem Verband, der Interessen von Strom- und Gas-Händlern vertritt.

Die Idee, speziell Trainees bloggen zu lassen, hat deshalb einen besonderen Charme, weil die Damen und Herren innerhalb von zwölf Monaten das Kerngeschäft der EnBW an verschiedenen Gesellschaften und Standorten kennen lernen. Wer könnte also besser über das Unternehmen aus ganz verschiedenen Bereichen heraus schreiben?

Alle Autoren bloggen in der »Ich-Form«, sprechen die Leser aber immer als »Liebe Leser« an, obwohl in der Kopfzeile des Blogs das »Du« genutzt wird.

Abb. 8.6: Im EnBW-Karrieblog bloggen die Trainees über ihr Leben und Arbeiten im Konzern (Quelle: `https://www.enbw.com/karriereblog`)

Übrigens veröffentlich EnBW so genannte Kommentarrichtlinien, in denen zum Beispiel Umgangston oder der Umgang mit unqualifizierten Kommentaren erklärt wird. So was nennt man auch »Netiquette« und es ist durchaus nützlich, um ein Höchstmaß an Transparenz zu gewährleisten.

BAUR-Karriere-Blog

Einen besonders interessanten Ansatz zeigt das Versandhaus BAUR mit seinem Karriere-Blog. Man unterteilt die Zielgruppen gleich in die drei unterschiedlichen Gruppen »Schüler«, »Studenten« und »Profis« und bietet ihnen über eine technische Kategorisierung jeweils nur die für sie interessanten Inhalte. Selbstverständlich haben dennoch alle Gruppen auf alle Inhalte Zugriff. Damit wird vermieden, dass sich Leser ausgegrenzt fühlen.

Abb. 8.7: Bei BAUR spricht man unterschiedliche Zielgruppen mit einem Blog an (Quelle: http://jobs-blog.baur.de)

Diese Vorgehensweise ist deshalb nachvollziehbar, weil die Themen für Profis durchaus andere sind als die für Studenten (zum Beispiel Themen für Masterarbeiten, Bewerbungsprozesse) und die für Schüler und angehende Azubis (Praktika, Freizeitthemen). Ob die Abgrenzung im Einzelfall immer gelingt, dürfte fraglich sein, was aber überhaupt kein Problem ist. Der Gedanke, relevanten Content für relevante Zielgruppen zu liefern, zählt.

Weitere Karriere-Blogs

Weiterhin führen die Salzgitter AG (`http://www.salzgitter-ag.de/karriere-blog`) und die Deutsche Telekom AG (`http://blogs.telekom.com/themen/karriere`) ein Karriere-Blog, wobei bei der Telekom das Karriere-Blog als Themenbereich in ein Gesamtblog eingegliedert ist.

Gute Blogger finden

Auch hier sollten Sie sich fragen, wer dafür in Frage kommt, wenn Sie ein solches Blog einführen möchten. Wichtig ist, dass ähnlich wie bei Facebook etc. die Autoren Schreiberfahrung und Spaß am Publizieren haben. Teams mit Mitgliedern aus verschiedenen Abteilungen sind immer besser als nur aus dem Marketing oder aus der Personalabteilung.

Zu Inspiration über Themen und Inhalte sollten Sie sich die hier genannten Beispiele ruhig öfter mal ansehen.

8.4 Recruiting mit Blogs

Natürlich stellt sich die Frage, ob man mit Blogs auch direktes Recruiting betreiben kann. Wenn man wie in Kapitel 2 festgelegt Recruiting als aktive Besetzung von offenen Stellen mit qualifizierten und motivierten Kandidaten ansieht, so dürfte dies mit Blogs eher schwierig sein. Denn eines ist klar, mit einem Blog finden Sie keine Kandidaten, die Kandidaten finden Ihr Unternehmen, ähnlich wie bei Facebook und Twitter. Wer ein gutes Employer Branding betreibt, wird gefunden.

Was Sie aber durchaus tun können, um das Recruiting zu unterstützen, ist, eine Liste der offenen Stellen auf einer Unterseite des Blogs zu hinterlegen und den Interessenten einen kurzen informellen Weg zur Bewerbung anzubieten. Ein kleines Bewerbungsformular mit einem dicken Knopf »Jetzt Interesse bekunden« reicht aus.

Keines der genannten Karriere-Blogs hat ein solches Bewerbungsformular übrigens im Angebot.

8.5 Enterprise 2.0 – Interne Blogs für Weiterbildung, Kommunikation und Zusammenarbeit

Sie betreten nun den Bereich der Enterprise 2.0. Darunter wird gemeinhin der Einsatz von sozialer Software zur Projektkoordination, zum Wissensmanagement und zur Innen- und Außenkommunikation in Unternehmen verstanden. Hierzu zählen vor allem Wikis, Blogs und andere Kollaborationswerkzeuge wie Share-Point sowie Podcasts und Videosharing.

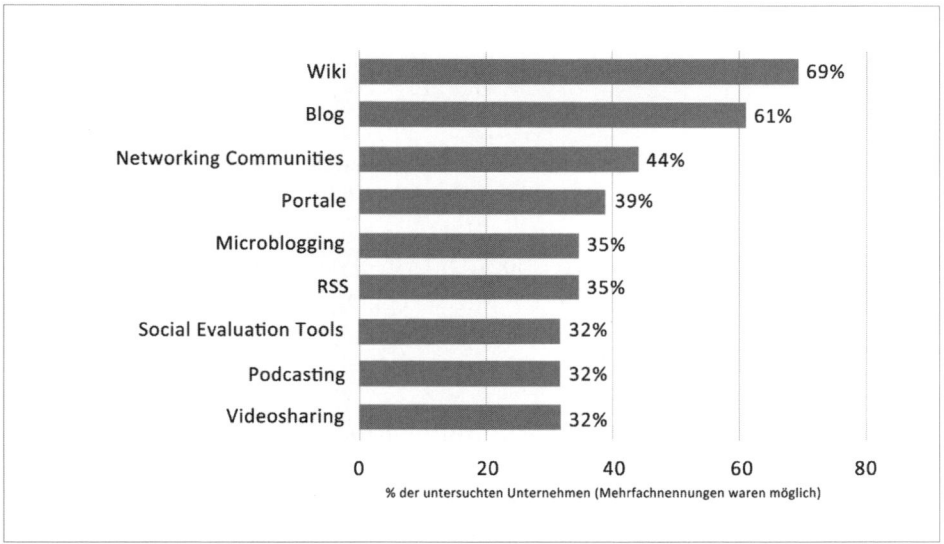

Abb. 8.8: Wikis und Blogs sind die wichtigsten Enterprise-2.0-Werkzeuge (Quelle: centrestage GmbH)

Diese Werkzeuge fördern den freien Wissensaustausch unter den Mitarbeitern, sie erfordern ihn aber auch, um sinnvoll zu funktionieren. Der Begriff umfasst daher nicht nur die Tools selbst, sondern auch eine Tendenz der Unternehmenskultur (http://de.wikipedia.org/wiki/Enterprise_2.0).

Bei Enterprise 2.0 geht es nun vor allem um Kollaboration und Partizipation. In der bereits erwähnten *centrestage-Studie* standen die Themen Wissensmanagement (65 Prozent), unternehmensinterne Kommunikation (35 Prozent) und Marketing, PR und Unternehmenskommunikation (33 Prozent) vorrangig im Blickpunkt der Einführung von Enterprise 2.0.

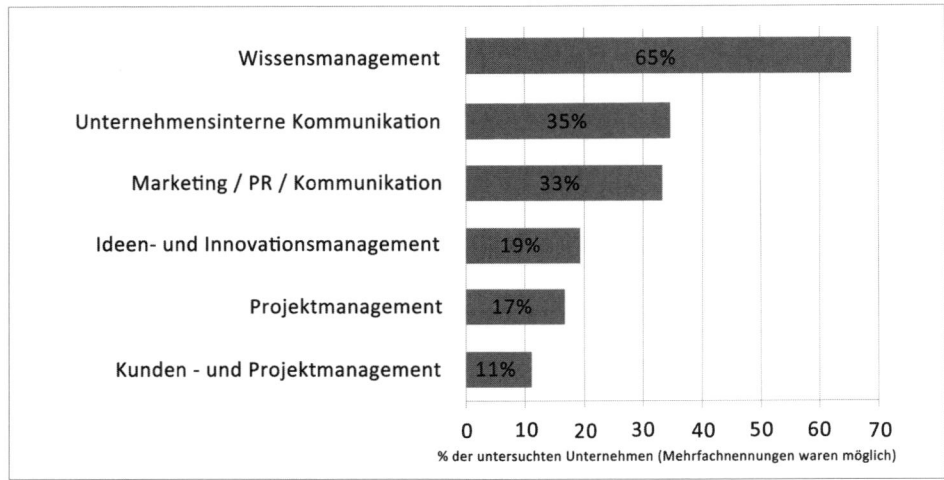

Abb. 8.9: Wissensmanagement und unternehmensinterne Kommunikation sind die Top-Themen bei Enterprise 2.0 (Quelle: centrestage GmbH)

Im Folgenden betrachte ich die Weblogs, in Kapitel 9 dann die Wikis und in Kapitel 10 folgen unternehmensinterne Microblogging-Dienste wie Yammer oder Swabr.

8.5.1 Voraussetzung: Offene Kommunikationskultur und klare Regeln

Voraussetzung für die Einführung eines internen Weblogs sind eine offene Kommunikationskultur im Unternehmen und klare Regeln. Generell sollten Unternehmen, die sich mit Social Media beschäftigen, von der Kultur her offen und eher extrovertiert sein. Wer nicht gerne Informationen preisgibt, ist bei Social Media falsch.

Bei internen Blogs ist die offene Kommunikationskultur deshalb noch wichtiger, weil ein Blog naturgemäß zu Kommentaren einlädt, ja geradezu danach strebt. Kommentare sind aber nicht immer positiv und konstruktiv. Deshalb muss deutlich gemacht werden, was man darf und was nicht (auch aus Datenschutzgründen), wie kritisiert und ab wann zensiert wird. Auch müssen die Konsequenzen für das Handeln im Blog deutlich gemacht sein. Ein Blog-Administrator ist hier hilfreich.

Zum Schluss empfehle ich, klar und deutlich zu kommunizieren, dass das Blog von der obersten Management-Ebene bis zur Basis gewollt ist und aktiv gestützt wird. Wenn Führungskräfte als Vorbild vorangehen, erkennen die Mitarbeiter, dass das Blog nicht zu ihrer Kontrolle (Aushorchen) verwendet wird, sondern zur

Kommunikation und Zusammenarbeit über alle Hierarchien und Abteilungen hinweg.

Bei den im Folgenden vorgestellten Wissens-Blogs oder Projekt-Blogs sind es oftmals nur kleine Gruppen, die an dem Blog mitwirken. Spätestens bei Blogs im Zusammenhang mit dem betrieblichen Vorschlagswesen oder der Ideenschmiede muss die Kommunikationskultur völlig offen und wertfrei sein.

8.5.2 Weiterbildung und Wissenssammlung mit Knowledge-Blogs

Wie ich bereits eingangs in diesem Kapitel dargestellt habe, sind Knowledge-Blogs oder Wissensblogs dazu geeignet, Know-how einzelner Mitarbeiter zentral zu sammeln. Dies kann zu den unterschiedlichsten Themen sein, sowohl unternehmensübergreifend als auch projektbezogen. So können Blogs für spezielle Kunden- oder Forschungsprojekte angelegt werden, in denen sich Experten und Projektbeteiligte untereinander austauschen und ihr Wissen dokumentieren.

Auch könnten Vertriebsmitarbeiter in einem Blog von ihren Erfahrungen bei Kundengesprächen, über typische Fragen und Argumente berichten. Die Kollegen nutzen diese Informationen und machen nicht dieselben Fehler.

Blogs können auch im betrieblichen Vorschlagswesen Einsatz finden. Als »Ideenparkplatz« können Mitarbeiter Verbesserungsvorschläge machen oder neue Ideen einbringen, die von anderen kommentiert werden. Wichtig ist besonders hier, dass Verhaltensregeln aufgestellt und von allen akzeptiert werden. Denn immerhin sind die Vorschläge in einem Blog für alle oder zumindest viele Kollegen im Unternehmen lesbar.

Darüber hinaus können gerade im Umfeld der Personalentwicklung Blogs zur innerbetrieblichen Weiterbildung eingesetzt werden. Dabei führen einige Experten zum Beispiel aus der Personalabteilung oder bei größeren Unternehmen aus dem Betriebsrat ein Blog, um allen Kolleginnen und Kollegen im Unternehmen Wissen zur Verfügung zu stellen. Themen könnten zum Beispiel die betriebliche Altersversorgung (Rente, Arbeitsteilzeit, Betriebsrenten, private Vorsorge) oder EDV (Umgang mit spezieller Software, mit bestimmten Formularen) sein.

8.5.3 Blogs als »Schwarzes Brett« und Flurfunk 2.0

Blogs können aufgrund ihrer herausragenden Eigenschaft, umgekehrt chronologisch Beiträge präsentieren zu können, hervorragend als »Schwarzes Brett« in einem Unternehmen genutzt werden. Die neuesten Informationen – Termine,

Hinweise, Links, Videos, Tipps, Umfragen – stehen immer ganz oben. Selbst die neuesten Dokumente – Urlaubs- oder Reisekostenanträge – können dort zum Download angeboten werden.

Egal ob Mitarbeiter oder Vorstandsmitglied, jeder kann sein Wissen über aktuelle Themen im Unternehmen dort reinstellen und dem Rest des Unternehmens präsentieren. Umgekehrt genügt ein Blick auf das firmeninterne Blog, um beispielsweise nach einem längeren Urlaub wieder »up to date« zu sein.

Selbst »Flurfunk-Gerüchte« könnten dort platziert werden, mit der Frage, ob dies stimme. Die Verantwortlichen im Unternehmen erfahren so schnell von solchen Gerüchten und können reagieren, bevor die Gerüchte weitreichende Schäden verursachen können. So werden Mitarbeiter über alle Hierarchien und Abteilungen hinweg besser ins Bild gesetzt, mangelhafte bzw. fehlerhafte Informationen werden vervollständigt bzw. schnell berichtigt.

Abb. 8.10: Statt Gerüchte-Verbreitung auf dem Flur lieber konsequent offen im Blog diskutieren (Quelle: © Sven Hoffmann – Fotolia.com)

Pentos AG: Mitarbeiter-Weblogs als »Wochenberichte«

Die Pentos AG, eine der führenden Software-as-a-Service-Beratungsfirmen im deutschsprachigen Raum, hat bereits im Jahre 2003 Mitarbeiter-Weblogs eingeführt. Deren Ziel sollte die Optimierung der internen Kommunikation im Unternehmen insgesamt sein. Die als »Wochenberichte« bezeichneten Blogs wurden eingerichtet, um allen mittlerweile 38 Mitarbeitern die Gelegenheit zu bieten, Kollegen aktiv über ihre Arbeit zu informieren und zugleich zu beobachten, was im

Unternehmen geschieht. Hauptthemen sollen Erfahrungen und Ergebnisse aus dem Arbeitsumfeld sein – doch auch private Erlebnisse und Erfolge sind in den persönlichen Weblogs willkommen.

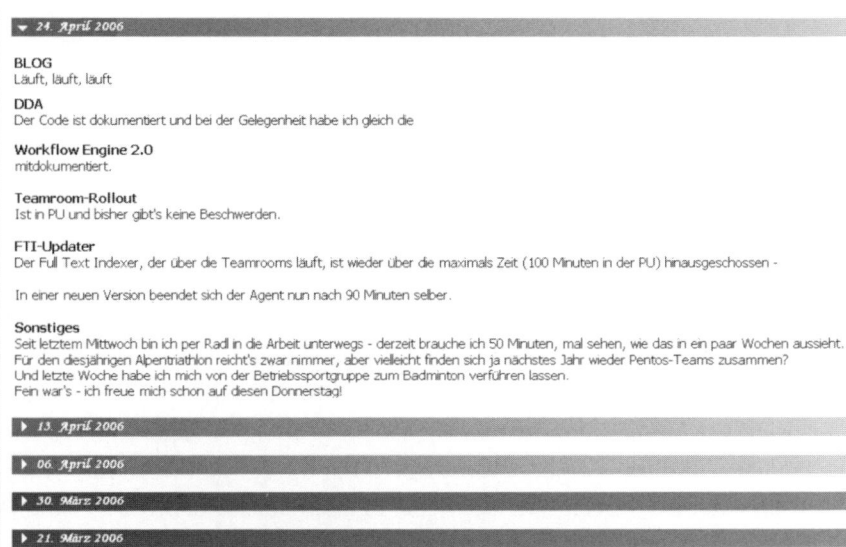

Abb. 8.11: Ein Eintrag im Mitarbeiter-Blog bei Pentos (Quelle: Pentos AG)

Um schnell einen hohen Nutzungsgrad und einen hohen Nutzen für Kollegen herbeizuführen, definierte der Vorstand der Pentos AG die klare Vorgabe, dass alle Mitarbeiter mindestens einmal pro Woche bloggen müssen, jedoch nicht mehr als zehn Zeilen schreiben dürfen. So wurde ein leichter »Druck« ausgeübt, ohne den Zeitaufwand bei Schreibern und Lesern zu sehr zu strapazieren.

Erfahrungswerte zeigten, dass die Mitarbeiter im Schnitt rund 15 Minuten für das Schreiben eines Blog-Eintrags brauchen. Eine weitere halbe Stunde genügt, um die Berichte der Kollegen zu lesen und sich auf den aktuellen Stand zu bringen.

Motivation durch Boni und Ranglisten

Um die Mitarbeiter zum wöchentlichen Bloggen zu motivieren, wurden die Weblogs in das Bonus-System des Unternehmens aufgenommen. Nur wer regelmäßig bloggt, bekommt seine gesamten Boni ausbezahlt.

Ein weiterer Anreiz war die Veröffentlichung anonymer statistischer Auswertungen, zum Beispiel darüber, wie oft einzelne Berichte aufgerufen werden. Die darauf aufbauenden Ranglisten aktivieren die Eitelkeit der Mitarbeiter und spornen sie zu noch besseren, noch interessanteren Beiträgen an.

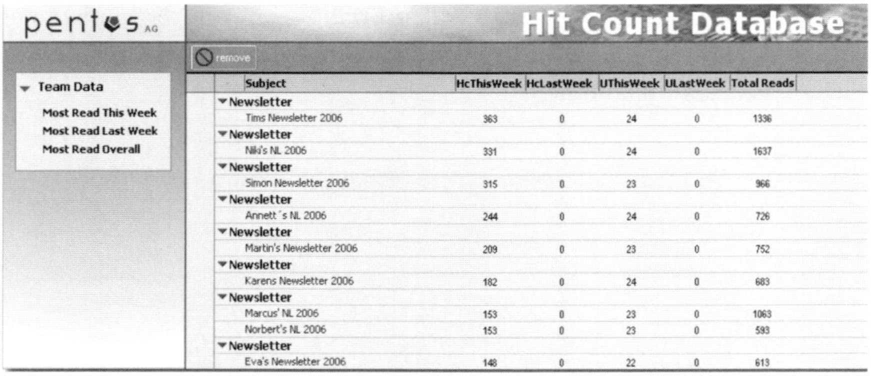

pent♥s AG — Hit Count Database

⊘ remove

Team Data	Subject	HcThisWeek	HcLastWeek	UThisWeek	ULastWeek	Total Reads
Most Read This Week	▼ Newsletter					
Most Read Last Week	Tims Newsletter 2006	363	0	24	0	1336
Most Read Overall	▼ Newsletter					
	Niki's NL 2006	331	0	24	0	1637
	▼ Newsletter					
	Simon Newsletter 2006	315	0	23	0	966
	▼ Newsletter					
	Annett´s NL 2006	244	0	24	0	726
	▼ Newsletter					
	Martin's Newsletter 2006	209	0	23	0	752
	▼ Newsletter					
	Karens Newsletter 2006	182	0	24	0	683
	▼ Newsletter					
	Marcus' NL 2006	153	0	23	0	1063
	Norbert's NL 2006	153	0	23	0	593
	▼ Newsletter					
	Eva's Newsletter 2006	148	0	22	0	613

Abb. 8.12: Weblog-Statistiken spornen die Mitarbeiter gegenseitig an (Quelle: Pentos AG)

So herrscht heute im Unternehmen eine ausgeprägte Blogging-Kultur: Rund 90 Prozent der Belegschaft betätigen sich regelmäßig als Blogger. Mehr als die Hälfte der Mitarbeiter schreiben zumindest wöchentlich in ihrem Blog, fast die Hälfte der Mitarbeiter lesen wöchentlich in anderen Blogs, ein großer Teil täglich und sogar mehrmals täglich – und tun trotzdem ihre Arbeit. Für die Aufnahme in die Unternehmenskultur seitens der Belegschaft spricht vor allem, dass die privaten Anteile in den »Wochenberichten« stetig zunehmen und daraus sogar neue Team-Aktivitäten entstehen. Der neue Teamgeist und das »Wir-Gefühl« bei Pentos haben damit deutlich zugenommen. Laut einer Mitarbeiterbefragung, die das Unternehmen jährlich durchführt, sei die Identifikation der Mitarbeiter mit dem Unternehmen und ihre Zufriedenheit mit dem Arbeitsplatz seit Einführung der Weblogs gestiegen.

Wertvolle Hinweise für die Personalentwicklung

Auch die Personalentwicklung profitiert von den Wochenberichten der Mitarbeiter. Durch regelmäßiges Lesen erhalten die Personalentwickler ein Bild sowohl von der Arbeit in den einzelnen Projekten als auch von der Stimmung im Unternehmen. Immer wieder werden Wissens- oder Kompetenz-Lücken erkannt, die dann durch Schulungen und Weiterbildungsmaßnahmen behoben werden können.

Produktivitätssteigerung durch Vermeidung von Doppelarbeiten

Dadurch, dass jeder Mitarbeiter über seine Projekte, seine Erfolge und seine projektbezogenen Probleme bloggt, weiß jeder Kollege viel genauer als früher, an welcher spezifischen Fragestellung und für welchen Kunden die anderen gerade arbeiten. Wenn jemand einen Rat braucht, Lösungswege diskutieren möchte oder eine Anregung geben will, passiert das über das Blog. Doppelte Arbeit entfällt, die Projekte kommen schneller voran.

Spreadshirt AG – Per Blog die Diskussionskultur fördern

Ein internes Mitarbeiter-Blog führt auch die Leipziger Spreadshirt AG. Dort wollte man mit der Einführung des Blogs die Diskussionsbereitschaft unter den Mitarbeitern fördern. Probleme werden dort frei heraus gepostet und in Kommentaren diskutiert. Selbst der CEO nimmt daran teil, wenn es zum Beispiel um Gehaltsthemen geht.

Anders als bei Pentos hat bei Spreadshirt ein Redaktionsteam die Verantwortung, das die Mitarbeiter immer wieder zum Posten und Kommentieren ansport. Kommt mal länger kein Beitrag, springen die Teammitglieder mit Themen ein.

Das Spreadshirt-Blog ist mit dem Firmenterminkalender verknüpft und zeigt daher immer anstehende Termine, die die Belegschaft als Ganzes angeht. Auch andere Dokumente sind nur über das Blog erreichbar.

8.5.4   Blogs zur Unterstützung von Change-Prozessen

Veränderungsprozesse (Change-Prozesse) gehören für Unternehmen zum Alltag. Georg Kraus, Autor des »Change Management Handbuch« und zahlreicher Projektmanagement-Bücher definiert diese als »*Prozesse, die einen kulturellen Wandel erfordern also solche, bei denen Ihre Mitarbeiter (und Sie) gewohnte Denk- und Verhaltensmuster über Bord werfen und neue Denk- und Verhaltensweisen entwickeln müssen.*«

Im Unternehmen werden zumindest große Veränderungsprozesse – zum Beispiel der Umzug an einen anderen Standort, die Reduzierung der Belegschaft, die Einführung neuer Softwarelösungen im gesamten Unternehmen – immer von Widerständen und Problemen bei der Umsetzung begleitet. Die Gründe hierfür sind oftmals eine schlechte Kommunikation und mangelnde Transparenz.

Hier können interne Blogs durchaus unterstützen. Wenn Sie einen Veränderungsprozess planen, können Sie mit Hilfe eines Change-Blogs frühzeitig für die nötige Transparenz sorgen, Gerüchten und internen Spekulationen entgegenwirken, die Mitarbeiter und Führungskräfte aktiv einbinden und die Veränderungen sanft umsetzen – oftmals mit voller Unterstützung der Mitarbeiter.

8.6   Zusammenfassung

Blogs gelten oft als die Basis der Web-2.0-Welle. Wie dem auch sei, Blogs sind im Vergleich zu Facebook, Twitter, Pinterest & Co. vor allem eines: solide. Mit einem Weblog kann man in meinen Augen als Unternehmen weniger Schaden anrichten als mit einer Facebook-Seite. Dabei beziehe ich mich nicht auf die Tatsache, dass schlecht geführte oder verwaiste Blogs keinen Imageschaden erzeugen, eine Facebook-Seite aber wohl. Nein, ich meine, dass Blogs nicht so gnadenlos streng beäugt und im Rampenlicht stehen wie Fanseiten von Unternehmen. Schlechte Beiträge in einem Blog werden eher verziehen als auf einer Facebook-Seite.

Wenn man die richtigen Autorengruppen auf die richtigen Zielgruppen ansetzt – ein Prinzip, dass sich, wie Sie nunmehr wissen, durch alle Social-Media-Aktivitäten zieht –, können Sie mit einem Blog kaum etwas falsch machen. Sei es als Karriere-Blog oder als Blog des Personalvorstands, ein inhaltlich interessantes Blog gewinnt immer, auch bei Studenten, Absolventen und Young Professionals.

Und der Aufwand ist eher gering zum Beispiel im Vergleich zu einer Facebook-Seite: ein paar Mal pro Woche bloggen, bei größeren Teams auch mehr.

Bei internen Blogs erhöhen Sie die Produktivität durch verbesserte Zusammenarbeit, bieten internes Wissen für alle, konservieren Wissen im Unternehmen und erhöhen die Motivation und die Zufriedenheit Ihrer Mitarbeiter.

Die Autoren eines Beitrags über die Blogs bei der Pentos AG fassen die Chancen und Risiken solcher Blogs durchaus interessant zusammen. Interne Mitarbeiter-Blogs führen zu mehr Teamspirit, mehr Effizienz durch bessere Abstimmung und Planung in Projekten, mehr Motivation und Zufriedenheit und zur besseren Personalentwicklung. Aber bedenken Sie: Blogs im Unternehmen sind etwas Neues und benötigen ebenso viel Zeit wie die externen Blogs. Durch die Vorbildfunktion der Vorgesetzten erreichen Sie viel.

Eine Zusammenfassung der Chancen und Risiken finden Sie unter
`http://bit.ly/interne_blogs`.

Verwendete Studien und Literatur

Studien

Studie über Blogger und Foren-Betreiber, Fachhochschule Köln in Zusammenarbeit mit der infospeed GmbH, Köln
Enterprise 2.0 – Zehn Einblicke in den Stand der Einführung, centrestage GmbH
Fallstudie: Nachhaltiges Mitarbeiter-Blogging bei der Pentos AG – Alexander Stocker und Klaus Tochtermann, Know-Center Graz, sowie Nikolaus Krasser, Pentos AG, München

Bücher

Corporate Blogs: Einsatzmöglichkeiten und Herausforderungen, Ansgar Zerfaß, BIG BlogInitiativeGermany, 2005

Kapitel 9

Wissensmanagement, Personalausbildung und Kollaboration mit Wikis

9.1 Schneller Zugriff auf Wissen

Wikis sind einfach zu nutzende Online-Plattformen für den Austausch von Informationen und Dokumenten. Es genügt ein Browser, um Beiträge zu schreiben, zu editieren oder ganze Dateien ins Wiki einzustellen.

Der Name Wiki stammt aus der hawaiischen Sprache und bedeutet »schnell«. Die dortigen Schnellbusse heißen Wiki Wiki, wobei die Verdoppelung im Hawaiischen für die Steigerung »sehr schnell« steht. Der Transfer zu den Redaktionssystemen zur textbasierten Zusammenarbeit ist dann wohl leicht hergestellt.

Abb. 9.1: Die Schnellbusse auf Hawaii gaben dem Wiki seinen Namen (Quelle: Andrew Laing)

Die Grundidee bei Wikis ist das gemeinschaftliche Arbeiten an Texten, ggf. ergänzt durch Fotos oder andere Medien. Dadurch, dass jeder Teilnehmer einfach über den Browser mitwirken kann, gelingt eine kollaborative Sammlung von Wissen. Jeder kann sein Wissen im Wiki ablegen und anderes Wissen ergänzen. Durch das Hinzufügen von Schlagworten und Kategorisierungen wird eine Struktur aufgebaut, die das Recherchieren in dem »konservierten« Wissen einfach macht.

Das wohl bekannteste und größte Beispiel ist die freie Online-Enzyklopädie Wikipedia. Darüber hinaus gibt es unzählige private und projektbezogene Wikis wie Wiktionary (http://de.wiktionary.org), ein Wiki mit Bedeutungserklärungen, Synonymen und Übersetzungen oder das Wikiquote (http://de.wikiquote.org), ein Wiki voller Zitate.

Durch den Erfolg von Wikipedia beflügelt, haben viele Unternehmen begonnen, Unternehmenswikis aufzubauen, um das Wissen ihrer Mitarbeiter unternehmensintern zu sammeln und transparent zu machen (Wissensmanagement). Beispiele sind Bosch Rexroth, Pfizer, Fraport, IBM, IDS Scheer u.v.m. (vgl. `http://www.tschlotfeldt.de/elearning-wiki/Wikis_in_Unternehmen`)

Dort kommen die Wikis in den verschiedensten Bereichen zum Einsatz, sehr oft im Umfeld von Produktmanagement und -entwicklung. Immer geht es darum, Wissen von Mitarbeitern für Mitarbeiter jederzeit schnell verfügbar zu machen.

9.2 Wikis in der Personalwirtschaft

In der Personalwirtschaft finden Wikis häufig ihren Einsatz, um neue Mitarbeiter schnell und einfach in Prozesse und Workflows einzuführen (zum Beispiel mit Hilfe eines Personalhandbuches in Wiki-Form).

Darüber hinaus werden Wikis zur internen (Weiter-)Bildung eingesetzt. Dann beinhalten solche Werke zum Beispiel das Wissen einiger Mitarbeiter über spezielle Themen, zum Beispiel Fremdsprachen, Software, Steuern etc. Ähnlich wie bei den Blogs in Kapitel 8 schreiben dann wenige für viele Personen. Für die Personalentwicklung bietet ein Wiki die Chance, Potenziale und Defizite bei Mitarbeitern zu erkennen. Wer viel im Wiki über Steuern und Rechnungswesen stöbert, hat entweder daran besonderes Interesse oder sucht nach Lösungen. Wichtig ist hierbei, die Regeln des Datenschutzes zu beachten, indem einige sensible Zugriffsstatistiken nur bestimmten Personen zugänglich gemacht werden.

Schließlich bieten Wikis die einmalige Chance, dem Problem der Wissensabwanderung bei Personalwechsel entgegenzuwirken. Im Wiki bleibt das wertvolle Wissen von Mitarbeitern, die das Unternehmen verlassen, erhalten.

Immerhin scheint dies eine der drängendsten Aufgaben der Personalentwicklung zu werden. Denn 88 Prozent der Befragten der Trendstudie *Learning Delphi 2011 des MMB Instituts* sehen die Speicherung von Wissen älterer, erfahrener Mitarbeiterinnen und Mitarbeiter als ihre vordringlichste Aufgabe in den kommenden drei Jahren an.

Zuletzt ist ein Wiki im Unternehmen – ähnlich wie ein Blog – zurzeit einfach modern. Viele Studenten kennen Wikis aus ihrer Studienzeit und nutzen zum Beispiel Wikipedia sehr häufig. Das ermittelte die *HIS Hochschul-Informations-System GmbH* in einer ihrer *HISBUS-Onlinebefragungen* zum Thema »Studieren im

Web 2.0«. Demnach nutzen 60 Prozent der Studenten Wikipedia und immerhin noch 15 Prozent andere Wikis für ihr Studium.

Trifft man bei seinem neuen Arbeitgeber auf ein internes Wiki, so dürfte die Begeisterung bei den meisten Absolventen groß sein. Ein Wiki steht für modernes Arbeiten im Team.

9.3 Faktoren für ein erfolgreiches Wiki

Der Wiki-Experte und Buchautor (vgl. *Enterprise Wikis – Die erfolgreiche Einführung und Nutzung von Wikis in Unternehmen*) *Martin Seibert* identifiziert drei Faktoren, von denen eine erfolgreiche Wiki-Einführung im Unternehmen abhängt: die technologische, die organisatorische und die kulturelle Komponente. Dabei trägt alleine die organisatorische Komponente zu etwa 50 Prozent zum Erfolg einer Wiki-Einführung bei.

Erfolgsfaktoren für Wikis: Organisation, Kultur, Technik

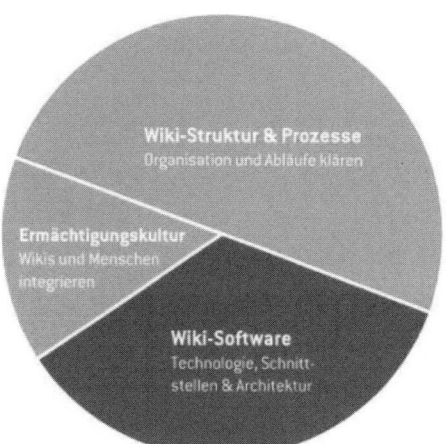

Abb. 9.2: Die drei Faktoren eines erfolgreichen Wikis (Quelle: Martin Seibert, Seibert Media GmbH)

9.3.1 Erfolgsfaktor Technik: Das richtige Wiki-System

Das Angebot an guten Wiki-Engines ist fast unüberschaubar. Wer ein Wiki einrichten will, hat also die Qual der Wahl. Es ist an dieser Stelle aber nicht meine Absicht, Sie in die Tiefen der Wiki-Systeme einzuführen und die Vor- und Nachteile der einzelnen Systeme aufzuzeigen. Dafür gibt es unzählige Webseiten. Die beste Seite ist die englische Seite WikiMatrix (http://www.wikimatrix.org), die ein rundumfassendes Wissen über Wikis bietet und die Systeme sogar miteinander vergleichbar macht. Anhand der Kriterien, die man persönlich an ein Wiki stellt, wird man dort zum passenden Wiki geleitet.

An dieser Stelle beschränke ich mich auf die vier wichtigsten Lösungen, von denen drei frei verfügbar und eines kommerziell käuflich ist. Die folgenden Erklärungen stammen nicht aus meinem Wissensschatz, sondern sind aus Beschreibungen der freien Online-Enzyklopädie Wikipedia.org und einem Vergleichsartikel auf heise.de (http://bit.ly/wiki_heise) zusammengetragen.

MediaWiki

MediaWiki ist wohl die bekannteste Wiki-Engine, schließlich ist sie die Basis von Wikipedia. Da MediaWiki aufgrund der GPL (General Public Licence)-Lizenzierung für jedermann frei und kostenlos verfügbar ist, wird es auch für eine Vielzahl anderer Projekte im Internet oder in Intranets verwendet. MediaWiki ist in der Skriptsprache PHP geschrieben und nutzt zum Speichern der Inhalte die relationale Datenbank MySQL.

Abb. 9.3: MediaWiki – Die technische Basis von Wikipedia (Quelle: http:// www.mediawiki.org)

Der große Vorteil von MediaWiki ist die Investitions- und Zukunftssicherheit. Als technische Basis für Wikipedia und alle anderen Projekte der Wikimedia-Foundation wird die Software gut gepflegt. Im Gegensatz zu vielen anderen Open-Source-Projekten gibt es hier sogar fest angestellte Mitarbeiter. Durch den harten Einsatz in der weltgrößten Enzyklopädie, an der täglich Millionen von Nutzern arbeiten, werden regelmäßig Erfahrungen berücksichtigt, um die Funktion von MediaWiki stetig zu erweitern.

Zur Formatierung der Seiten wird eine eigene Markup-Sprache genutzt, die im Prinzip an HTML erinnert, aber viele Eigenheiten hat, die man lernen muss.

Die Stärken von MediaWiki liegen vor allem in der sehr guten Verwaltung und Kategorisierung von Artikeln und in den guten Erweiterungsmöglichkeiten durch so genannte Extensions wie zum Beispiel den komfortablen Editor (WYSIWYG-Editor) zur Erstellung von Artikeln, der das Erlernen der MediaWiki-Sprache erspart.

Nachteile sind die eher geringe Anzahl an fertigen Vorlagen (Templates oder Skins genannt) und das laut vieler Experten eher schwache Benutzer- und Rechtemanagement, was aufgrund der Entstehungsgeschichte von MediaWiki nicht verwunderlich ist. Schließlich wurde MediaWiki einst für Wikipedia entwickelt, an dem viele Menschen gleichberechtigt mitarbeiten sollten.

Von Unternehmen wird MediaWiki daher gern zum Aufbau von Intranets und zur einfachen Verwaltung von artikelbasierten Wissensdatenbanken wie etwa einem Fachlexikon oder Glossar genutzt.

MediaWiki kann hier kostenlos runtergeladen werden:

`http://www.mediawiki.org/wiki/MediaWiki`.

DokuWiki

DokuWiki ist ebenfalls eine freie Wiki-Software unter der GPL-Lizenz, die anfangs zur einfachen Dokumentation von Projekten gedacht war und mittlerweile für eine Vielzahl von Anwendungen eingesetzt wird. Heute ist es laut WikiMatrix das Wiki-System, für das sich die Nutzer am meisten interessieren.

Abb. 9.4: Einfach und simpel: DokuWiki mit Textdateien statt SQL (Quelle: `http://www.dokuwiki.org`)

Auch DokuWiki benutzt eine einfache, eigene Markup-Sprache, die grundsätzlich an die von MediaWiki erinnert. Und auch hier muss der WYSIWYG-Editor zur komfortablen Texterstellung nachgerüstet werden.

Die eigentliche Stärke von DokuWiki ist seine Einfachheit und Schlankheit. Doku-Wiki ist wie MediaWiki in der Programmiersprache PHP geschrieben, verwendet zum Speichern der Inhalte und der Metadaten aber anstatt einer SQL-Datenbank einfache Textdateien. Inhalt und Metadaten von Wiki-Seiten werden bei DokuWiki strikt getrennt, um die Wiki-Quellseiten gut leserlich zu halten. Dieses System bietet den großen Vorteil, dass vorhandene Wikis leicht exportiert und in andere Wikis importiert werden können (einfache Migration). Man kopiert nur Textdateien. Außerdem entfällt die Gefahr eines Datenbank-Crashs.

Auf der Basis dieser einfachen, übersichtlichen Struktur lassen sich mit Erweiterungen weitere Funktionen hinzufügen, etwa für Blogs, Mediendaten oder Arbeitsgruppen.

Im Vergleich zu MediaWiki besitzt DokuWiki eine umfangreiche, fein justierbare Rechteverwaltung mit Benutzern, Gruppen und Namespaces, die auch über das Active Directory – dem Verzeichnisdienst von Microsoft Windows 2000/Windows Server 2003 – erfolgen kann. Auch eine Versionsverwaltung der Texte ist standardmäßig dabei.

Aufgrund der Tatsache, dass DokuWiki derzeit in über 40 Sprachen erhältlich ist und die Daten mit UTF-8 kodiert sind, ist das System gut für einen internationalen Einsatz geeignet.

DokuWiki kann hier kostenlos runtergeladen werden: `http://www.doku-wiki.org/de:dokuwiki`.

TWiki

Die dritte bekanntere Wiki-Engine, die unter der GPL lizenziert ist, ist TWiki. Das System ist nicht wie MediaWiki und DokuWiki in PHP, sondern größtenteils in Perl entwickelt, was aber nur die IT-Experten unter Ihnen weiter interessieren dürfte.

Abb. 9.5: TWiki hat in Expertenkreisen einen Funktions- und Leistungsumfang, mit dem nur wenige Wiki-Engines mithalten können (Quelle: `http://de.wikipedia.org/wiki/TWiki`)

Auch TWiki nutzt eine eigene Markup-Sprache und legt wie DokuWiki die erstellten Seiten in Form von Textdateien auf dem Server ab.

Weiterhin bietet die Engine schon serienmäßig einen WYSIWYG-Editor im Look & Feel der Office-Programme.

Das Rechtesystem ist laut heise.de sehr umfangreich. Demnach können Lese- und Bearbeitungsrechte für Seiten und Webs sowohl für Gruppen als auch für Individuen eingeschränkt oder aufgehoben werden. Auch wenn dies dem originären Wiki-Gedanken der freien und kollektiven Bearbeitung von Inhalten widerspricht, ist es häufig ein für Unternehmen und Online-Communities wichtiges Feature.

Eine besondere Funktion von TWiki ist die Möglichkeit, Strukturen in Form von Ober- und Unterbereichen, so genannten Webs und Topics anzulegen. Webs sind dabei übergeordnete Aufgabengruppen für beliebig viele Topics, Topics sind die Grundeinheit in Form von Abschnitten oder Dokumenten. Diese können wiederum einander hierarchisch über- und untergeordnet werden.

TWiki kann hier kostenlos runtergeladen werden: `http://twiki.org/`.

Confluence Wiki

Confluence ist eine kommerzielle Wiki-Software, die vom australischen Unternehmen Atlassian entwickelt und als Enterprise Wiki hauptsächlich für die Kommunikation und den Wissensaustausch in Unternehmen und Organisationen verwendet wird, aber zunehmend auch als Basis für öffentliche Wikis im Internet zum Einsatz kommt. Confluence ist laut Branchenexperten das beste proprietäre Wiki und Marktführer im Bereich der kommerziellen Wikis.

Abb. 9.6: Confluence bietet alle Funktionen eines guten Wiki und mehr (Quelle: Atlassian Pty Ltd.)

Im Prinzip kann man sagen, das Confluence alle Funktionen, die die freien und kostenlosen Wiki-Engines bieten, ebenfalls beherrscht. So bietet es beispielsweise eine ausgeprägte Rechte- und Rollen-Verwaltung und einen intuitiv bedienbaren WYSIWYG-Editor. Darüber hinaus hält Confluence einige Funktionen bereit, die einem Unternehmen die Entscheidung für dieses System erleichtern könnten. So verfügt Confluence über einen MS-SharePoint Connector und eine leistungsfähige Office-Schnittstelle, mit der Inhalte direkt aus Word, Excel & Co. migriert werden können. Auch hier kann die Benutzer- und Rechteverwaltung über das Active Directory erfolgen.

Allerdings ist Confluence zumindest für kommerzielle Projekte nicht kostenlos. Nur für qualifizierte Open-Source-Projekte und Non-Profit-Organisationen stehen kostenfreie Lizenzmodelle zur Verfügung.

Die Lizenzgebühren für kommerzielle Projekte sind nach Anzahl der Nutzer (und somit nach Größe und Möglichkeiten des Unternehmens bzw. der Abteilung) gestaffelt. Die Einsteiger-Lizenz für bis zu zehn Nutzer kostet 10,00 $. 75 Nutzer kosten zum Beispiel 300,00 $ im Monat. Die höchste Stufe für 501 bis 2.000 Nutzer kostet monatlich 1000,00 $.

Wie bei kommerziellen Softwareangeboten üblich, beinhalten diese Lizenzen Softwareupdates, technischen Support und bei der On-Demand-Variante die Kosten für das Hosting, Bandbreite und Systemadministration.

Mehr Information zu Confluence gibt es auf der Webseite unter `http://www.atlassian.com/software/confluence`.

Kriterien für die richtige Wiki-Entscheidung

Dies sind nur vier von etlichen Wiki-Systemen, die am Markt erhältlich sind. Die Entscheidung, welche Wiki-Engine Sie nun in Betracht ziehen sollten, ist hier durchaus nicht einfach.

Sicherlich ist DokuWiki zurzeit die beliebteste Wiki-Engine und bietet zum Beispiel durch die Nutzung von einfachen Textdateien anstatt einer SQL-Datenbank einen riesigen Vorteil. Mit ein wenig PHP-Know-how im Hause dürfte DokuWiki durch die vielen Erweiterungsmöglichkeiten ein komfortables System werden, zumal es äußerst international ausgerichtet ist.

TWiki ist angeblich von der Basisausstattung her das umfangreichste System und kann ebenfalls durch Extensions leicht erweitert werden.

Argumente für MediaWiki, das funktional eher auf reine Wissensdatenbanken und Enzyklopädien ausgerichtet ist, sind die Investitionssicherheit, die Skalierbarkeit und die fast unzähligen Erweiterungen.

Bei Confluence setzt man natürlich immer auf das richtige Pferd. Als kommerzielles Softwareangebot sichert der Hersteller die kontinuierliche Weiterentwicklung eines mächtigen Wiki-Systems zu, das sich an das jeweilige Einsatzgebiet anpassen lässt. Die regelmäßigen Lizenzkosten sind je nach Unternehmensgröße allerdings enorm.

9.3.2 Erfolgsfaktor Organisation: Der Grundstein für das Wiki

Für den Wiki-Experten Martin Seibert haben die organisatorischen Faktoren die größte Bedeutung im Wiki-Prozess. Denn hier wird der Grundstein gelegt für den Erfolg oder Misserfolg.

Es sind einige organisatorische Maßnahmen notwendig, um typischen Problemen und Hemmnissen bei Wiki-Projekten vorzubeugen. Dazu gehören u.a.:

1. Der Nutzen des Wikis wird den Teilnehmern nicht schnell genug klar.
2. Schwierigkeiten, Teilnehmer für die Nutzung des Wikis zu motivieren.
3. Zu wenig Mitarbeiter, die aktiv und häufig Informationen ins Wiki stellen.
4. Teilnehmer nutzen lieber alte Tools und boykottieren das Wiki.
5. Schwierigkeiten, die Informationen aktuell zu halten.

Auf den ersten Blick erkennt man, dass die Punkte 2 bis 4 eng zusammengehören und das bekannte Problem der mangelnden Motivation und der bestehenden Ängste und Vorurteile darstellen.

Ziele und Nutzen klarstellen

Punkt 1 muss organisatorisch durch eine klare Zielformulierung und Nutzenargumentation vermieden werden. Diese könnte so klingen:

> »Wir wollen, dass jeder Mitarbeiter im Hause gleichermaßen gut informiert ist und schnell auf alle wichtigen Informationen Zugriff hat (Stichwort Transparenz fördern, Wissen teilen). Dadurch vermeiden wir doppelte Arbeit, zeitaufwendiges Suchen und schnelle Einarbeitung neuer Mitarbeiter (Stichwort Produktivität steigern)«.

Wichtig ist, Ihre Mitarbeiter frühzeitig zu informieren und aktiv einzubinden. Ist ein Wiki eingeführt und der Nutzen einigen Mitarbeitern immer noch nicht klar, hilft der Satz »Schau ins Wiki« bei einer Frage. Spätestens, wenn der Betreffende dort die Lösung auf seine Frage findet, dürfte der Nutzen deutlich werden.

Motivation fördern, Ängste und Widerstände beseitigen

Auch wenn der Nutzen klar ist, weigern sich immer wieder Mitarbeiter eines Unternehmens, das ein Wiki eingeführt hat, an diesem aktiv mitzuwirken. Diese Verweigerung reicht von komplettem Boykott und dem Einsatz der alten Listen und Handbücher auf der lokalen Festplatte bis zur passiv lesenden Nutzung, ohne aktiv Inhalte beizusteuern, Fehler zu beseitigen oder Einträge zu aktualisieren.

Ganz klar ist die Motivation der Mitarbeiter auch in diesem Bereich eine Führungsaufgabe. Alleine durch die Vorbildfunktion des Chefs, des Abteilungs- oder Gruppenleiters werden viele Mitarbeiter motiviert.

Motivation und Engagement wird ebenfalls durch Transparenz hervorgerufen. Viele Mitarbeiter fürchten, durch die Teilnahme am Wiki stärker kontrolliert und beobachtet zu werden. Indem der Vorgesetzte einerseits vorangeht und gebetsmühlenartig kommuniziert, dass das Wiki nicht zur Kontrolle, sondern zum Nutzen für das gesamte Unternehmen eingesetzt wurde, wird der eine oder andere seine Ängste ablegen und mitmachen.

Natürlich werden Mitarbeiter mit der Zeit lernen, welchen Nutzen das Wiki bietet, weil sie zum Beispiel veraltete Dokumente nutzen oder bei Meetings nicht informiert sind. Den reinen Lesern wird der Nutzen ebenfalls dann klar, wenn sie eine Seite nutzen, die nicht aktuell ist und sie durch Falsch-Informationen Schiffbruch erleiden. Bei Kollegen kommt so etwas oft gar nicht gut an. Hier wirkt ein wenig die alte Binsenweisheit für Kinder: »Wer nicht hören will, muss fühlen«.

Ein wichtiger Faktor für die Motivation ist genügend nutzwertiger Inhalt im Wiki. Wer oft suchen muss und die Informationen doch nicht findet, wird schnell zum Wiki-Gegner.

Dem können Sie organisatorisch mit der Einführung eines Projektteams entgegenwirken. Dieses Team, in dem auch Vorgesetzte und natürlich IT-Verantwortliche mitwirken sollten, sorgt zu Beginn für eine so genannte »kritische Masse« an Informationen im Wiki. Erst wenn mehr Informationen im Wiki zu finden sind als anderswo, wird die Nutzung für jeden Mitarbeiter effizient.

Natürlich helfen auch sanfte Zwangsmethoden wie das Abschalten der »Eigene-Dateien«-Verzeichnisse oder das Löschen von vorhandenen alten Dokumenten, Handbüchern und Listen. Wer will, kann auch Kontrollmechanismen einführen, um zu sehen, wer wie oft an Seiten arbeitet. Solche Kontrollen, die zum Beispiel über einen standardmäßig vorhandenen RSS-Feed problemlos möglich sind, sollten aber vorher offen kommuniziert und mit einem ggf. vorhandenen Betriebsrat abgestimmt sein.

Einige Mitarbeiter werden Angst haben, mit der Bedienung des Wikis überfordert zu sein, und verschließen sich deshalb. Hier helfen nur Schulungen, Schulungen, Schulungen – und zwar regelmäßig.

Immer aktuelle Informationen

Wenn Ihr Wiki wächst und mehr Seiten und Strukturen dazukommen, wird die Gefahr größer, dass einige Seiten veralten und Inhalte nicht mehr aktuell sind. Natürlich ist der Grundgedanke des Wikis, dass Inhalte, die von vielen genutzt werden, auch von vielen aktuell gehalten werden. Gibt es in Ihrem Unternehmen viele aktive Nutzer und Schreiber, werden diese selbstverständlich einen Eintrag, der als falsch aufgefallen ist, korrigieren. Sollte dieser Eintrag zu einer anderen Fachabteilung gehören, so bieten die Wiki-Systeme auch Hinweis-Funktionen, die andere Autoren auf einen Änderungswunsch aufmerksam machen. Diese Funktion ist in Wikipedia oft sehr schön zu sehen.

Abb. 9.7: Bei Wikipedia werden änderungsbedürftige Einträge von Autoren markiert (Quelle: http://de.wikipedia.org/wiki/Eigenkapitalrentabilität)

Ein anderes Konzept, das die *team babel AG* mit ihrem Mitarbeiter-Wiki nutzt, sind Seiten-Patenschaften (vgl. Abschnitt 9.4.1). In dem Wiki hat von Anfang an jede angelegte Seite einen Mitarbeiter als Paten bekommen. Dieser hat im Laufe eines Jahres alle seine Seiten zu kontrollieren und die Aktualität zu bestätigen. Ein durch den Seiten-Paten festgelegtes Ablaufdatum weist darauf hin.

Natürlich ist eine solche Vorgehensweise nur bei kleinen Wikis möglich. Wikis mit mehreren Tausend Seiten dürften so kaum noch kontrollierbar sein. Hier könnte man aber zumindest besonders wichtige Seiten oder Seiten, die sich öfters ändern, mit einem Paten versehen.

Natürlich ist diese Aufzählung nur ein Ausschnitt der Probleme und Hemmnisse, die Ihnen bei der Wiki-Einführung entgegenkommen. Ich möchte hier nur versuchen, Ihnen einige Tipps für den Erfolg mitzugeben.

9.3.3 Erfolgsfaktor Kultur: Alle wollen es und alle machen mit

Vom Grundsatz her dürfte in Sachen Kultur für den Erfolg eines Wikis alles aufgeführt sein. Wie bei allen anderen Social-Media- und Enterprise-2.0-Aktivitäten ist eine offene Kultur unabdingbar. Wie bei den internen Blogs (vgl. Abschnitt 8.5.1) muss auch ein Wiki von allen Ebenen bis hin zum Top-Management getragen sein. Mehr noch, die aktive und regelmäßige Wiki-Nutzung muss den Mitarbeitern vorgelebt werden.

Ebenfalls ähnlich wie bei den anderen Social-Media-Aktivitäten müssen auch die Spielregeln klar definiert werden. Was passiert bei Fehlern? Während bei den nach außen gerichteten Social-Media-Aktivitäten ein kleiner Fehler zu einem großen Desaster werden kann, sind die Folgen intern eher anders gelagert. Denn falsche Informationen können zu Fehlern in Prozessen, in der Produktion oder zu unternehmerischen Fehlentscheidungen führen. Zudem führen offenkundig falsche Informationen manchmal zu Häme oder Spott bei Kollegen.

Klären Sie vor der Einführung des Wikis, dass Fehler gemacht werden können, jeder für sein Tun zwar die Verantwortung hat und das Unternehmen hinter der Person steht. Häme oder Spott werden nicht geduldet. Solche Botschaften gehören übrigens in jede Social Media Policy (Kapitel 12).

Kultur meint aber noch mehr, gerade bei einem Wiki. Auch die Bereitschaft, das eigene Wissen zu teilen, gehört zu einer offenen Unternehmenskultur. Ein Wiki lebt vom Teilen, deshalb kann es nur überleben, wenn alle bereit sind, ihr Wissen zu teilen.

Der Lohn dafür: Anerkennung und Reputation.

Denn offenbar fühlen viele Nutzer durch das Teilen ihrer Expertise innerhalb des Unternehmens einen Anstieg an Respekt und Reputation, wie eine Untersuchung von *Ann Majchrzak und Dave Yates von der Marshall School of Business University of Southern California* sowie *Christian Wagner von der Faculty of Business City University of Hong Kong* herausstellte. Demnach gaben 29 Prozent der befragten Wiki-Nutzer an, durch das Teilen von Wissen mehr Respekt im Unternehmen erworben zu haben, 28 Prozent gaben an, ihre Reputation im Unternehmen wäre gestiegen.

9.4 Wiki-Beispiele aus dem Personalbereich

Wikis gibt es im Unternehmenseinsatz zuhauf. Im Folgenden beschreibe ich zwei Wiki-Projekte, die eng mit dem Personalbereich verknüpft sind. In beiden Wikis geht es um eine Art von Personal- und Organisationshandbuch in Wiki-Form, teilweise mit Kollaborations-Elementen und einem Wissensmanagement.

9.4.1 team babel AG: Vom QM-Handbuch bis zu den Arbeitsanweisungen alle beisammen

Die team babel AG aus Herzogenrath bei Aachen ist ein bundesweit tätiger Anbieter von Fachvorträgen, Beratung und Trainings für die Verbesserung der Qualität von Mitarbeiterkompetenzen und Unternehmensprozessen. Neben sechs Mitarbeitern im Hauptsitz in Herzogenrath führt team babel vier Regionalbüros in Köln, Wuppertal, Nürnberg und Berlin.

Im Rahmen der eigenen Personal- und Organisationsentwicklung suchte man vor einigen Jahren eine Lösung, mit dem alle Mitarbeiter schnell auf alle internen Informationen rund um Arbeitsprozesse, Organisationswissen und sogar unstrukturiertes Wissen anderer Kollegen zurückgreifen können. Man entschied sich für ein internes Wiki auf Basis von DokuWiki.

QM-Handbuch nach ISO 9000ff als Rahmen

Als Rahmen wurde die Struktur eines QM-Handbuches nach ISO 9000ff aufgesetzt. Durch das kontinuierliche Befüllen der einzelnen Seiten und Erweiterung um neue Seiten entstand innerhalb von drei Monaten dann ein Wissensmanagementsystem mit Beschreibungen der Kernprozesse, Prozessanweisungen und strukturierten Arbeitsanweisungen. Prozessanweisungen sind beispielsweise Regelungen zur Backup-Strategie im Unternehmen oder zum Ablauf der Angebotserstellung.

Abb. 9.8: Die Einstiegsseite des Wiki Babel zeigt Elemente des QM-Handbuchs und des Wissensmanagements (Quelle: team babel AG)

Wissensmanagement – Informationen, Anweisungen und Erklärungen für den täglichen Arbeitsalltag

Mit der Zeit wurde alles, was im Unternehmen irgendwie beschrieben ist, dort abgelegt. Selbst unstrukturiertes Wissen, das man sonst auf Post-it-Stickern schreibt und an den Monitor klebt, wird dort eingetragen. So findet man unter den mehr als 400 Seiten mittlerweile Informationen darüber, wie lange der Discounter um die Ecke offen hat, wo Büromaterial gekauft wird oder wie man mit Tastaturbefehlen (*Shortcuts*) einen Monitor dreht und zurückdreht, den ein Kollege irgendwie auf den Kopf gestellt hat.

Dabei spielt es keine Rolle, wie belanglos das Wissen für den einen oder anderen erscheint, wichtig ist nur, dass andere Kolleginnen und Kollegen davon profitieren und nicht erneut dieses Wissen mühsam suchen müssen.

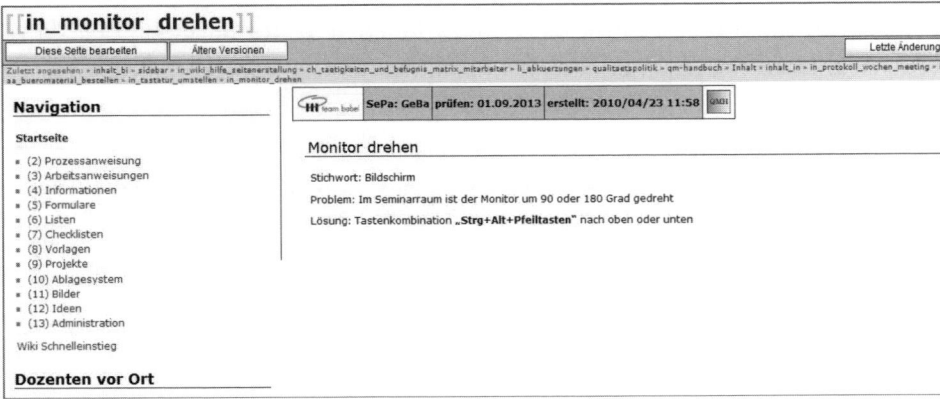

Abb. 9.9: Selbst die Shortcuts zum Drehen eines Monitors sind im Wiki niedergeschrieben (Quelle: team babel AG)

Besonders formatierungsaufwendige Dateien wie zum Beispiel Excel-Tabellen werden nicht im Wiki integriert, sondern sind auf einem Server abgelegt und werden über einen Link als Direktzugriff eingebettet.

Grundsätzlich hat jeder Mitarbeiter im Unternehmen Schreibzugriff auf das gesamte Wiki und ist zum Mitmachen angehalten. Lediglich Themen mit Haftungsfolgen sind schreibgeschützt und nur für den Vorstand beschreibbar. Themen, die einem besonderen Datenschutz unterliegen, sind zum Beispiel nur für die Personalabteilung sichtbar.

Die Entscheidung für DokuWiki

Wichtigstes Kriterium für die Entscheidung für DokuWiki war die Speicherung der Inhalte und Metadaten in einfachen Textdateien. Dadurch können Seiten schnell und einfach bearbeitet, kopiert und archiviert werden (Migrationssicherheit). Darüber hinaus ist die Volltextsuche von DokuWiki innerhalb von Texten sehr schnell.

Aktualität und Motivation

Auch einige der bereits vorgestellten typischen Probleme bei der Einführung eines Wikis hat team babel schlau gelöst.

So wurde von Anfang an jeder Seite im Wiki ein Seitenpate zugewiesen, der auch im Seitenkopf festgehalten ist. Zudem besitzt jede einzelne Seite ein »Verfallsdatum«. Dabei handelt es sich um einen wiederkehrenden Termin, bis zu dem die Seite vom Paten kontrolliert, ggf. aktualisiert und auf Status »kontrolliert« gesetzt werden muss. Auch dieses Datum ist jedem Mitarbeiter ersichtlich und erscheint bei Überschreitung in Rot.

Mangelnder Motivation beugen die Verantwortlichen bei team babel durch aktive Vorbildfunktion vor. Dazu arbeitet der Vorstand selbst aktiv mit dem Wiki und hat die Patenschaft für sehr viele Seiten übernommen. Neben der Vorbildfunktion wird aber klar und deutlich kommuniziert, dass die Nutzung des Wikis via RSS-Feed kontrolliert wird. Über dieses RSS-Feed sehen die Verantwortlichen, welche Seite von wem und wann geöffnet und ggf. bearbeitet wurde.

Wichtig ist hier zu erwähnen, dass auch der RSS-Feed im Unternehmen öffentlich ist und für jeden Mitarbeiter zur Verfügung steht. Es handelt sich also um ein Kontrollmedium, das transparent und fair genutzt wird.

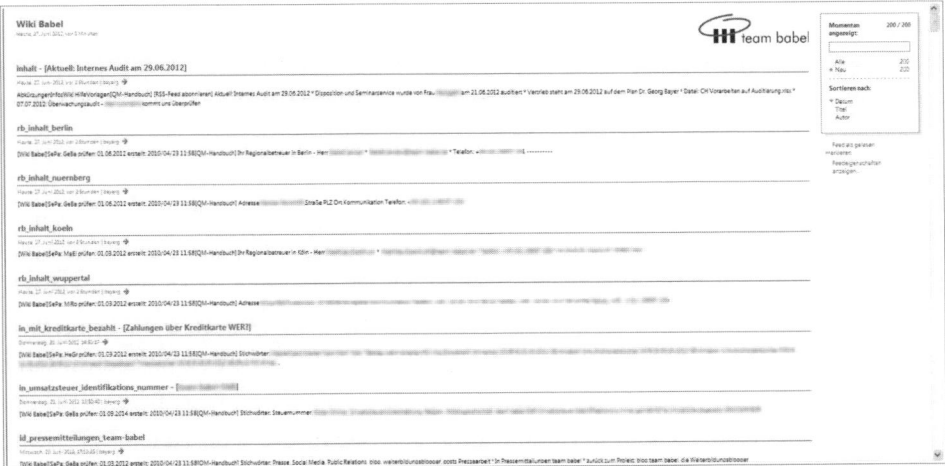

Abb. 9.10: Wiki-Verantwortliche erhalten täglich aktuelle Informationen über die Nutzung im Unternehmen via RSS-Feed (Quelle: team babel AG)

Aufgrund der Tatsache, dass sich das Wiki streng an den ISO-9000ff-Normen orientiert, sind auch regelmäßige interne Audits durchzuführen, um zu ermitteln, ob die im Wiki und im dort integrierten QM-Handbuch hinterlegten Prozessanweisungen und Anforderungen den Normen entsprechend umgesetzt werden. Dabei ist die lückenlose Historie der Veränderungen eine der wesentlichsten Forderungen eines Qualitätsmanagement-Systems.

Implikation für die Personalwirtschaft

Für die team babel AG besitzt das Wiki gleich mehrere Implikationen für die Personalwirtschaft.

Personalentwicklung

Zum einen dient es der Personal- und Organisationsentwicklung, indem alle Mitarbeiter auf alle internen Informationen rund um Arbeitsprozesse, Organisationswissen und sogar unstrukturiertes Wissen anderer Kollegen zurückgreifen können. Nach dem Motto »Wissen bildet« sieht team babel das Wiki als Personalbildungsplattform, über das Mitarbeiter sich untereinander weiterbilden.

Personalmanagement / Personalverwaltung

Zum anderen sind sämtliche Verträge, Bewertungen, Listen, Urlaubspläne und sonstigen Dokumente – selbstverständlich mit unterschiedlichen Zugriffsrechten versehen – dort abgelegt bzw. über Links integriert.

Personaleinführung

Zudem werden neue Mitarbeiter schnell und einfach in Prozesse und Workflows eingeführt, können sofort in den Arbeitsalltag einsteigen und die jüngeren Mitarbeiter finden das Wiki »einfach cool«.

9.4.2 IHK Aachen Wiki

Auch die Industrie- und Handelskammer Aachen hat Ende 2010 ein organisationsweites Wiki eingeführt, das allen Mitarbeitern Informationen zu Prozessen gibt, aber auch Zugriff auf Arbeitsanleitungen, Formulare und das Wissen anderer Kollegen möglich macht. Dabei wird unterschieden zwischen Wiki-Bereichen, die sich auf das gesamte Haus beziehen, und Bereichen, die jede Abteilung selbst pflegt. So wird etwa die Anleitung zum Ticket-System für offene Anfragen von Mitgliedern ausschließlich vom Service-Center-Team weiterentwickelt.

Das Wiki wurde auf Basis von Confluence aufgesetzt und ersetzte das bis dahin existierende Intranet komplett auf einen Schlag. Da sämtliche Inhalte aus dem Intranet ins Wiki überführt wurden, war auch sofort die notwendige kritische Masse an Wissen vorhanden, damit jeder Mitarbeiter einen persönlichen Nutzen von der Teilnahme hat.

Die Entscheidung fiel deshalb für Confluence, weil diese kommerzielle Lösung einige Funktionen mehr bietet als die Open-Source-Konkurrenten. So können selbst Programmier-Laien kleine Mini-Programme, so genannte »Makros«, mit einem Klick in die Seiten integrieren. Zudem bietet Confluence eine Office-Schnittstelle, mit der Inhalte direkt aus Word, Excel & Co. geöffnet, bearbeitet und durchsucht werden können.

Motivationsförderung

Hinsichtlich der Motivationsförderung legt die IHK Aachen besonderen Wert darauf, den Mitarbeitern im Hause durch regelmäßige interne Schulungen die Angst vor der Technik und falscher Bedienung zu nehmen. Jeder Mitarbeiter kann jederzeit und immer wieder daran teilnehmen.

Selbstverständlich arbeiten die Führungspersonen selbst aktiv mit im Wiki und erfüllen so ihre Vorbildfunktion.

Für die Verantwortlichen war besonders wichtig, dass sich das Aussehen des Wikis der Webseite der IHK annähert, damit über das bekannte »Look & Feel« ebenfalls

eine erhöhte Motivation entsteht. Wer im Wiki eine vertraute Umgebung vorfin-
det, macht leichter mit.

Wiki-Kultur: Partizipation und Respekt

Hervorzuheben ist noch eine besondere Wiki-Kultur bei der IHK Aachen, in der
auf Partizipation und Respekt gesetzt wird.

Mit Partizipation ist die Einbeziehung aller Abteilungen gemeint, die in einem
abteilungsübergreifenden Arbeitskreis gemeinsam über die inhaltliche Weiterentwicklung des Wikis beraten und entscheiden.

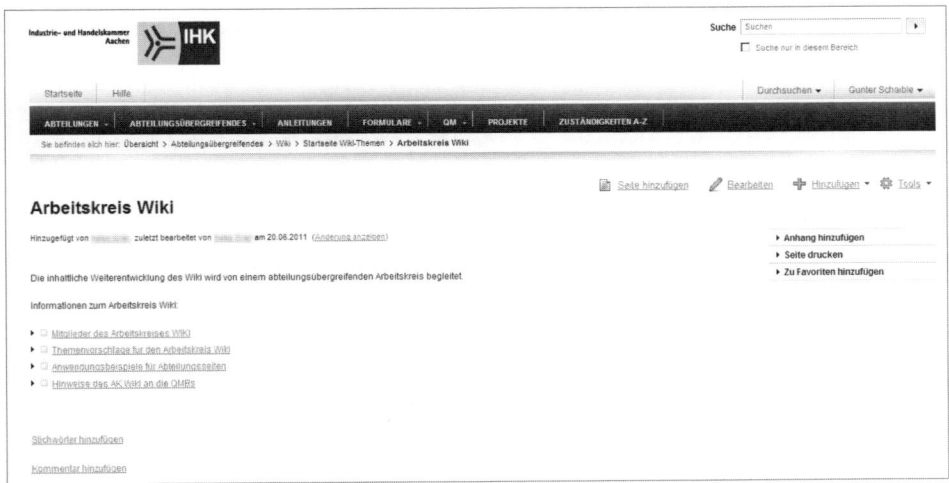

Abb. 9.11: Ganz im »Look & Feel« der Webseite steuert der Arbeitskreis Wiki die Zukunft des
Werkes (Quelle: IHK Aachen)

Der Respekt gegenüber anderen Kollegen kommt dadurch zu Ausdruck, dass trotz
E-Mail, Chat und Wiki-Benachrichtigungssystem bei Änderungsvorschlägen im
Wiki zum Telefonhörer gegriffen wird, um denjenigen, der die betreffende Seite
erstellt hat oder thematisch verantwortlich sein könnte, informell zu informieren.
Diese eher untypische Vorgehensweise bei Wikis verhindert, dass der Textersteller
übergangen wird und die elektronische Kommunikation den persönlichen Kontakt verdrängt.

Beispiel: Nachwuchsförderprogramm

Besonders beim Nachwuchsförderprogramm der IHK Aachen, einem abteilungsübergreifenden Projekt zur Zusammenarbeit von jungen Führungskräften, zeigt
sich die Implikation des Wikis für die Personalwirtschaft.

Die jungen Führungskräfte nutzen hier, wie auch andere Projektarbeitsgruppen, das Wiki, um Texte einzustellen, die von anderen kommentiert, korrigiert, weiterentwickelt oder – bei reinen Informationstexten – auch nur zur Kenntnis genommen werden. Zudem wird die Möglichkeit genutzt, hier Termine abzustimmen und Tagesordnungen für Sitzungen bekannt zu geben. Hier erleichtert ein Wiki die Zusammenarbeit enorm.

9.5   Zusammenfassung

Wikis sind für die Personalwirtschaft gleich mehrfach von Bedeutung.

1. Sie erfassen und konservieren das Wissen in den Köpfen der Mitarbeiter für andere Kollegen und die Nachwelt.
2. Sie fördern die Kommunikation und die Zusammenarbeit im Unternehmen und bieten allen Mitarbeitern den gleichen Wissensstand, jeder profitiert von jedem. Dadurch wird die Arbeit jedes Einzelnen produktiver.
3. Sie bilden intern.

Allerdings sollten Sie besonders bei Wikis die typischen Probleme bei der Einführung kennen und diesen von Anfang an entgegenwirken. Ein guter Projektplan, ein gutes Projektteam und ein kleines Startprojekt sind notwendig.

Wikis sind nicht nur personalpolitisch sinnvoll, sondern rechnen sich auch. Der bereits vorgestellte Martin Seibert hat unter `http://bit.ly/Wiki_ROI` die Beispielrechnung eines ROI für ein Wiki gewagt.

Eine Checkliste für eine erfolgreiche Wiki-Einführung finden Sie hier `http://bit.ly/Wiki_Checkliste`.

Und falls Sie für Ihren Chef oder Vorstand noch Argumente für ein Wiki benötigen, hat abermals Martin Seifert hier `http://bit.ly/111_WikiGruende` insgesamt 111 Gründe für ein Wiki aufgelistet.

Verwendete Studien und Literatur

Studien

MMB-Trendmonitor: Ergebnisse der Trendstudie MMB Learning Delphi 2011, »Weiterbildung und Digitales Lernen heute und in drei Jahren: Mobile und vernetzte Szenarien im Aufwind« MMB-Institut für Medien- und Kompetenzforschung

HISBUS-Kurzinformation Nr. 21, »Studieren im Web 2.0« HIS Hochschul-Informations-System GmbH, November 2008

Corporate Wiki Users: Results of a Survey, Ann Majchrzak und Dave Yates von der Marshall School of Business University of Southern California sowie Christian Wagner von der Faculty of Business City University of Hong Kong, 2005

Bücher

Enterprise Wikis: Die erfolgreiche Einführung und Nutzung von Wikis in Unternehmen, Martin Seibert, Sebastian Preuss, Matthias Rauer, Gabler-Verlag

Kapitel 10

Personalkommunikation durch Enterprise Microblogging

Ganz explizit und deutlich in Richtung Personalkommunikation 2.0 führt dieser Themenbereich. Bereits in Kapitel 2 habe ich deutlich gemacht, dass die interne Kommunikation, eben als Personalkommunikation eine wichtige Rolle in der Personalarbeit besitzt.

Bernhard Schelenz beschreibt in seinem Buch »*Personalkommunikation: Recruiting! Mitarbeiterinnen und Mitarbeiter gewinnen und halten*« die Personalkommunikation als »sämtliche Kommunikations-Strategien, -Maßnahmen und -Methoden, die der Gewinnung, Bindung, Entwicklung, Motivation und Information von Mitarbeiterinnen und Mitarbeitern dienen«.

Es geht also um die Aufgabe des Unternehmens, den Mitarbeiterinnen und Mitarbeitern eine einfache, schnelle und akzeptierte Möglichkeit zu bieten, sich untereinander auszutauschen. Früher (und sicher auch heute noch) fungiert die Kaffeeküche, die Kantine oder die Dachterrasse als Möglichkeit für die Personalkommunikation. Doch bei größeren Unternehmen wird dies oft schwierig. Da begegnet man sich nur im Flur des x. Stockwerks oder trifft sich in der Kantine immer am selben Tisch mit den gleichen Leuten. Bei Unternehmen mit mehreren Standorten wird eine standortübergreifende Kommunikation gar unmöglich.

Zudem dürfen Sie nicht vergessen, dass die Inhalte, die Mitarbeiter heute in Projekten austauschen, extrem multimedial geworden sind: Es werden Fotos, Videos, PDF-Dokumente und Links verteilt und diskutiert.

Viele meinen immer noch, dass man Diskussionen und Teamwork leicht mit der guten alten E-Mail bewältigen könne. Doch leider hat sich dieses Kommunikationsinstrument, das grundsätzlich immer noch eine erhebliche Bedeutung in unserer Kommunikationswelt hat, für Austausch von Informationen zwischen mehreren Personen als nicht sinnvoll erwiesen. Durch die Funktionen »in Kopie setzen« und »Allen antworten« hat vor allem intern der E-Mail-Verkehr so extrem zugenommen, dass viele Mitarbeiter die E-Mail von Kollegen schon als lästig und nervig empfinden.

Der britische Informationswissenschaftler *Thomas Jackson* hat herausgefunden, dass etwa jede fünfte E-Mail unnötigerweise als Kopie an Kollegen geschickt wird. 13 Prozent der empfangenen E-Mails waren sogar völlig irrelevant, nur 41 Prozent der untersuchten E-Mails erfüllten alle Kriterien einer sinnvollen Informationsübermittlung.

Viel beliebter und geeigneter sind zum Beispiel Chat- oder Instant-Messaging-Dienste wie Skype oder ICQ. Darüber hinaus gibt es die Blogs (vgl. Kapitel 8) und sogar komplexe Kollaborationswerkzeuge von Anbietern wie IBM, Microsoft, Oracle oder salesforce.com, die die neue Rolle als Flurfunk 2.0 oder »Schwarzes Brett 2.0« übernehmen.

Selbst der Microblogging-Dienst Twitter könnte mit seinen vielen Funktionen als Hilfsmittel für die Personalkommunikation 2.0 herangezogen werden. Kollegen könnten sich untereinander folgen, diskutieren, Links, Fotos und Videos austauschen – und das sogar in Echtzeit. Leider ist es bei Twitter aufgrund der Philosophie der offenen Kommunikation kaum möglich, interne Kommunikation mit sensiblen Informationen zu betreiben. Zu groß wäre der Aufwand, die Kommunikationsflüsse gänzlich vor externen Zugriffen zu schützen. Zudem gäbe es Probleme, die wichtigen Informationen aus Gesprächen zu archivieren.

Das Konzept des Microbloggings an sich ist aber deshalb nicht gestorben. Es haben sich zahlreiche Lösungen etabliert, die zumeist aus jungen Start-up-Unternehmen im Rahmen der Web-2.0-Welle entstanden sind. Diese werden gemäß der Enterprise-2.0-Analogie »Enterprise-Microblogging-Dienste« (kurz Micro-Blogs) genannt.

Um diese Enterprise-Microblogging-Dienste geht es in diesem Kapitel.

10.1 Die Kandidaten: Yammer, Swabr und Communote

Mittlerweile gibt es eine ganze Reihe von Enterprise-Microblogging-Diensten. Die drei führenden Lösungen sind Yammer (`http://www.yammer.com`), Swabr (`http://www.swabr.com`) und Communote (`http://www.communote.com`).

Das bereits 2008 in den USA entwickelte Yammer gehört zu den Pionieren des Enterprise Social Networking und gehört seit 2012 zum Microsoft-Imperium. Zur gleichen Zeit startete die Communardo Software GmbH aus Dresden den Enterprise-Microblogging-Dienst Communote, der Anfang 2012 als Unternehmens-Ausgründung selbstständig fortgeführt wurde. In Berlin wurde dann 2010 noch Swabr geboren. Swabr, was für Schwarzes Brett 2.0 steht, vereint nach eignen Angaben sowohl Elemente aus Facebook (geschlossenes Netzwerk) als auch aus Twitter (kurze Mitteilungen) in einer Kommunikationslösung. Alle drei Lösungen richten sich nur an Unternehmen.

Die Entscheidung, welche Lösung nun für Sie die richtige ist, überlasse ich Ihnen. Während Yammer als Marktführer gilt, allerdings wie Facebook in den USA zu Hause ist, wirbt Swabr mit dem Label »Made in Germany«, was bedeutet, dass die Server ausschließlich in Deutschland stehen. Communote ist ebenfalls ein deutsches Produkt, aber laut einiger Nutzermeinungen deutlich komplexer und weniger intuitiv zu bedienen (was ich selbst nicht zu beurteilen vermag).

Während Yammer mittlerweile in 23 Sprachen zur Verfügung steht, gibt es sowohl Swabr als auch Communote nur in Deutsch und Englisch.

Abb. 10.1: Von Schwedisch über Katalanisch bis Hindi bietet Yammer 23 Sprachen (Quelle: `https://www.yammer.com`)

Von den Kosten her sind die drei Dienste recht unterschiedlich. Zwar bieten alle eine kostenlose Basisversion an, die kostenpflichtigen Premium-Versionen werden aber sehr unterschiedlich abgerechnet.

Yammer unterscheidet beispielsweise zwischen einer kostenlosen Version, einer Gruppen-Lizenz für 79,00 $ pro Gruppe und Monat, einer Business-Network-Lizenz für 5,00 $ pro Nutzer und Monat und eine Enterprise-Network-Lizenz für 15,00 $ pro Nutzer und Monat. Die jeweils höhere Lizenz bietet mehr Speicherplatz, mehr Administrationsmöglichkeiten und mehr Funktionen. Details können Sie der Seite `https://www.yammer.com/about/pricing/` entnehmen.

Swabr bietet zwar die allermeisten Funktionen gratis an, wird aber demnächst eine Premium-Version mit erweiterten Admin- und Kontrollfunktionen auf den Markt bringen.

Communote berechnet bis zu einer maximalen Nutzerzahl von zehn Personen keine Gebühren, darüber hinaus wird eine Gebühr pro Nutzer erhoben, die in Form von Credits (1 Credit / Nutzer) bezahlt wird. Je mehr Credits man kauft, umso günstiger wird der Pro-Kopf-Preis. Maximal werden 2,00 € pro Credit und Person fällig. Details finden Sie unter `http://www.communote.com/homepage/ leistungsangebot/`.

Vorbild Twitter

Die Grundfunktionen der einzelnen Programme sind sehr stark an das Vorbild Twitter angelehnt, wobei die Enterprise-Lösungen mit vielen Zusatz-Funktionen aufwarten, die die unternehmensinterne Kommunikation noch effizienter machen. Zudem erinnert die eine oder andere Funktion auch an Facebook.

Im Grunde geht es wie bei Twitter darum, dass jeder Mitarbeiter in einem internen Netzwerk kurze Mitteilungen veröffentlichen kann, die von Kollegen abonniert und gelesen werden können. Allerdings sind die Nutzer nicht auf 140 Zeichen wie bei Twitter begrenzt.

Ebenso wie bei Twitter wird das gegenseitige Vernetzen über »folgen« und »verfolgt werden« aufgebaut (Follower und Following-Prinzip). Auch das Antworten, Weiterleiten und Direkt-Ansprechen über die @mention-Funktion ist von Twitter entliehen.

Struktur durch Themen und Gruppen

Um eine Struktur in die schnell wachsende Kommunikations- und Informationsflut zu bringen, bieten die Micro-Blogs die Möglichkeit, Themen (Tags) und Gruppen anzulegen, denen dann gesamt »gefolgt« wird. Zudem kann jeder Nutzer zumeist für sich individuelle Filter erstellen, um nur relevante Informationen zu erhalten.

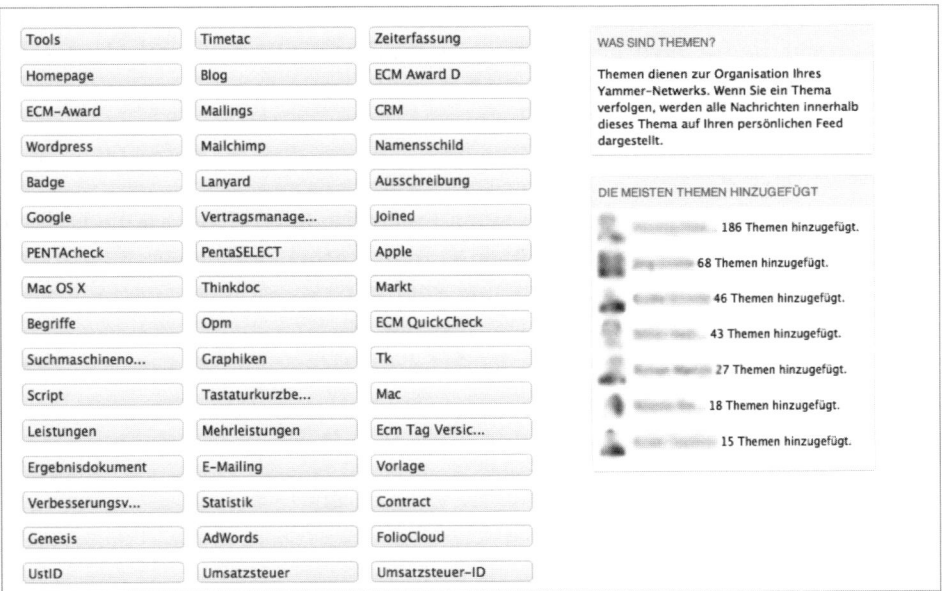

Abb. 10.2: Themenlisten (Tag-Lists) ermöglichen eine flexible Strukturierung der Inhalte und erleichtern das spätere Wiederfinden (Quelle: Pentadoc KnowHouse GmbH)

Sicherheit und Archivierung

Um im internen Microblogging-Netzwerk mitzumachen, muss man ebenfalls wie bei Twitter ein Profil besitzen mit Angaben zur Person und zur Tätigkeit. Damit man einem Netzwerk beitreten kann, muss man über die E-Mail-Adresse nachweisen, dass man dem betreffenden Unternehmen angehört, das das Netzwerk betreibt. Nur Mitarbeiter mit einer E-Mail-Adresse des gleichen Unternehmens können gemeinsam einem Netzwerk beitreten. Damit ist der Schutz der sensiblen Daten und Information sichergestellt.

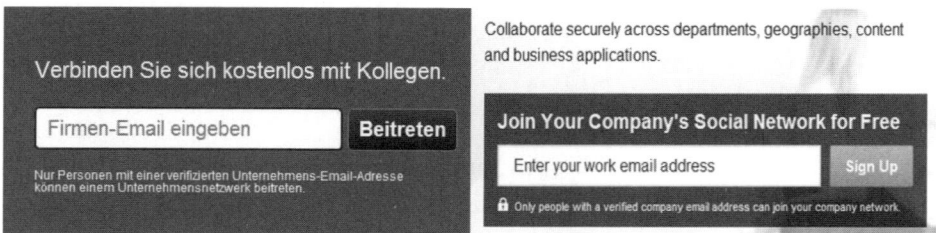

Abb. 10.3: Nur Mitarbeiter mit gleicher Domain in der E-Mail-Adresse werden in ein Firmennetzwerk gelassen (Quelle: https://www.yammer.com und http://www.swabr.com)

Nicht nur, um jederzeit in alten Beiträgen recherchieren zu können, sondern auch, um ggf. der gesetzlichen Archivierungspflicht von Daten nachzukommen, können alle Nachrichten im Netzwerk lokal archiviert werden.

Die Freiheit des Zugriffs

Ein ganz entscheidender Vorteil von guten Enterprise-Micro-Blogs ist die Freiheit des Zugriffs. Als Nutzer kann man über das entsprechende Webportal, über eine Desktop-Anwendung, per E-Mail, Twitter und SMS sowie mobil per App oder mobiler Webversion seine Statusmeldungen abgeben.

Abb. 10.4: Ansicht der Yammer-App für Smartphones und Tablet-PC
(Quelle: Yammer Blog, `http://blog.yammer.com`)

10.2 Microblogging im Unternehmen – Anwendungsbeispiele

Welche Bereiche lassen sich denn auf solche Microblogging-Dienste übertragen? Klar ist, dass es nicht ausschließlich um fachliche Themen wie Projekte oder Meetings geht. Alleine, wenn man an die Gespräche im Flur oder in der Kaffeeküche denkt, fallen einem viele Themen ein, die über ein Enterprise-Micro-Blog kommuniziert werden könnten. Beispiele wären Postings anstelle von Rundmails wie »*Wir bestellen heute beim Italiener. Bitte schreibt hier bis 12:00 Uhr rein, ob und was Ihr essen wollt*« oder »*Unsere Sekretärin hat ein Baby bekommen. Wir sammeln morgen Geld für ein Geschenk. Wer mitmachen will, kann sich hier melden*« oder »*Wir haben kommende Woche wichtige Kunden im Hause, bitte dementsprechend kleiden und verhalten. Danke.*«

Natürlich können auch Informationen über die Anwesenheit zum Beispiel des Personalreferenten im Stile von »*Ich bin heute Nachmittag nicht in meinem Büro. Wer Fragen hat, möge bitte heute Vormittag kommen*« gepostet werden, statt sie an die Büro-Tür als Post-it zu kleben.

Sinnvoll sind auch aktuelle Informationen. Ich hatte den Fall, dass eine Privatperson unglücklicherweise in einen Faxverteiler geraten war. Als er zum fünften Mal in meiner Firma anrief und mittlerweile mit einem Anwalt drohte, war klar, dass der Herr in mehreren Faxverteilern gelandet war. Damals haben wir eine Rundmail an `all@` gesendet. Heute wäre eine kurze Nachricht im Micro-Blog »*Herr K. mit der Fax-Nr. xyz ist in mehrere Faxverteiler gerutscht und droht mit Abmahnung. Bitte alle Verteiler umgehend prüfen und den Herrn endgültig löschen*« sinnvoller.

Und dann sind da natürlich die fachlichen Themen wie Projekt-Diskussionen, Aufrufe zur Unterstützung oder Tipps und Hinweise: »*Womit erstelle ich am besten das PDF für die Detailansicht? Feedback willkommen!*«

Abb. 10.5: Jemand sendet einen Entwurf einer Datei zur Diskussion an Kollegen (Quelle: Pentadoc KnowHouse GmbH)

Abb. 10.6: Auch bei Swabr diskutieren Kollegen über Projekte (Quelle: swabr GmbH)

Wichtige Anwendungsfälle sind standortübergreifende Informationen, die auch nicht nur geschäftlich sein müssen. So verlängert man den Flur um einige virtuelle Kilometer. Zum Beispiel: »*An allen Standorten werden in den nächsten beiden Wochen die Drucker und Kopierer gewartet. München: Montag, Düsseldorf: Dienstag und Hamburg: Mittwoch. Bitte drauf einstellen.*«

Selbst mit externen Partnern oder Zulieferern kann man sich über ein Micro-Blog vernetzen. Um sich regelmäßig geschützt und schnell auszutauschen, legt man für externe Teilnehmer eine Unternehmens-E-Mail-Adresse an und erlaubt damit deren Beitritt.

Darüber hinaus kann man mit Micro-Blogs schnell und einfach Umfragen erstellen, in denen Kollegen um ihre Meinung gebeten werden.

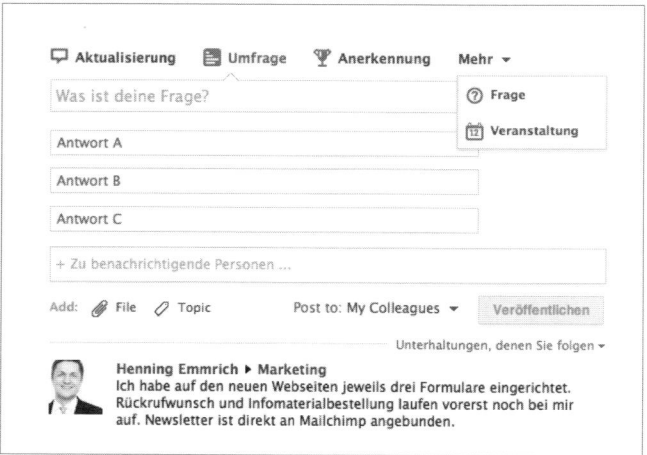

Abb. 10.7: So sieht eine Umfrage bei Yammer aus (Quelle: Pentadoc KnowHouse GmbH)

Übrigens: Ein Wiki oder ein Blog würde in vielen dieser Fälle ebenfalls Abhilfe schaffen.

10.3 Capgemini – erfolgreicher Yammer-Anwender

Das IT-Beratungsunternehmen Capgemini nützt den Microblogging-Dienst Yammer seit 2008. Das Unternehmen beschäftigt weltweit rund 120.000 Mitarbeiter (8.962 in Zentral-Europa) und ist in mehr als 40 Ländern in über 300 Büros vertreten. Das Projekt bildete sich von der Basis heraus ohne Zwang seitens der Geschäftsführung. Vielmehr waren es einige Capgemini-Berater aus den Niederlanden, die das interne Netzwerk eingerichtet und andere Kollegen ohne Genehmigung von oben dazu eingeladen haben.

Im Capgemini-eigenen IT-Trends-Blog (vgl. `http://bit.ly/capgemini_yammer`) ist nachzulesen, wie sich die Nutzerzahl in den letzten fast vier Jahren veränderte. Nach anfänglich zähem Wachstum ging es dann seit 2010 rasant aufwärts. Heute hat das Yammer-Firmen-Netzwerk mehr als 35.000 Mitglieder, die täglich über 1.000 Nachrichten posten.

Zwar ist Yammer bei Capgemini auch heute noch kein offizielles Unternehmens-werkzeug, wird aber von der Geschäftsführung geduldet als eine Art Grauzone zwischen dem öffentlichen Internet und einem echten Intranet.

In einer Leitlinie wurden zudem besondere Regeln erlassen, die zum Beispiel das Posten und Teilen von vertraulichen Dokumenten und Informationen über Yam-mer untersagen. Diese müssen hinter einem Link versteckt werden (ähnlich wie bei Twitter), der dann zu dem Dokument im gesicherten Firmen-Intranet führt.

Darüber hinaus wurden ein Mission Statement, »Goldene Regeln der Yammer-Netiquette« und Verhaltensregeln gemeinsam im firmeninternen Wiki erarbeitet.

In einer Schriftenreihe des *Enterprise 2.0 Fallstudien-Netzwerks* aus Februar 2011 wurde der Fall Capgemini sehr ausführlich untersucht. Demnach wurden die Nut-zungsweisen in fünf Kategorien zusammengefasst.

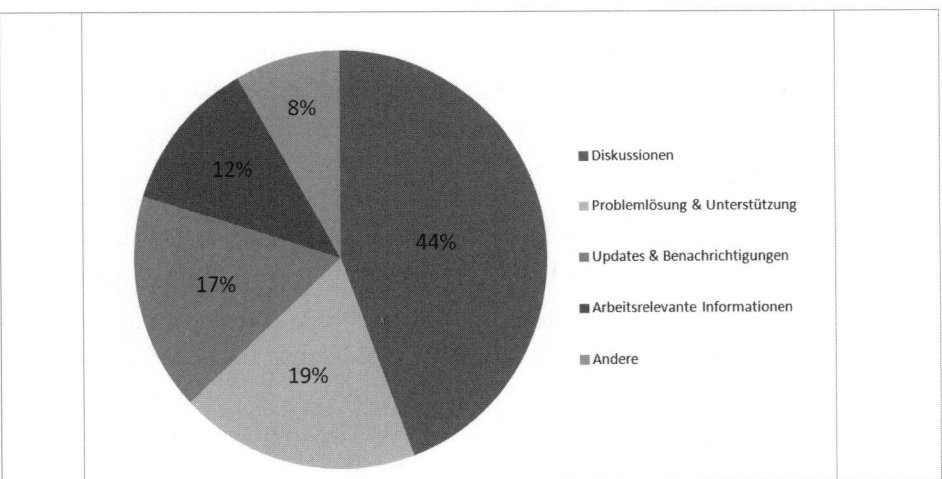

Abb. 10.8: Nutzung von Yammer bei Capgemini (Quelle: Capgemini IT-Trends-Blog)

Einige Autoren-Kollegen beschreiben in dem 2012 erschienenen Buch »*Social Media in der internen Kommunikation*« zudem, dass Capgemini offene Diskus-sionen via Yammer zu festen Terminen eingeführt hat. Um die aktive Teilnahme weiter zu fördern, werden regelmäßig firmeninterne Gewinnspiele über Yammer ausgerufen.

10.4 Zusammenfassung

Der eine wird sagen, dieses Enterprise-Microblogging ist ein neues Spielzeug von Managern, die nie erwachsen werden wollen. Die E-Mail-Kommunikation funktioniert und das ist gut so. Der andere wird sagen, dass die E-Mail sowieso auf dem absteigenden Ast ist, weil Mitarbeiter durch unnötige und überflüssige – größtenteils interne – Mails und durch Spam nur von der Arbeit abgehalten werden. Zudem setzt die Generation der Digital Natives immer weniger E-Mail ein, sondern kommuniziert auch privat größtenteils via Facebook-Messenger, WhatsApp, iMessage, ICQ oder Twitter. Warum also nicht auch im Unternehmen nutzen?

Nun, beide Meinungen haben sicher ihre Berechtigung. Derjenige, der lieber weiter auf die E-Mail in seinem Unternehmen schwört, soll das so machen. Derjenige, der an die zukünftige Arbeitnehmergeneration in seinem Unternehmen denkt, hat natürlich den entscheidenden Pluspunkt: Denn wie bereits dargestellt, erwarten die Digital Natives an ihrem Arbeitsplatz das gleiche Equipment – auch kommunikationstechnisch –, wie sie es privat nutzen. Und dazu gehört nun mal Twitter. Und da Twitter für interne Kommunikation nicht zu gebrauchen ist, sollten Sie einen Gedanken an Micro-Blogs verschwenden.

Was haben Sie davon?

1. Micro-Blogs sind genauso einfach und intuitiv zu bedienen wie E-Mail, vor allem junge Leute lernen den Umgang sehr schnell.

2. Diskussionen und thematische zusammengehörige Korrespondenz werden auch zusammen auf einen Blick dargestellt und bleiben für immer zusammen (Dokumentation).

3. Kommunikation in Ihrem Unternehmen ist klar, einfach und transparent. Informationsströme sind jederzeit nachvollziehbar.

4. Ein Micro-Blog ist ein Pull-Medium – Nutzer müssen Informationen aktiv holen und bekommen sie nicht unverlangt zugeschickt. So ist ein Micro-Blog deutlich weniger aufdringlich und durch gute Filtermöglichkeiten auch wesentlich effizienter und strukturierter als E-Mails.

5. Microblogging-Dienste sind im Grunde kostenlos wie Facebook oder Twitter und schnell einsatzbereit. Sie benötigen wenig Vorwissen und jeder kann mitmachen. Deshalb sind Micro-Blogs auch für kleine Unternehmen mit wenigen Mitarbeitern sinnvoll.

Ob Sie sich für den amerikanischen Platzhirsch Yammer, das deutsche Start-up Swabr, das üppige Communote oder eine der vielen anderen Lösungen entscheiden, bleibt Ihnen überlassen. Wichtig ist nur, dass Sie mit Enterprise-Microblogging Ihre Personalkommunikation auf Stufe 2.0 heben und junge Mitarbeiter für Ihr Unternehmen begeistern.

Verwendete Literatur

Bücher

The E-mail Optimisation Toolkit, Dr. Thomas Jackson, Wilmington Publishing & Information Ltd, 2009

Social Media in der internen Kommunikation, Lars Dörfel und Theresa Schulz (Hrsg.), scm, 2012

Capgemini: Microblogging als Konversationsmedium, Schriftenreihe zu Enterprise 2.0-Fallstudien Nr. 10, Andrea Back, Michael Koch, Petra Schubert, Stefan Smolnik (Hrsg.), München/St. Gallen/Koblenz/Frankfurt: Enterprise 2.0 Fallstudien-Netzwerk, 02/2011

Kapitel 11

Arbeitgeber-Bewertungsportale: Das i-Tüpfelchen fürs Arbeitgeber-Image

Ich verlasse nun wieder den Enterprise-2.0-Bereich und trete mit Ihnen ganz deutlich wieder ins Rampenlicht der Öffentlichkeit. Im folgenden Kapitel geht es um eine der heftigsten Ausprägungen des Web 2.0: die Bewertung.

11.1 Bewertungen beeinflussen das Nutzerverhalten

Seit einigen Jahren können Nutzer in jedem Shopping- und Vergleichs-Portal, in Foren und Blogs ihre Meinung zu Produkten, Dienstleistungen, Marken und Unternehmen abgeben. Regelmäßig bekommen vor allem die großen Marken ihr Fett weg. Aber auch mittlere und kleine Unternehmen sind vor der deutlichen, manchmal schmerzhaften und manchmal extrem lobenden Meinung der Konsumenten nicht gefeit.

In der Konsumgüter-Industrie sind Bewertungen anderer Personen mittlerweile umsatzrelevant für Unternehmen. Laut einer Studie von *Prof. Dr. Ralf Schengber* zum »Social-Media-Einfluss auf das Kaufverhalten im Internet« nutzen 70 Prozent der Internetnutzer im Laufe des Kaufprozesses (vor, während oder danach) Social Media zu ihrer Information. Und die Mehrheit (55,5 Prozent) lässt sich von guten Bewertungen zumindest eher häufig zum Kauf animieren. Andersherum sehen 33,3 Prozent schlechte Bewertungen als ein bedeutendes Kaufhemmnis.

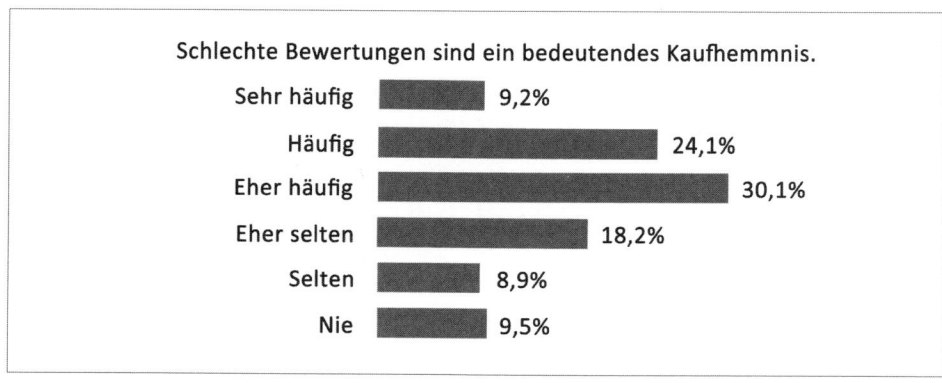

Abb. 11.1: Ein Drittel der Konsumenten sieht schlechte Bewertungen als ein bedeutendes Kaufhemmnis (Quelle: Prof. Dr. Ralf Schengber)

Und bei Bewerbern und Studenten? Sind diese Ergebnisse auf die Personalwirtschaft übertragbar?

11.2 Aktive Imagepflege und Mitarbeitereinbindung

Ich habe bereits in Kapitel 2 auf die Ergebnisse der *StepStone*-Studie hingewiesen. Darin gaben 25 Prozent der befragten Kandidaten an, sich mittels unabhängiger Social-Media-Berichte und -Kommentare über ein Unternehmen zu informieren, das in ihre engere Wahl als Arbeitgeber gekommen ist. 22 Prozent suchen allgemein nach Kommentaren des Unternehmens in den Social Media und 15 Prozent informieren sich in Blogs und Foren über ihren möglichen Arbeitgeber. Immerhin noch 48 Prozent schenken unabhängigen Social-Media-Berichten und -Kommentaren – also dem, was andere über das Unternehmen schreiben – Glauben.

75 Prozent der befragten Kandidaten der gleichen *StepStone*-Studie gaben an, dass sie sich eher bei einem Unternehmen mit einem guten Ruf bewerben würden. 88 Prozent der befragten Kandidaten gaben sogar an, dass sie sich nicht bei einem Unternehmen mit einem schlechten Ruf bewerben würden.

Bewertungen haben also einen erheblichen Einfluss auf die Entscheidung eines jungen Menschen für oder gegen einen möglichen Arbeitgeber.

Inzwischen haben Sie in den vergangenen Kapiteln erfahren, wie Sie mit XING, LinkedIn, Facebook, Twitter und Blogs ihren Ruf als Arbeitgeber im Social Web positiv prägen und steuern können. Doch bislang ging es nie direkt um Bewertungen, sondern um Beiträge oder Kommentare.

Jetzt und hier geht es um Bewertungen und wie Sie und Ihr Unternehmen diese aktiv nutzen können, um dem neuen Arbeitgeber-Image das i-Tüpfelchen der positiven Bewertungen aufzusetzen.

Es geht um Arbeitgeber-Bewertungsportale. Ähnlich der Portale zur Bewertung von Hotels, Urlaubsorten, Restaurants und anderer Gastronomie-Betriebe oder Ärzte und Handwerker gibt es auch Portale, in denen Mitarbeiter ihre Arbeitgeber bewerten dürfen. Streng nach dem Motto »*gute oder schlechte Erfahrungen sind das beste Entscheidungskriterium für andere*« nutzen vor allem ehemalige Mitarbeiter solche Portale zur finalen Abrechnung mit ihrem Ex.

Diese Tatsache, die man auch nicht schönreden sollte, war jahrelang der heftigste Kritikpunkt gegen solche Arbeitgeber-Bewertungsportale – nicht nur von Seiten der Suchenden, sondern auch von Seiten der Arbeitgeber. Mangelnde Repräsentativität und verfälschte Bilder sowie auf der anderen Seite gekaufte positive Bewertungen wurden den Portalen vorgeworfen.

Doch deren Anbieter haben hart daran gearbeitet, diese Vorwürfe zumindest zum größten Teil zu widerlegen. Lassen Sie mich die drei wichtigsten Kritikpunkte darstellen und zugleich mit Gegenargumenten entkräften.

Die drei wichtigsten Kritikpunkte

1. *»Arbeitgeber-Bewertungsportale sind nicht repräsentativ und damit nicht aussagekräftig.«*

   Stimmt. Zwar wirbt der Marktführer kununu mit über 212.000 Arbeitgeber-Bewertungen, die aber für 71.000 Arbeitgeber abgegeben wurden. Damit bekommt jeder davon gerade mal 2,99 Bewertungen. Selbst größere Unternehmen wie die Continental AG mit knapp 160.000 Mitarbeitern hat gerade mal 123 Bewertungen, Saturn Deutschland mit insgesamt rund 300.000 Mitarbeitern erhielt gerade mal 66 Bewertungen und selbst die Deutsche Telekom AG mit insgesamt rund 250.000 Konzernmitarbeitern kommt nur auf 337 Bewertungen.

   Aber: Es geht bei solchen Bewertungen nicht um Repräsentativität, sondern um ein Gesamtbild. Durch die Nutzung des Bewertungsportals wird ein Mosaik-Steinchen in das Bild über den möglichen Arbeitgeber hinzugefügt. Wer solche Portale nutzt, sucht Anhaltspunkte, mehr nicht.

2. *»Die meisten positiven Einträge sind doch manipuliert oder gekauft. Das sind doch alles Lügen.«*

   Das Thema »Manipulation« ist als Kritik gegen alle Bewertungs-Portale latent vorhanden. Auch vielen anderen Portalen wird immer wieder nachgesagt, dass die Unternehmen durch manipulierte/gefakte Bewertungen sich und ihre Produkte ins rechte Licht setzen. Zwar können Sie davon ausgehen, dass Unternehmen aus Angst vor zu viel schlechter Kritik dies immer wieder versuchen, Sie können aber auch davon ausgehen, dass die Portale Sicherheits- und Kontrollmechanismen eingeführt haben.

   kununu zum Beispiel hat eine technische und manuelle Kontrolle für jede Bewertung eingeführt. Dabei durchläuft jeder Eintrag zunächst technische Sicherheitsvorkehrungen. Danach wird er nach dem »Vier-Augen-Prinzip« zumindest von zwei Personen manuell kontrolliert. Von Unternehmen gesteuerte Bewertungen müssten schon sehr geschickt koordiniert werden, um diese Kontrollmechanismen von kununu zu umgehen (vgl. `http://www.kununu.com/info/fragen`).

Zudem bieten alle Portale eine Meldefunktion, so dass gefakte Bewertungen, die von einem Nutzer auf irgendeine Art und Weise entlarvt wurden, gemeldet werden können.

Von daher können Sie sicher sein, dass der Wahrheitsgehalt der Bewertungen ziemlich hoch ist.

3. *»Jeder weiß, dass bei Arbeitgeber-Bewertungsportalen nur die unzufriedenen und gefeuerten Mitarbeiter ihren Frust ablassen und keine neutrale Bewertung abgeben. Der Wert solcher Portale ist daher gering.«*

    Stimmt im Grunde. Wer frustriert ist, will seinem Ärger Luft machen, Dampf ablassen. Da kommt ein Bewertungsportal für den (ehemaligen) Arbeitgeber, in das man anonym schreiben kann, was man will, gerade richtig. Doch man kann noch lange nicht schreiben, was man will. Und jedes Unternehmen hat die Möglichkeit, aktiv darauf einzuwirken. Zudem können erfahrene Nutzer solcher Portale durchaus unterscheiden, wann ein notorischer Negativschreiber am Werk ist und wann ein Eintrag seriös klingt.

Klare Regeln und transparente Methoden

Alle Anbieter von Bewertungsportalen haben klare Regeln aufgestellt und veröffentlicht, was die Bewertung und die Ausdrücke (Wortwahl) betrifft.

So dürfen grundsätzlich keine Namen von Personen oder Unternehmen in den Bewertungen auftauchen, selbst eine Bewertung, die einer einzelnen Person zugeordnet werden kann, ist nicht erlaubt. Zudem darf man keine Unternehmensinterna veröffentlichen und diskriminierende, beleidigende, rufschädigende, rassistische und vulgäre Aussagen sind ausdrücklich verboten.

Wie bereits oben erwähnt, werden bei den meisten Anbietern frei formulierte Kommentare immer von einem Redaktionsteam manuell gesichtet und freigeschaltet.

Insofern ist das hemmungslose »Dampfablassen« zumindest eingeschränkt. Andererseits soll ein unzufriedener Mitarbeiter auch keine Lobeshymnen abgeben, das wäre genauso falsch.

Insgesamt ist der überwiegende Teil der Bewertungen standardisiert und erlaubt kaum Freitext. Bei den Bewertungsmethoden legen die Anbieter größten Wert auf Qualität. So orientiert sich die Bewertungsmethode des Marktführers kununu an der *»European Foundation for Quality Management« (EFQM)* und ihrem europäischen Standard für die ganzheitliche Betrachtung von Organisationen. Dieses

Modell zur qualitativen Bewertung von Unternehmen, so heißt es auf der Webseite von kununu, decke sämtliche in Mitarbeiterbefragungen erwähnten Interessensgebiete ab und stellt sicher, dass auf kununu auch ohne Abgabe eines Kommentars ein ganzheitliches Bild des Arbeitgebers entsteht.

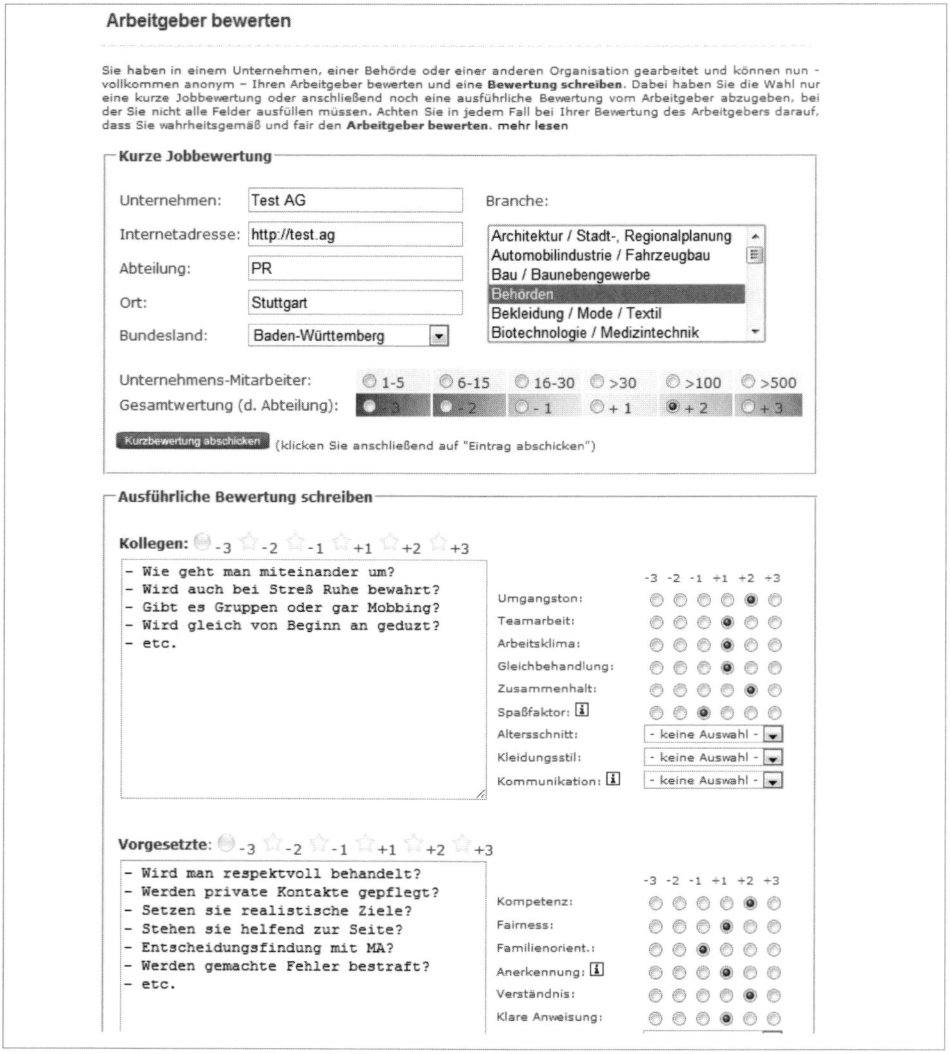

Abb. 11.2: Durch standardisierte Befragungsmethoden wird der Nutzer durch die Bewertung geleitet (Quelle: http://www.jobvoting.de)

Negativen Bewertungseffekt umkehren

Wie bereits erwähnt, sind Bewertungen immer subjektiv und nicht objektiv. Dabei ist es egal, ob Hotels, Restaurants, Ärzte oder Arbeitgeber bewertet werden.

Insofern werden Bewertungen in der Regel auch immer nur als Anhaltspunkt, Wegweiser oder Zusatzinformation gesehen.

Dennoch haben Unternehmen immer die Möglichkeit, zumindest negative Bewertungseffekte aktiv umzukehren. Das gelingt am besten durch aktive Stellungnahme zu negativen Kritiken. Das Portal kununu bietet zum Beispiel die Möglichkeit, auf Bewertungen mit einer Stellungnahme zu reagieren. Dabei muss man nicht nur auf Kritik antworten, um die Dinge klarzustellen, man kann sich auch für eine Empfehlung eines Mitarbeiters bedanken und auf Verbesserungsvorschläge reagieren. Diese Antworten sind für jeden bewerteten Arbeitgeber möglich und meist kostenlos.

Der Effekt ist, dass Sie durch den offenen Umgang mit Kritik und Empfehlungen ihr Image als offenes Unternehmen verstärken.

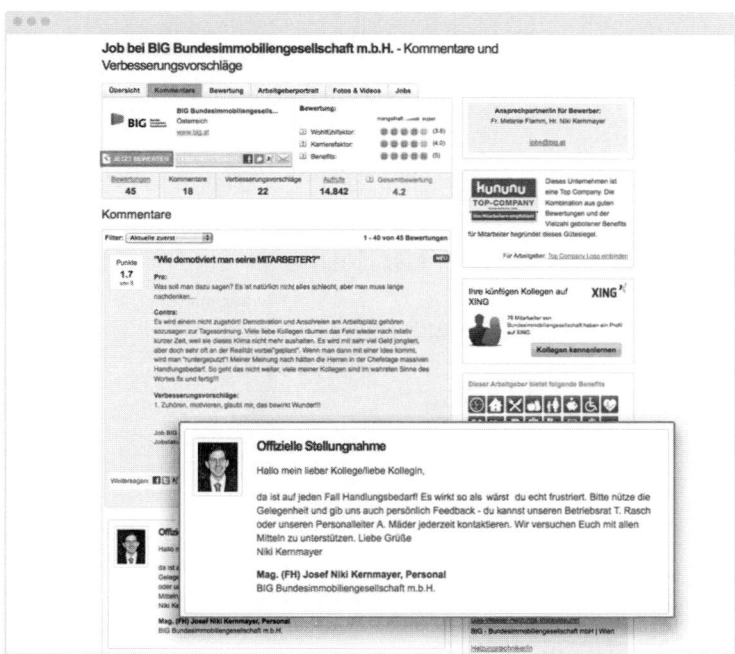

Abb. 11.3: Arbeitgeber können bei kununu auf Bewertungen reagieren
(Quelle: http://www.kununu.com)

Neben der Stellungnahme sollten Sie zufriedene Mitarbeiter in Ihrem Unternehmen dazu auffordern, ebenfalls Bewertungen abzugeben.

Hier ist ganz wichtig, dass Sie keinen Druck oder Zwang ausüben und niemals die Abgabe von positiven Bewertungen verlangen. Selbst eine Belohnung für gute

Bewertung ist fragwürdig. Kommen solche Methoden an die Öffentlichkeit, ist Ihr Arbeitgeber-Image dauerhaft geschädigt.

Eine Bewertung und noch mehr eine gute Bewertung muss auf Freiwilligkeit beruhen. Fragen Sie lieber zunächst die Mitarbeiter, deren Loyalität Sie sich sicher sind. Eine Anfrage mit Augenzwinkern im Stile von »Wir würden uns über eine Bewertung von Ihnen bei xy sehr freuen. Jubeln würden wir über eine gute Bewertung« ist durchaus erlaubt.

Mit vielen ehrlichen und freiwilligen, positiven Bewertungen können Sie das Bild Ihres Unternehmens zum deutlich Positiven hin drehen. Dies ist deshalb so wichtig, weil die meisten Portale einen Punktedurchschnitt oder eine Zusammenfassung der abgegebenen Bewertungen in der Unternehmensübersicht anzeigen. Je besser das Ergebnis hier ist, umso eher wird sich der Interessent das Unternehmen im Detail ansehen – der erste Eindruck zählt eben.

Abb. 11.4: In jedem Portal wird das Gesamtergebnis der Bewertungen als Übersicht gezeigt (Quelle: `http://www.meinchef.de`, `http://www.jobvoting.de`, `http://www.kununu.com`)

Auch was die bemängelte Repräsentativität angeht, so führen mehr Bewertungen insgesamt zu einem verlässlicheren Bild. Zwei oder drei positive Bewertungen könnten manipuliert sein, 20 oder 30 nicht mehr.

11.3 Die wichtigsten Portale im Überblick

Mittlerweile sind eine ganze Reihe von Arbeitgeber-Bewertungsportalen auf dem Markt. Ich möchte Ihnen hier im Folgenden die wichtigsten Portale kurz vorstellen, wobei ich auf eine nähere Analyse absichtlich verzichte. Zum Vergleich empfehle ich Ihnen ein Beitrag im Blog *karrierebibel* unter der Adresse `http://bit.ly/vergleich_bewertungsportale`.

11.3.1 Der Marktführer: kununu

Marktführer unter den Arbeitgeber-Bewertungsportalen im deutschsprachigen Raum ist alleine aufgrund der 212.411 Bewertungen (Stand Juli 2012) das Portal kununu (`http://www.kununu.com`). Erst im Frühjahr konnte kununu beim *Social Media Relevanz Monitor 2012* der *Agentur SF eBusiness* den dritten Platz der relevantesten HR-Dienste in der B2B-Kommunikation hinter XING und LinkedIn (beide Platz 1) und Facebook erklimmen. Karrierebibel beschreibt kununu folgendermaßen:

> *Kununu überzeugt mit einer klaren Struktur, einer einfachen Navigation und einem nachvollziehbaren Bewertungssystem. Das Forum wird aktiv genutzt und bietet vielfältige Möglichkeiten zum Erfahrungsaustausch. Die Jobbörse ist gut sortiert, Bewertungen lassen sich kommentieren – diese Funktion wird auch rege genutzt – und die Suchfunktion ist vorbildlich umgesetzt. Das Arbeitgeberranking ist jedoch unflexibel und nicht anpassbar, auch die Zusatzinformationen halten sich in Grenzen. Diese finden sich ausschließlich auf dem portaleigenen Blog, darüber hinaus gibt es leider kein Informationsmaterial. Dennoch kann das Gesamtpaket von Kununu überzeugen.*

Aktuell prüfen jeden Monat bis zu einer Million Nutzer die dort eingestellten Bewertungen der über 71.000 Arbeitgeber.

kununu unterscheidet zwischen einer Expressbewertung und einer Standardbewertung. Bei der Expressbewertung kann ein (Ex-)Mitarbeiter in drei Schritten und mit wenigen Fragen und einigen Freitext-Feldern seine Meinung abgeben. Es erfolgt die bekannte Prüfung und eine Freischaltung über eine gültige E-Mail-Adresse. Für die Standardbewertung ist eine komplette Registrierung notwendig, die Bewertung erfolgt erheblich detaillierter. Neben Jobs lassen sich bei Kununu auch Ausbildungen und Bewerbungsgespräche bewerten.

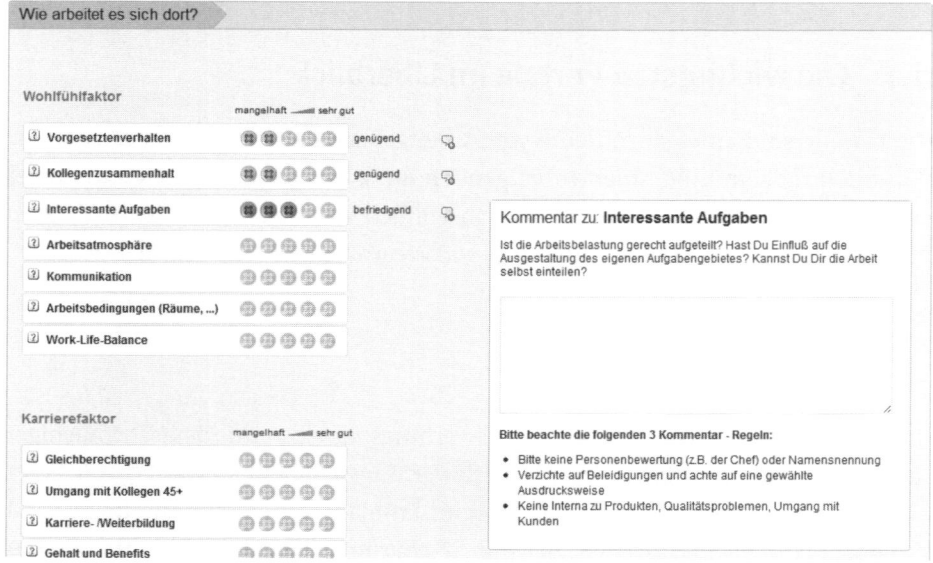

Abb. 11.5: Bei der Expressbewertung lassen sich zu jedem Bewertungsfeld weitere Kommentare angeben (Quelle: http://www.kununu.com)

kununu stammt übrigens aus der afrikanischen Sprache Suaheli und bedeutet »unbeschriebenes Blatt«.

Mehrwert-Services für Arbeitgeber

Während die Recherche und die Abgabe von Bewertungen bei kununu völlig kostenlos ist, verkauft das Unternehmen den Arbeitgebern Mehrwerte in Form von Firmenprofilen, die jeweils wiederum mit mehr Funktionen ausgestattet werden können, um die Arbeitgebermarke im Portal noch besser darzustellen.

Beginnend bei 190,00 € für Unternehmen mit 1 bis 5 Mitarbeitern bis 690,00 € für Unternehmen mit mehr als 10.000 Mitarbeitern können Sie ein Firmenprofil (Paket »Attention«) mit einer Mindestbuchungszeit von 12 Monaten buchen.

Eine vollautomatische Stelleneinbindung kostet zum Beispiel zwischen 200,00 € und 900,00 € extra. Dafür lassen sich zum Beispiel via XML oder RSS die Stellenangebote von der Webseite in ein eigenes Jobboard innerhalb des Firmenprofils einbinden.

Die Einbindung von Videos kostet noch einmal zwischen 100,00 € und 400,00 € mehr.

Die gesamte Palette an Mehrwert-Services für Arbeitgeber finden Sie unter `http://www.kununu.com/unternehmen/produktuebersicht`.

Kooperationen mit XING, Jobplattformen und Gelbe Seiten

Dass kununu der Marktführer unter den Arbeitgeber-Bewertungsportalen im deutschsprachigen Raum ist, verdankt das Portal nicht nur der großen Seriosität und dem guten Ruf, sondern auch den Kooperationen mit XING, diversen Jobplattformen und den österreichischen Gelben Seiten.

In Kapitel 4 hatte ich bereits beschrieben, dass Unternehmen in ihren XING-Profilen im Rahmen der Unternehmensprofile »Standard« und »Plus« ihre Bewertungen auf kununu einbinden können. Diese Kooperation besteht seit dem Frühjahr 2011 und bietet Unternehmen, die sowohl kununu als auch XING-Kunden sind, eine Spiegelung von Teilen des kununu-Arbeitgeberprofils auf XING.

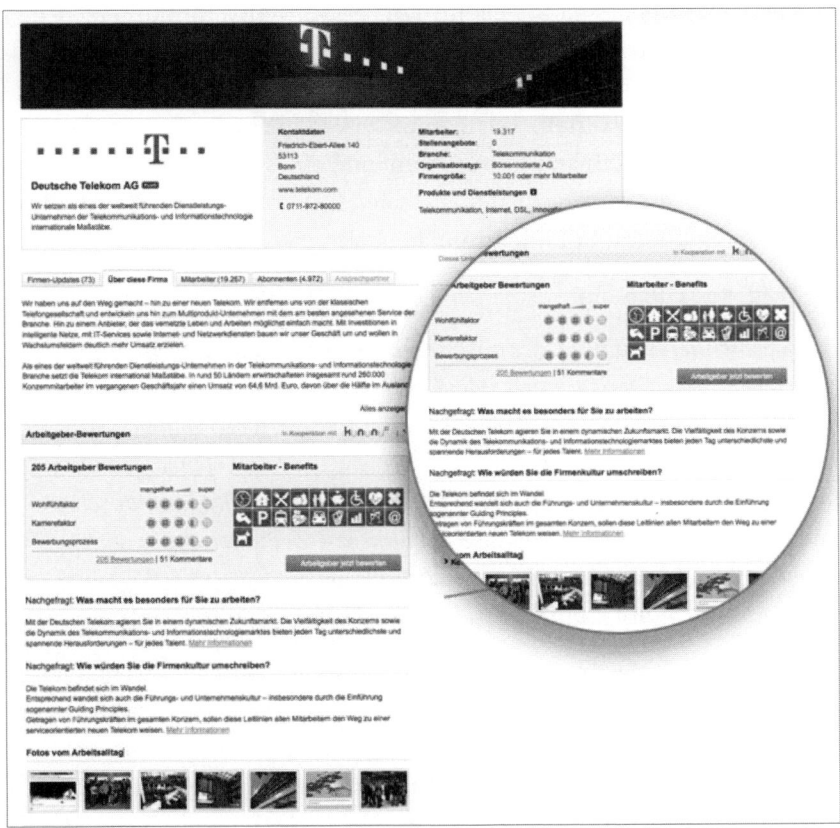

Abb. 11.6: XING bietet die Integration der kununu-Bewertungen seit Februar 2011
(Quelle: `http://www.kununu.com`)

Auch die anderen Kooperationspartner JobStairs, jobs.ch. livejobs.ch und Herold.at integrieren Bewertungsinformationen von kununu in Unternehmensprofile und Unternehmenseinträge. Und das bringt Reichweite für die Kunden.

JobStairs zum Beispiel ist die Jobbörse der größten Unternehmen Deutschlands. Große Namen wie Accenture, BASF, Bertelsmann, Bosch, BMW, E.ON, Lufthansa, Porsche, Telekom und ThyssenKrupp präsentieren sich dort mit attraktiven Stellenausschreibungen und Unternehmensprofilen. Stets finden sich darin Bewertungsinformationen von kununu.

jobs.ch ist der Marktführer unter den schweizerischen Jobportalen und Herold.at zählt zu den drei meistbesuchten Webseiten Österreichs.

11.3.2 Der Pionier: JOBvoting

Das erste deutschsprachige Arbeitgeber-Bewertungsportal ist JOBvoting (http:// www.jobvoting.de), es entstand bereits im Jahr 2006. JOBvoting unterscheidet sich von kununu durch eine sehr einfache und damit schnelle Bewertung in wenigen Schritten. Jeder Nutzer kann bei JOBvoting relativ einfach und absolut anonym seinen Arbeitgeber bewerten. Dazu muss er lediglich die Firmierung des Arbeitgebers eingeben und ihn anschließend anhand eines Rankings von +3 (sehr gut) bis -3 (sehr schlecht) in verschiedenen Kriterien wie Kollegen, Vorgesetzte, Aufgaben, Karrierechancen und Entlohnung benoten.

Karrierebibel sagt zu JOBvoting:

> *Jobvoting präsentiert sich mit einer ausgereiften Suchfunktion und einem gut umgesetzten Ranking, welches sich jedoch nur sehr begrenzt anpassen lässt. Auch das Forum wird aktiv genutzt und im Bereich der Jobbörse findet sich eine umfangreiche Sammlung an Stellenangeboten. Die angebotenen Zusatzinformationen sind sowohl im Hinblick auf Umfang als auch Qualität sehr gut und informativ gestaltet. Den guten inhaltlichen Gesamteindruck stören jedoch das völlige Fehlen einer Kommentarfunktion und die mit Werbung überfrachtete und unübersichtliche Struktur der Seite.*

Etwas Besonderes bei JOBvoting ist die fortlaufend aktualisierte Trendanalyse über die Mitarbeiterzufriedenheit in Deutschland, Österreich und der Schweiz. Seit über einem Jahr befragt das Portal regelmäßig seine Besucher zu ihrer aktuellen Arbeitssituation. Die Ergebnisse werden mittlerweile jeden zweiten Monat auf JOBvoting als Trendanalyse veröffentlicht.

Arbeitgeber bewerten

Sie haben in einem Unternehmen, einer Behörde oder einer anderen Organisation gearbeitet und können nun - vollkommen anonym – Ihren Arbeitgeber bewerten und eine **Bewertung schreiben**. Dabei haben Sie die Wahl nur eine kurze Jobbewertung oder anschließend noch eine ausführliche Bewertung vom Arbeitgeber abzugeben, bei der Sie nicht alle Felder ausfüllen müssen. Achten Sie in jedem Fall bei Ihrer Bewertung des Arbeitgebers darauf, dass Sie wahrheitsgemäß und fair den **Arbeitgeber bewerten**. mehr lesen

Kurze Jobbewertung

Unternehmen: _____   Branche:

Internetadresse: http://

| Architektur / Stadt-, Regionalplanung |
| Automobilindustrie / Fahrzeugbau |
| Bau / Baunebengewerbe |
| Behörden |
| Bekleidung / Mode / Textil |
| Biotechnologie / Medizintechnik |

Abteilung: _____

Ort: _____

Bundesland: Baden-Württemberg ▼

Unternehmens-Mitarbeiter: ○ 1-5   ○ 6-15   ○ 16-30   ○ >30   ○ >100   ○ >500
Gesamtwertung (d. Abteilung): ● -3   ○ -2   ○ -1   ○ +1   ○ +2   ○ +3

[Kurzbewertung abschicken] (klicken Sie anschließend auf "Eintrag abschicken")

Ausführliche Bewertung schreiben

Kollegen: ○ -3 ☆ -2 ☆ -1 ☆ +1 ☆ +2 ☆ +3

- Wie geht man miteinander um?
- Wird auch bei Streß Ruhe bewahrt?
- Gibt es Gruppen oder gar Mobbing?
- Wird gleich von Beginn an geduzt?
- etc.

	-3	-2	-1	+1	+2	+3
Umgangston:	○	○	○	○	○	○
Teamarbeit:	○	○	○	○	○	○
Arbeitsklima:	○	○	○	○	○	○
Gleichbehandlung:	○	○	○	○	○	○
Zusammenhalt:	○	○	○	○	○	○
Spaßfaktor: [i]	○	○	○	○	○	○
Altersschnitt:	- keine Auswahl - ▼					
Kleidungsstil:	- keine Auswahl - ▼					
Kommunikation: [i]	- keine Auswahl - ▼					

Vorgesetzte: ○ -3 ☆ -2 ☆ -1 ☆ +1 ☆ +2 ☆ +3

- Wird man respektvoll behandelt?
- Werden private Kontakte gepflegt?
- Setzen sie realistische Ziele?
- Stehen sie helfend zur Seite?
- Entscheidungsfindung mit MA?
- Werden gemachte Fehler bestraft?
- etc.

	-3	-2	-1	+1	+2	+3
Kompetenz:	○	○	○	○	○	○
Fairness:	○	○	○	○	○	○
Familienorient.:	○	○	○	○	○	○
Anerkennung: [i]	○	○	○	○	○	○
Verständnis:	○	○	○	○	○	○
Klare Anweisung:	○	○	○	○	○	○
Führungsstil:	- keine Auswahl - ▼					

Abb. 11.7: Einfach und schnell lassen sich Bewertungen auf JOBvoting abgeben
(Quelle: http://www.jobvoting.de)

So gaben zum Beispiel im Mai/Juni 2012 13 Prozent (Vormonat 14 Prozent) der insgesamt 414 Befragten an, dass sie mit ihrer derzeitigen Arbeitssituation sehr zufrieden sind. Weitere 26 Prozent (Vormonat 30 Prozent) der Umfrageteilnehmer bestätigten, dass sie mit ihrem Arbeitsplatz zurzeit durchaus zufrieden sind (Quelle: `jobvoting.de`).

Zudem stellt JOBvoting seit 2011 jedes Quartal drei Unternehmen vor, die durch die Bewertungen ihrer Mitarbeiter die Auszeichnung »Top Arbeitgeber« verliehen bekommen haben.

Mehrwert-Services für Arbeitgeber

Auch JOBvoting bietet den Arbeitgebern die Möglichkeit, Firmenprofile auf der Plattform zu veröffentlichen, die nach eigenen Vorstellungen gestaltet sind. Zudem kann man auch ohne Profil Stellenanzeigen schalten, die sowohl im eigenen und in fremden Bewertungsprofilen als auch unter der Rubrik »Jobangebote« als Premium-Anzeige geschaltet werden. Die Schaltung der Stellenanzeigen kostet 80,00 € im Monat.

Für die Firmenprofile stehen ein Basis-Paket und ein Premium-Paket zur Auswahl, die für jeweils 12 Monate insgesamt 290,00 € oder 590,00 € kosten und je nach Paket die Einbindung von Videos, Pressemitteilungen, Suchmaschinenmarketing und Auswertungen bieten.

Die Übersicht finden Sie unter `http://bit.ly/jobvoting_pakete`.

11.3.3 Das Internationale: Kelzen

Das internationalste unter den Bewertungsportalen ist Kelzen (`http://www.Kelzen.com`). Das Portal wurde am 1. März 2007 von der Österreicherin Sandra Wiesinger ins Leben gerufen. Bereits auf der Startseite kann man unter unzähligen Ländern auswählen, wobei alle auf einer der Sprachversionen Deutsch, Englisch, Französisch, Spanisch oder Portugiesisch basieren. Lange nicht alle Länder sind mit Bewertungen gefüllt.

Auch Kelzen bietet eine Schnell-Bewertung (30 Sekunden) als Stimmungsbarometer, eine ausführlichere Bewertung (5 Minuten) und einen ausführlichen Bericht des aktuellen oder früheren Arbeitgebers (15 Minuten).

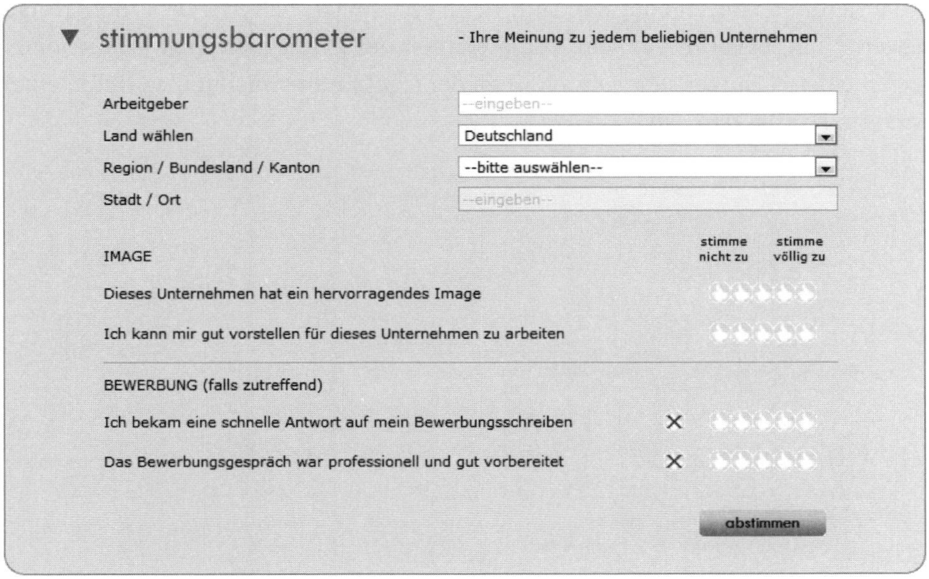

Abb. 11.8: In 30 Sekunden den aktuellen oder früheren Arbeitgeber bewerten (Quelle: `http://www.kelzen.com`)

Karrierebibel meint zu Kelzen:

Die Plattform mit der drittgrößten Bewertungsanzahl präsentiert sich in Sachen Suchfunktion und Ranking absolut vorbildlich. Die Seitenstruktur gehört nicht zu den aufgeräumtesten, ist aber dennoch nutzbar und nicht zu überladen. Kelzen fokussiert klar auf die Bewertungs- und Ranking-Funktion und ist hier auch international ausgerichtet. Diese Fokussierung erklärt auch das Fehlen von Kommentaren, eines Forums, einer Jobbörse und von Zusatzinformationen. Wer nur auf die Arbeitgeberbewertung Wert legt, ist bei Kelzen sehr gut bedient, wer weitergehende Informationen erwartet, wird jedoch enttäuscht.

11.3.4 Der Chef-Bewerter: MeinChef

Erst 2010 startete das Portal MeinChef (`http://www.meinchef.de`) und ist damit die jüngste Plattform im Vergleich der Großen. Wie der Name schon sagt, steht hier der (Ex-)Chef im Vordergrund, der namentlich genannt und bewertet werden kann. Das ist schon etwas ganz Besonderes, weil die meisten Bewertungs-Portale auf die namentliche Nennung von Personen im Unternehmen verzichten und sie sogar untersagen. Es wird allerdings unterschieden, ob der Nutzer in diesem

Unternehmen tätig ist oder war. Nur, wenn er dann das betreffende Unternehmen bewertet hat, bekommt er den realen Namen des Chefs angezeigt. Alle anderen angemeldeten Nutzer sehen den Namen der Chefs anonymisiert bzw. durch einen Fantasie-Namen dargestellt.

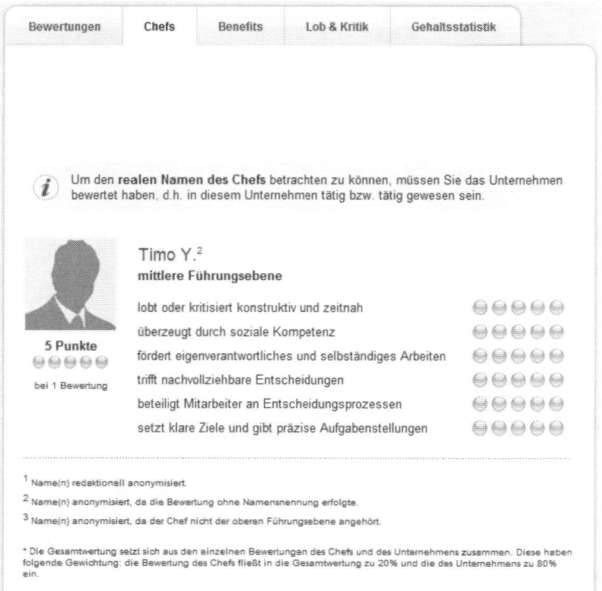

Abb. 11.9: Der Chef steht im Mittelpunkt bei MeinChef. (Quelle: http://www.meinchef.de)

Neben der Chef-Bewertung können natürlich die verschiedenen Aspekte der Arbeit im Unternehmen (Arbeiten mit Kollegen, Work-Life-Balance, Gehalt, Kultur) bewertet werden.

Auf Grundlage der Bewertungen werden so genannte »Top Chefs« und auch die »Top Unternehmen« gekürt.

Ein weiteres Highlight sind Gehaltsstatistiken, die aufgrund von Angaben der Nutzer erstellt werden. Andere angemeldete Nutzer erfahren so, wie die Gehälter in einer bestimmten Branche oder für einen speziellen Beruf im Durchschnitt aussehen und ob sich diese mit den Einkommensvorstellungen der Firma, für die sie sich interessieren, decken.

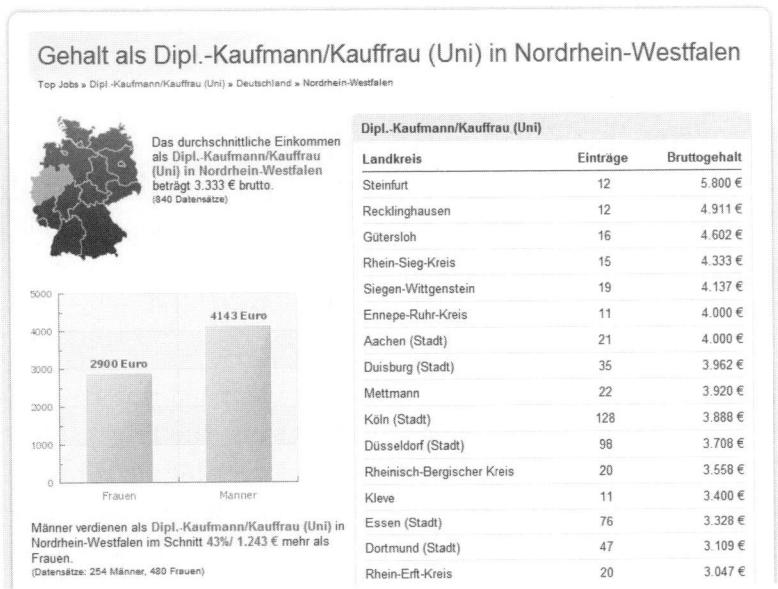

Abb. 11.10: Wie sind die Gehälter für Position X in der Stadt Y? MeinChef informiert angemeldete Nutzer (Quelle: `http://www.meinchef.de`)

Und das sagt Karrierebibel zu MeinChef:

Die jüngste Plattform im Vergleich kann – logischerweise – noch nicht so viele Bewertungen aufweisen wie die alteingesessene Konkurrenz. Dennoch macht die Seite vieles richtig. Das beginnt beim übersichtlichen Seitenaufbau, geht über eine gut gefüllte Jobbörse und ein anpassbares Ranking bis hin zu einer sehr guten Suchfunktion. Das Kommentar-System und die Zusatzinformationen haben hingegen noch Verbesserungspotenzial, ein Forum fehlt leider völlig. Trotz einiger Mängel hinterlässt MeinChef einen guten Gesamteindruck, vor allem, da das Portal im Vergleich zur Konkurrenz noch am Anfang seiner Entwicklung steht.

Mehrwert-Services für Arbeitgeber

Wie kununu und JOBvoting bietet auch MeinChef den Arbeitgebern die Möglichkeit, Mini-Homepages auf der Plattform zu veröffentlichen. Das professionelle Profil gibt es in einer kostenlosen »Free«-Variante und außerdem gibt es noch vier weitere Pakete. Diese unterscheiden sich zum Beispiel in der Foto- oder Videoeinbindung und kosten zwischen 24,00 € und 128,00 € pro Monat zzgl. MwSt.

Eine ausführliche Darstellung der Pakete mit den entsprechenden Preisen finden Sie unter `http://bit.ly/meinchef_pakete`.

11.3.5 Der Informierer: BizzWatch

Das Portal BizzWatch (`http://www.bizzwatch.de`) bezeichnet sich selbst als »Meinungsforum für den Klimawandel in der deutschen Arbeitswelt«. Auch bei BizzWatch kann man sowohl den (Ex-)Chef als auch den (Ex-)Arbeitgeber bewerten. Und auch hier sind die Chefs namentlich – und teilweise mit Foto – für registrierte Nutzer sichtbar.

Wie kununu bietet auch BizzWatch eine Schnell- (2 Minuten) und eine Detailbewertung (5 Minuten). Die Schnellbewertung umfasst jeweils eine Frage zu fünf Kategorien, die Detailbewertung umfasst 22 Fragen in insgesamt sechs Kategorien. Zusätzlich besteht die Möglichkeit, in einem Kommentarfeld individuelle Anregungen abzugeben.

Abb. 11.11: Den (Ex-)Chef oder das Unternehmen bewerten bietet auch BizzWatch (Quelle: `http://www.bizzwatch.de`)

Neben den Bewertungsmasken und den Auswertungen bietet BizzWatch die Rubrik »Klartext«, in der aktuelle Branchenmeldungen aus der Presse aufgegriffen werden und kommentiert bzw. diskutiert werden können. In der Rubrik »Bizz-Watch TV« bietet das Portal Videos zu aktuellen Themen, ebenfalls mit Kommentar- und Diskussionsmöglichkeit.

Zudem zeichnet BizzWatch hervorragende Arbeitgeber mit dem eigenen Gütesiegel »A Company We Trust« aus. Ziel ist es, »*nach den tief greifenden Verwerfungen durch die Wirtschafts- und Finanzkrise auch auf dem Arbeitsmarkt jungen Talenten, Absolventen sowie Young Professionals neue Orientierung bei der Suche nach zukunftssicheren Arbeitgebern zu bieten*«.

Und das sagt Karrierebibel zu BizzWatch:

> *BizzWatch spielt seine Stärken mit einem sehr guten – und intensiv genutzten – Kommentarsystem und umfangreichen Zusatzinformationen aus. Die Zusatzinformationen umfassen mit BizzWatch TV beispielsweise auch Videos zu Themen des aktuellen Arbeitsmarktes. Die Suchfunktion und das Ranking sind jedoch nur rudimentär beziehungsweise unzureichend zu nennen. Eine wirkliche Filterung ist mit der Suchfunktion leider nicht möglich. Diese Funktionalität ist bei allen anderen Plattformen im Vergleich deutlich besser gelöst. Der Seitenaufbau wirkt auf den ersten Blick aufgeräumt, bei näherem Hinsehen fällt allerdings auf, dass Funktionen nur schwer zu finden sind. Das völlige Fehlen eines Forums oder einer Jobbörse trüben den Eindruck weiter. Wer gute Informationen zum Arbeitsmarkt sucht und sich für die Arbeitgeberbewertung nur an zweiter Stelle interessiert, wird mit BizzWatch zufrieden sein. Wer seinen Schwerpunkt jedoch auf die Arbeitgeberbewertungen legt, sollte sich anderen Portalen zuwenden.*

11.3.6 Weitere Bewertungsportale

Es gibt durchaus noch weitere gute Bewertungsportale, auf deren Detail-Darstellung ich hier verzichte.

Dazu gehören u.a.

- Arbeitgebertest (`http://www.Arbeitgebertest.de`)
- evaluba (`http://www.evaluba.com`)
- jobvote (`http://www.jobvote.com/`)

Schauen Sie sich auch dort ab und zu um, ob Ihr Unternehmen bewertet wurde.

11.4 Zusammenfassung

Mittelständische Unternehmen scheinen bei den Arbeitgeber-Bewertungsportalen noch immer nicht angekommen zu sein. Im Vergleich zu anderen Social-Media-Kanälen kommen die Portale noch schlecht weg. Dies zeigt zum Beispiel der *Social Media Recruiting Report 2011* vom *Institute for Competitive Recruiting (ICR)*.

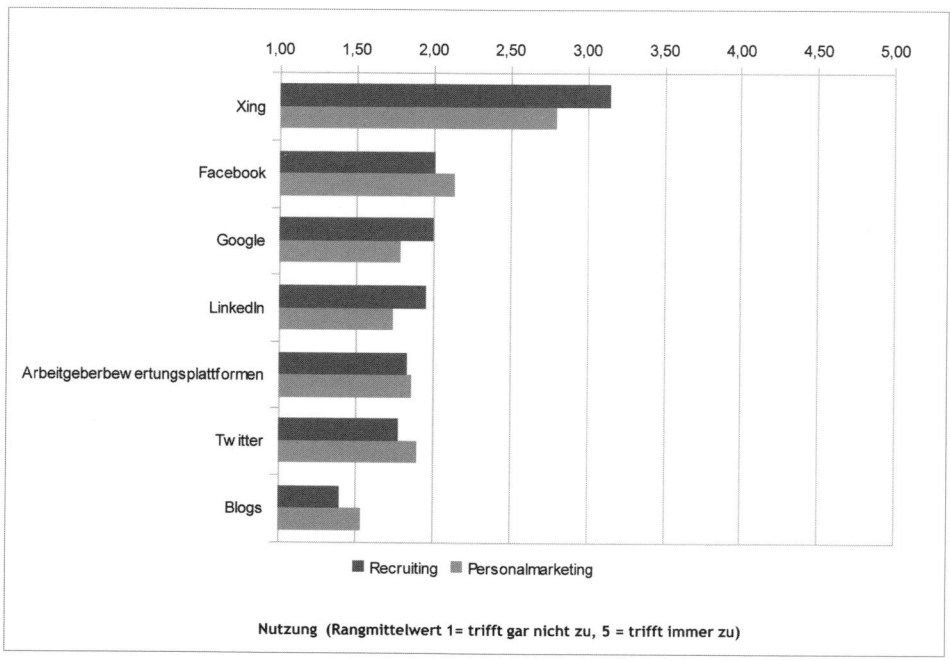

Abb. 11.12: Arbeitgeber-Bewertungsportale rangieren bei der Nutzung eher im hinteren Bereich (Quelle: ICR)

Auffällig ist hier allerdings, dass die Plattformen im Bereich des Personalmarketings noch vor LinkedIn und Google liegen.

Das ist eigentlich schade, denn Sie können diese Portale recht aktiv nutzen, um positive Bewertungen zu generieren und Ihr Arbeitgeber-Image zu optimieren – und das kostenlos. Ob Sie die kostenpflichtigen Zusatzservices nutzen, bleibt Ihnen und Ihrem Budget überlassen. Pflicht ist dies nicht.

Bleibt die Frage, welches Portal das richtige für Sie ist. Die Karrierebibel hat dazu Kriterien erarbeitet, die Sie hinter dem Link http://bit.ly/kriterien_bewertungsportale finden. Dazu gehören zum Beispiel Anzahl und Aktualität der Wertungen, die Möglichkeit, Zusatzinformationen und Kommentare abzugeben, oder wie detailliert ein Nutzer das Unternehmen bewerten kann.

Die guten Arbeitgeber-Bewertungsportale erkennt man neben der Anzahl an Bewertungen am Angebot von weiteren Informationsinhalten wie Gehaltsvergleich, Stellenangebote, Firmenporträts, Nachrichten, Forum etc.

Meinem Eindruck nach macht kununu seine Hausaufgaben am besten.

Verwendete Studien

Studien

Social Media Einfluss auf das Kaufverhalten im Internet – Eine Studie, Prof. Dr. Ralf Schengber, Dr. Schengber & Friends GmbH

Employer Branding – Was Kandidaten suchen und Unternehmen tun sollten, StepStone Employer Branding Report 2011, StepStone Deutschland GmbH

Social Media Recruiting Report 2011, Institute for Competitive Recruiting (ICR)

Kapitel 12

Klare Regeln: Social Media Guidelines und Policy

Ich bin nun bei einem Thema angekommen, das einerseits sehr wichtig ist, das Sie andererseits aber überschlagen können, wenn Sie bereits mit Ihrem Unternehmen in Sachen Social Media unterwegs sind. Es geht im Folgenden um das Thema Verhaltensregeln, Guidelines und deren schriftliche Fixierung.

Wenn die Mitarbeiter in Ihrem Unternehmen nun zum ersten Mal in die Social-Media-Welt treten, wenn Sie neue Mitarbeiter der Generation Y eingestellt haben, dann benötigen Sie solche verbindliche Richtlinien, die beschreiben, wie man sich als Mitarbeiter des Unternehmens im Internet und den sozialen Netzwerken verhält, wie man auftritt und wie man in welchem Fall zu reagieren hat.

Dabei hat sich in letzter Zeit eine Begriffsverwirrung eingeschlichen, die ich zwar nicht aufzulösen vermag, aber zumindest ansprechen will.

12.1 Guideline oder Policy?

Bei beiden Begriffen handelt es sich um englische Begriffe, die ähnlich übersetzt werden: »Policy« kommt aus dem politischen Bereich und bedeutet u.a. Grundsatz, Taktik, aber auch Richtlinie. Policy bezeichnet in Unternehmen deshalb eine interne Leit- bzw. Richtlinie.

Auch das Wort »Guideline« bedeutet sogar wörtlich übersetzt Leit- oder Richtlinie.

Was ist denn nun was?

Wenn man im Internet recherchiert, stößt man immer wieder auf die Aussage, dass die Policy eher eine Vorschrift, ein umfassendes Regelwerk darstellt, während die Guideline eine kurze Richtlinie ist, die den Mitarbeitern Orientierung geben soll.

Für den Social-Media-Experten und Blogger Klaus Eck gehört in eine Policy, was in einem Unternehmen gesetzlich zulässig und was verboten ist. Sie ist meistens sehr umfangreich. In den Guidelines gehören hingegen eher Ermutigungen, die für den einzelnen Mitarbeiter als Starthilfe ins Social Web dienen (vgl. `http:// eck-kommunikation.de/2010/09/30/keine-angst-vor-social-media-gui- delines`). Demnach gehört die Entscheidung, ob, und wenn ja, wie Mitarbeiter während der Arbeitszeit soziale Netzwerke wie XING, Facebook und Twitter nutzen dürfen, in eine Policy. Die Frage, wie sich ein Mitarbeiter bei Facebook verhalten soll oder wie man auf Kritik reagiert, gehört klar in die Guidelines.

Nehmen Sie einfach mit, dass eine Policy in der Praxis einen deutlich normativeren Charakter hat als eine Guideline.

Wenn Sie die Entscheidung, mit Ihrem Employer Branding und Recruiting in die Social-Media-Welt einzusteigen, bereits getroffen haben, haben Sie auch entschieden, dass zumindest einige Mitarbeiterinnen und Mitarbeiter des Unternehmens soziale Netzwerke und Plattformen während der Arbeitszeit nutzen dürfen, ja sogar müssen. Wenn Sie von dem Potenzial, weitere Mitarbeiter als Botschafter Ihres Unternehmens einzusetzen (siehe Kapitel 6, Twitter oder Kapitel 8, Blogs), Gebrauch machen wollen, dann benötigen Sie wohl eher Guidelines, konkrete Leitlinien für die Mitarbeiter als eine Policy.

12.2 Was gehört in eine Social Media Guideline?

Eine Social Media Guideline, ich nenne es im Folgenden auch Leitfaden, zu entwerfen, ist eine Gratwanderung. Es gibt genügend Beispiele im Netz, die ich Ihnen im Folgenden einfach nennen und daraus zitieren könnte. So hatte der Blogger *Christian Buggisch* im Oktober 2011 eine ganze Liste von Beispielen – die übrigens fast alle die Wörter Leitfaden, Richtlinien oder Guidelines nutzen – zusammengetragen und veröffentlicht. Diese Sammlung finden Sie unter `http:/ /bit.ly/Sammlung_Guidelines`.

Viel wichtiger ist es meiner Ansicht nach, die grundlegenden Elemente und Inhalte eines Social-Media-Leitfadens zu erklären und am Ende ein paar Beispiele anzufügen. Denn Leitfäden, Richtlinien oder Guidelines müssen immer individuell an das Unternehmen angepasst werden.

Leitplanken für Mitarbeiter auf dem Social Media Highway

Sehen Sie Social-Media-Leitfäden als Leitplanken, die Mitarbeiter mit adäquatem Handlungsspielraum ausstatten. Geben Sie möglichst kurze und klare Empfehlungen ab und vermeiden Sie Verbote. Schließlich sollen Ihre Mitarbeiter nicht die Lust an der Kommunikation im Netz verlieren.

Das Unternehmen *AUSSCHNITT Medienbeobachtung* hat im Sommer 2011 insgesamt 55 öffentlich zugängliche deutsch- und englischsprachige Social Media Guidelines anhand formaler und inhaltlicher Kriterien untersucht. Darunter sind große Unternehmen wie 1&1, Cisco, Coca-Cola Company, Daimler, DATEV, DELL, Krones, Microsoft, aber auch Mittelständler wie achtung!, Materna oder SNT zu finden. Die Ergebnisse können Sie unter `http://bit.ly/Guideline_Studie` im Einzelnen nachlesen.

Einige Aspekte davon möchte ich Ihnen vorstellen, um daraus Handlungsempfehlungen für Ihren persönlichen »Leitfaden« zu entwickeln.

Motivation

In der oben genannten Studie hat ein Drittel der untersuchten Unternehmen großes Interesse daran, dass seine Mitarbeiter im Netz aktiv sind, und motiviert sie in seinen Social-Media-Richtlinien entsprechend.

Wenn Sie Ihre Mitarbeiter ins Social Web entsenden, um Ihre Arbeitgebermarke auf- oder auszubauen, dann motivieren Sie sie mit Sätzen wie

»Das Unternehmen begrüßt ausdrücklich, wenn ihr euch im Web 2.0 engagiert.«

Verhalten

Im Mittelpunkt des Verhaltens der Mitarbeiter steht die Aufforderung, im Social Web »ehrlich«, »authentisch«, »respektvoll«, »höflich« und »transparent« aufzutreten. Sehr oft wird dazu aufgerufen, den »gesunden Menschenverstand« einzusetzen.

Erfahrungsgemäß ist dieser bei jungen Menschen anders ausgeprägt als bei älteren. Gerade, was die Generation der Digital Natives angeht, ist das, was bei Facebook & Co. (mit)geteilt wird, anders als das, was ein 40- oder 50-Jähriger dort eintragen würde. Deshalb kann es beispielsweise gefährlich sein, auf den »gesunden Menschenverstand« zu verweisen.

Auch die Folgen von unsachgemäßer Kritik oder rufschädigenden Äußerungen im Namen des Unternehmens oder Verbreiten von Betriebsgeheimnissen sollten Sie nicht auf den »gesunden Menschenverstand« zurückführen. Viele Beispiele haben gezeigt, dass der menschliche Verstand oft auch hier aussetzt.

Weisen Sie explizit darauf hin, dass solche Äußerungen über das Unternehmen, Partner und Kunden und Einzelpersonen Folgen haben werden.

Ebenfalls ist der gängige Verweis auf die im Internet geltende »Netiquette« gefährlich. Auch dieses zum größten Teil ungeschriebene Gesetz über das Verhalten im Netz wird sehr unterschiedlich ausgelegt.

Verhaltensweisen wie »ehrlich«, »respektvoll« und »höflich« sind dagegen sehr konkret.

In der *AUSSCHNITT*-Studie kamen sehr oft Phrasen wie »Verhalten Sie sich im Netz wie im echten Leben«, »Das Netz vergisst nichts« oder »Internes bleibt intern« zu Wort. Sparen Sie sich auch so etwas.

Transparenz

Transparenz und Offenheit ist eine Grundhaltung im Social Web. Nichts verschleiern, nichts löschen, nicht lügen und nicht zensieren ist das Gebot, das alle Nutzer erwarten.

Machen Sie Ihren Mitarbeitern klar, dass sie dies unbedingt beachten müssen. Egal, wie extrem die Kritik auch ausfällt, es wird – zunächst – nichts gelöscht. Wenn eine Zensur oder Löschung unabwendbar ist, müssen die verantwortlichen Mitarbeiter darauf hinweisen. Dies wäre dann der Fall, wenn eine extrem imageschädigende Meinungsäußerung oder extremste Beschimpfungen gepostet, Fäkalsprache genutzt oder andere Personen angegriffen würden.

Transparenz bedeutet aber auch, dass Mitarbeiter, die im Namen des Unternehmens unterwegs sind, dies deutlich machen. Viele Mitarbeiter sind dazu übergegangen, ein Kürzel an die Postings bei Facebook oder Twitter zu setzen und eine Zuordnung zu gewährleisten.

Umgekehrt sollten private Meinung deutlich als solche gekennzeichnet sein, auch auf Ihrer Unternehmens-Facebook-Seite.

Rechtliche Vorschriften

Das Internet und auch Facebook und Twitter sind keine rechtsfreien Räume. Hier gelten das Urheberrecht und die Persönlichkeitsrechte ebenso wie im Offline-Leben. Auch wenn man dies wiederum mit dem »gesunden Menschenverstand« erklären könnte, sollten Sie explizit darauf hinweisen, dass durch das Tun der Mitarbeiter keine Rechte anderer verletzt werden dürfen. Halten Sie fest, dass Mitarbeiter nur Material verwenden dürfen, für das das Urheberrecht geklärt ist. In der obigen Studie taten dies übrigens 84 Prozent der untersuchten Guidelines.

Verbindlichkeit

Ob Sie die Einhaltung der Richtlinien von Ihren Mitarbeitern erwarten oder ihnen freie Hand lassen und die Richtlinien nur als unverbindliche Empfehlungen ansehen, hängt natürlich von Ihrer Unternehmenskultur und -philosophie ab. In der Untersuchung der Guidelines wollten fast zwei Drittel aller Unternehmen eine verbindliche Einhaltung. Ein Drittel aller Arbeitgeber drohte sogar bei Nichtbeachtung der Social Media Guidelines mit Konsequenzen. Diese können von der Löschung kritischer Beiträge bis hin zur Kündigung des Arbeitsverhältnisses reichen (wobei das arbeitsrechtlich sehr schwierig ist). Vielleicht ist das eine Hilfestellung für Sie.

Siezen oder Duzen?

Damit ist nicht gemeint, ob die Mitarbeiter ihre Zielgruppe Siezen oder Duzen sollen. Dies habe ich in den einzelnen Kapiteln bereits hinlänglich erklärt. Es geht vielmehr darum, ob die Richtlinien persönlicher im »Du-Stil« oder formaler im »Sie-Stil« verfasst werden sollen. In der Guideline-Untersuchung nutzen 50 Prozent das »Sie«. Auch diese Entscheidung hängt stark von Ihrbfer Unternehmenskultur ab. Wenn generell geduzt wird, ist das »Du« sicher angebracht, sonst eher nicht.

Auch privat verantwortlich handeln

Ein Punkt, der Ihnen zunächst befremdlich vorkommen mag, ist die Übertragung der Verhaltensrichtlinien von der beruflichen auf die private Ebene. Heute verschwimmen die Grenzen zwischen Privatem und Beruflichem immer mehr – vor allem bei den Digital Natives. Deshalb ist es sinnvoll, die Mitarbeiter darauf hinzuweisen, dass sie auch darauf achten, was sie in der Freizeit über den Arbeitgeber verbreiten. Denn auch das kann geschäftsschädigend sein.

Wenn ein Mitarbeiter ein »echter Botschafter« des Unternehmens sein will, muss er die Richtlinien auch privat befolgen.

Der Blick nach innen

Auch der Blick nach innen gehört in die Richtlinien. Wenn Sie interne Blogs, Wikis oder Micro-Blogs nutzen, sollten Sie sämtliche Regeln auch auf die internen Medien ausdehnen.

Kontaktpersonen

Auch wenn in der Guideline-Untersuchung die Mehrheit (56 Prozent) einen Ansprechpartner oder eine Abteilung nennt, die als Ansprechpartner für Fragen zu den Richtlinien fungiert, hatten 44 Prozent keine Kontaktperson oder Abteilung genannt. Das ist insofern schade, da die Mitarbeiter einen Kontakt für Fragen benötigen, besonders in dringenden Fällen – zum Beispiel bei notwendigen Löschungen oder großen PR-Problemen etc.

Regelungen für Personen-Profile in sozialen Netzwerken

In Kapitel 4 zu XING und LinkedIn merkte ich bereits an, dass unterschiedliche Schreibweisen des Firmennamens zu Problemen führen, da die Mitarbeiter nicht automatisch dem Unternehmensprofil zugeordnet werden. Sie können also durchaus in die Guidelines aufnehmen, wie der (korrekte) Name Ihres Unternehmens in den Netzwerken erscheinen soll. Wenn sich dann alle Mitarbeiter daran halten, ist dieses Problem beseitigt.

Regelmäßige Updates und Reminder

Besonders bei größeren Unternehmen ist die Personalfluktuation recht hoch, so dass neue Kollegen oftmals die Social Media Guidelines gar nicht kennen lernen. Sorgen Sie einfach dafür, dass die Mitarbeiter diese in den ersten Tagen der Einarbeitung zur Kenntnis nehmen. Wenn Sie ein internes Unternehmens-Wiki oder Intranet führen, gehören die Guidelines dort hinein.

Damit die Guidelines bei allen Mitarbeitern immer wieder ins Gedächtnis gerufen werden, sollten Sie regelmäßig darauf hinweisen. Dazu eignet sich zum Beispiel ein internes Blog oder ein Micro-Blog sehr gut.

Ebenfalls sollten Sie die Guidelines regelmäßig auf Aktualität überprüfen (lassen). Stimmen die Richtlinien noch, hat sich etwas verändert (zum Beispiel die eingesetzten Social-Media-Kanäle Ihres Unternehmens, rechtliche Veränderungen)?

Whitepaper

Als weitere Literatur empfehle ich Ihnen ein Whitepaper der Wirtschaftskammer Österreich, die Tipps für den Umgang mit Social Media im Unternehmen zusammengefasst hat und zugleich die passenden Formulierungsvorschläge bereithält. Nehmen Sie dieses Papier und die Formulierungsvorschläge abfber bitte nur als Vorlage. Denn wie erwähnt, Sie sollten Ihre Guidelines selbst erstellen und am besten mit Ihren Mitarbeitern zusammen.

Das Whitepaper der Wirtschaftskammer Österreich finden Sie hier als PDF: `http://bit.ly/guidelines_wko`.

12.3 Besondere Beispiele

Ich deutete bereits an, dass ich Ihnen nicht etliche Beispiele guter oder schlechter Social Media Guidelines präsentieren möchte. Erlauben Sie mir dennoch, Ihnen ein paar Beispiele zu zeigen, die ich ein wenig kommentieren möchte. Am Ende des Kapitels finden Sie dann doch drei Vorzeige-Social-Media-Guidelines von Daimler, der Deutschen Post DHL und Roche.

Social Media Guidelines mal anders

Der Kaffeehersteller Tchibo hat sich für seine Soc `https://www.facebook.com/BayerKarriereial` Media Guidelines etwas Besonderes einfallen lassen. In einem kleinen netten Video sollen die Mitarbeiter des Unternehmens für Chancen und Risiken des Web 2.0 sensibilisiert werden, ohne zu bevormunden. Zu sehen ist »Herr Bohne«, der über einige Fallstricke des Social Web stolpert.

Abb. 12.1: »Herr Bohne geht ins Netz« und wird zur Kultfigur bei Tchibo (Quelle: `http://bit.ly/Tchibo_Video`)

Laut Tchibo-Blog hat der »Anti-Held« Szenen-Applaus bei einer internen Veranstaltung bekommen und ist ein Botschafter für die Tchibo-Kommunikationsregeln geworden.

DATEV, 1&1 und die Deutsche Bischofskonferenz

Die drei folgenden Beispiele der DATEV eG, der 1&1 Internet AG und der Deutschen Bischofskonferenz sind im Grunde gleich. Jedoch sind einzelne Aspekte durchaus hervorzuheben.

DATEV – Kurz- und Langversion

Die DATEV bietet seit vielen Jahren Softwarelösungen und IT-Dienstleistungen für Steuerberater, Wirtschaftsprüfer, Rechtsanwälte und Unternehmen. Die öffentlich im Webauftritt vorgestellten Social Media Guidelines halten eine Kurzversion mit elf Punkten zum schnellen Nachlesen und eine ausführliche Version bereit. Insgesamt werden die von mir bereits vorgestellten Themen wie Verhalten, Transparenz, rechtliche Rahmenbedingungen/Urheberrecht, private Nutzung und Privatsphäre und Sicherheit abgedeckt. Zudem verweist man auf einen vorhandenen DATEV-Verhaltenskodex.

Weiterhin interessant ist ein Interview, in dem der Vorstandsvorsitzende Prof. Dieter Kempf und der Personalvorstand Jörg von Pappenheim die Hintergründe und Zielsetzungen dieser Social Media Guidelines skizzieren.

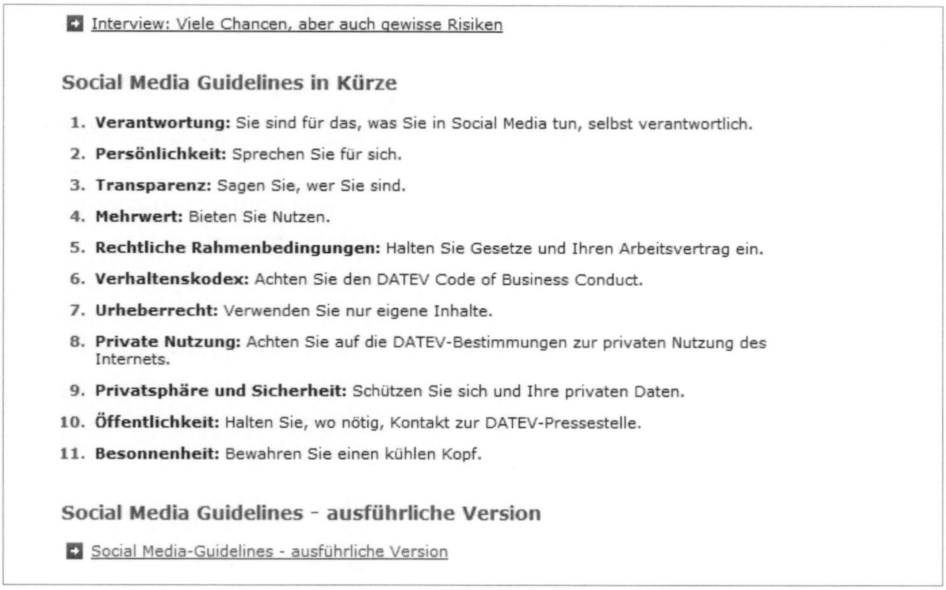

> ➡ Interview: Viele Chancen, aber auch gewisse Risiken
>
> **Social Media Guidelines in Kürze**
>
> 1. **Verantwortung:** Sie sind für das, was Sie in Social Media tun, selbst verantwortlich.
> 2. **Persönlichkeit:** Sprechen Sie für sich.
> 3. **Transparenz:** Sagen Sie, wer Sie sind.
> 4. **Mehrwert:** Bieten Sie Nutzen.
> 5. **Rechtliche Rahmenbedingungen:** Halten Sie Gesetze und Ihren Arbeitsvertrag ein.
> 6. **Verhaltenskodex:** Achten Sie den DATEV Code of Business Conduct.
> 7. **Urheberrecht:** Verwenden Sie nur eigene Inhalte.
> 8. **Private Nutzung:** Achten Sie auf die DATEV-Bestimmungen zur privaten Nutzung des Internets.
> 9. **Privatsphäre und Sicherheit:** Schützen Sie sich und Ihre privaten Daten.
> 10. **Öffentlichkeit:** Halten Sie, wo nötig, Kontakt zur DATEV-Pressestelle.
> 11. **Besonnenheit:** Bewahren Sie einen kühlen Kopf.
>
> **Social Media Guidelines - ausführliche Version**
>
> ➡ Social Media-Guidelines - ausführliche Version

Abb. 12.2: Umfassende Information zu den Social Media Guidelines (Quelle: DATEV eG, `http://bit.ly/Datev_Guidelines`)

Auch bietet das Unternehmen den Lesern Links zu den Auftritten der DATEV im sozialen Netz und zu einem Glossar.

Auch wenn die DATEV explizit keinen Ansprechpartner nennt, so ist alleine durch das Interview ein Ansprechpartner für Fragen bekannt. Besser wären ein Name und eine E-Mail-Adresse einer Kontaktperson in den Guidelines.

1&1 – Das »Wir-Gefühl«

Die 1&1 Internet AG ist mit über 11 Millionen Kundenverträgen ein führender Internet-Provider in Deutschland. Social Media ist für das Unternehmen ein wichtiger neuer Kanal für die Kommunikation mit Kunden, Multiplikatoren und der Öffentlichkeit allgemein. Auch wenn insgesamt die Inhalte wieder ähnlich der üblichen Guidelines sind, so fallen doch einige Unterschiede auf.

So wird generell in der persönlichen »Wir«- und »Ihr«-Form kommuniziert. Das fördert das »Wir-Gefühl« und deutet auf die besondere Unternehmenskultur bei 1&1 hin.

Auffallend ist zudem, dass man direkt zum Engagement im Web 2.0 aufruft.

> *»Das Unternehmen begrüßt ausdrücklich, wenn ihr euch im Web 2.0 engagiert.«*

Gleich darauf folgt die klare Vorgabe, wer im Namen des Unternehmens gegenüber der Öffentlichkeit sprechen darf. Man benötigt entweder eine besondere Autorisierung oder gehört dem Vorstand oder der Pressestelle an. Alle anderen haben sich nicht im Namen des Unternehmens zu äußern. Einige Absätze später wird dann klargemacht, wie man als Privatperson, die über Themen des Unternehmens spricht, aufzutreten hat. Als Formulierungen sind »ich« statt »wir« zu nutzen. Auch wenn das ein wenig »doppelt gemoppelt« aussieht, ist das schon deutlich und gut so.

Der Rest ist Standard.

Wichtig ist dann, dass als Kontaktstelle das Team Social Media Communications innerhalb der Pressestelle explizit genannt wird. Zudem wird der Blog-Autor im Beitrag genannt.

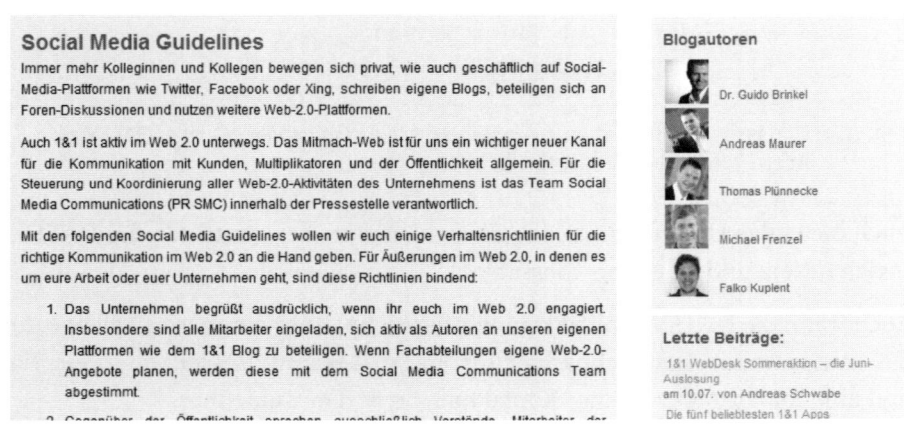

Abb. 12.3: Social Media Guidelines bei 1&1 mit direktem Ansprechpartner (Quelle: 1&1 Internet AG, `http://bit.ly/1und1_guidelines`)

Die Deutsche Bischofskonferenz – Vorsichtig und doch deutlich

Besonders imponiert haben mir die Social Media Guidelines der Deutschen Bischofskonferenz, die als Empfehlungen bezeichnet werden, um den Mitarbeitern Sicherheit zu geben und auf Stolpersteine hinzuweisen.

Beim Lesen erkennt man den Geist der katholischen Kirche in Begriffen wie Wahrhaftigkeit und Respekt. Auch wenn einzelne Formulierungen noch sehr vorsichtig sind, findet man deutliche Worte zu den relevanten Themen wie Urheberrecht, Verantwortlichkeit und Umgangston. Erstmals las ich dort den Punkt Humor, was ich sehr nett und nachahmenswert finde.

Die Empfehlungen der Deutschen Bischofskonferenz finden Sie als PDF unter `http://bit.ly/DBK_guidelines`.

Beispiele im Anhang

Zum Schluss dieses Kapitels möchte ich Ihnen noch drei Beispiele der Daimler AG, der Deutschen Post DHL und der F. Hoffmann-La Roche AG nennen.

Über die Guidelines von Daimler muss ich nicht viele Worte machen. Das Werk wurde in diversen Blogs und Publikationen zitiert und gilt als Muster der Social Media Guidelines. Es liegt im Web in deutscher und englischer Version vor.

Bei den Social Media Guidelines der Deutschen Post DHL fällt die optische Gestaltung im Corporate Design auf.

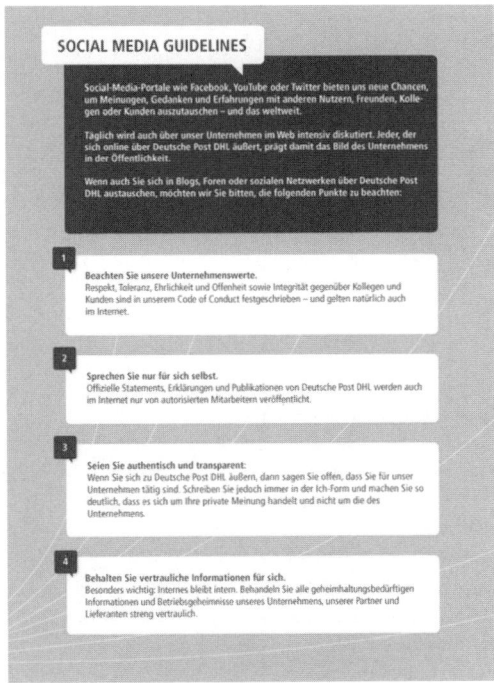

Abb. 12.4: Perfekt gestylt im Corporate Design: Die Social Media Guidelines der Deutschen Post DHL (Quelle: Deutsche Post DHL)

Die Guidelines von Roche, *Roche Grundsätze für Social Media* genannt, sind aufgeteilt in

- 7 Regeln für PRIVATE Online-Aktivitäten Äußerungen über Roche
- 7 Regeln für PROFESSIONELLE Online-Aktivitäten – Äußerungen im Namen von Roche

Das ist insofern vorbildlich, da jeder Mitarbeiter sofort weiß, wie er sich zu verhalten hat, wenn er der einen oder anderen Gruppe angehört.

Juli 2012

Social Media Leitfaden

Das Internet ist aus unserer Gesellschaft nicht mehr wegzudenken. Zurzeit gewinnt vor allem die Nutzung von Social Media Angeboten mehr und mehr an Bedeutung. Unter dem Begriff „Social Media" werden Plattformen und Netzwerke zusammengefasst, bei denen die Nutzer die Möglichkeit haben beispielsweise Fotos, Videos, aber auch Erfahrungsberichte oder Meinungen auszutauschen. Dazu zählen unter anderem Blogs, Wikipedia, YouTube, Facebook oder auch Twitter.

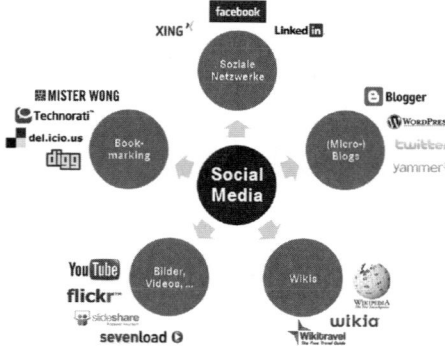

Die wachsende Beliebtheit von Social Media ist auch für Unternehmen von großer Bedeutung: Nutzer sprechen im Internet über Firmen, diskutieren über neue Technologien und empfehlen Produkte – oder eben nicht. Wer diese Diskussionsplattformen ignoriert, der ignoriert auch einen äußerst wirksamen Kommunikationskanal. Social Media Engagement kann helfen, Trends frühzeitig zu erkennen, auf Kritik zu reagieren oder eigene Themen anzustoßen. Und wer könnte das Unternehmen und seine Vielfalt in der Öffentlichkeit besser darstellen als die Mitarbeiter? Mit Ihrem Expertenwissen können Sie Diskussionen im Internet bereichern oder nützliche Anregungen für Ihre Arbeit finden.

Es ist daher im Interesse von Daimler, Ihr Engagement im Bereich Social Media zu fördern. Allerdings ist immer auch festzustellen, dass es im Umgang mit diesen Kommunikationsformen noch viele Unsicherheiten gibt. Um Sie über die Möglichkeiten und Risiken der beruflichen Nutzung zu informieren, wurden die folgenden Hinweise zusammengestellt. Soweit es dabei nicht um gesetzlich vorgeschriebene Dinge geht, handelt es sich ausdrücklich nicht um Gebote, sondern um Empfehlungen, die Ihnen beim Umgang mit Social Media helfen sollen.

1

Juli 2012

10 Tipps zum Umgang mit Social Media

1. **Es geht immer um Konversation.** Wenn Sie Social Media nur für Einbahnstraßenkommunikation nutzen, reden Sie bald gegen eine Wand. Nur wer aktiv das Gespräch sucht, sich in Diskussionen zu Wort meldet und auf Fragen antwortet, wird im Web ernst genommen.

2. **Achten Sie auf Qualität.** Es ist einfach, im Internet schnell und viel Aufmerksamkeit zu erhalten. Langfristige, intensive und wertvolle Konversationen lassen sich aber nur mit qualitativ hochwertigen Inhalten anstoßen bzw. bereichern.

3. **Seien Sie ehrlich.** Lügen haben im Internet besonders kurze Beine. Informationen sind im Netz sofort nachprüfbar. Falschaussagen oder auch nur Weglassungen werden umgehend aufgedeckt. Legen Sie Ihre Quellen offen; das zeugt von Respekt dem Urheber gegenüber und Sie gewinnen an Glaubwürdigkeit.

4. **Bleiben Sie höflich.** Eine Konversation kann nur wertvoll sein, wenn sich alle Beteiligten respektvoll begegnen. Vermeiden Sie Provokationen und Beleidigungen und brechen Sie Gespräche ab, wenn der Gesprächspartner beleidigend wird.

5. **Berichtigen Sie eigene Fehler.** Viele Nutzer im Web sind schnell verärgert, verzeihen aber auch rasch. Geben Sie eigene Fehler oder Irrtümer zu und berichtigen Sie diese. Es empfiehlt sich, diese Änderungen zeitnah und nachvollziehbar vorzunehmen, um Missverständnisse oder Irritationen zu vermeiden. Weisen Sie gegebenenfalls auf Fehler in Beiträgen, die Ihr Arbeitsgebiet betreffen, sachlich und höflich hin.

6. **Seien Sie auch als Privatperson professionell.** Auch wenn Sie Social Media „nur" privat nutzen, kann es vorkommen, dass Sie auf berufliche Kontakte stoßen oder mit Fragen zu Ihrem Beruf konfrontiert werden. Dann ist es gut, wenn Ihnen Privates nicht peinlich sein muss. Einmal Veröffentlichtes lässt sich nur schwer wieder vollständig aus dem Netz entfernen. Durch einfaches Suchen und Verknüpfen der Ergebnisse, lassen sich beispielsweise Rückschlüsse auf persönliche Beziehungen, berufliche Zuständigkeiten oder Einstellung zu bestimmten Themen ziehen.

7. **Trennen Sie Meinungen und Fakten.** Um Missverständnisse zu vermeiden sollten Sie deutlich machen, welche Teile Ihrer Aussagen Meinungen und welche Fakten darstellen. Zudem sollten Sie darauf hinweisen, ob Sie Ihre persönliche oder die Unternehmensmeinung vertreten.

8. **Seien Sie ganz Sie selbst.** Vertrauen und Glaubwürdigkeit sind die Grundpfeiler sozialer Netze. Verstellen Sie sich nicht, sondern zeigen Sie wer und wie Sie sind. Zur offenen Kommunikation im Web zählt auch, dass Sie Ihren Hintergrund offen legen. Wenn Sie für Daimler im Internet aktiv sind bzw. Daimler-Interessen vertreten, stehen Sie dazu! Transparenz können Sie beispielsweise durch einen Hinweis (Disclaimer) sicherstellen, welcher an den Diskussionsbeitrag angehangen wird. Beispiel: *Ich bin Mitarbeiter von Daimler und vertrete hier meine eigene Meinung.*

2

Juli 2012

9. **Behandeln Sie Vertrauliches vertraulich.** Seien Sie sorgsam im Umgang mit Firmeninformationen. Vertrauliche Informationen, die Sie im Rahmen Ihrer Anstellung erhalten, dürfen Sie nicht verbreiten. Wenn Sie unsicher sind, ob Sie eine bestimmte Information veröffentlichen dürfen, fragen Sie bei Ihrem Vorgesetzten, Ihrem Informationssicherheitsbeauftragten (ISO) oder der Unternehmenskommunikation nach. Im Zweifelsfall verzichten Sie auf die Veröffentlichung. Wahren Sie auch den Datenschutz. Veröffentlichen Sie nichts über Dritte, ohne es vorher mit den betroffen Personen abgesprochen zu haben.

10. **Achten Sie das Gesetz.** Veröffentlichen Sie keine verleumderischen, beleidigenden oder anderweitig rechtswidrigen Inhalte. Stellen Sie keine Inhalte ohne entsprechende Urheberverweise ins Netz, beachten Sie Copyrights und respektieren Sie das Recht am eigenen Bild. Halten Sie unternehmensbezogene Informationen geheim, die sich auf den Aktienkurs von Daimler-Wertpapieren auswirken könnten. Solange Sie Zugang zu solchen öffentlich nicht bekannten Informationen haben, dürfen Sie keinem anderen den Kauf oder Verkauf von Daimler-Wertpapieren empfehlen oder andere Personen in sonstiger Weise dazu verleiten.

Um die Einhaltung geltender Rechtsvorschriften in Ihrem eigenen sowie auch im Interesse der Daimler AG sicherzustellen, setzen Ihr Arbeitsvertrag, die Verhaltensrichtlinie (Integrity Code) sowie die Richtlinie zum Umgang mit Informationen verbindliche Grenzen. Das gilt insbesondere für den Umgang mit vertraulichen unternehmens- und personenbezogenen Informationen (siehe auch Punkt 5) sowie jedes Verhalten, das Sie einem Interessenkonflikt aussetzen kann.

Jörg Howe

Leiter Kommunikation, Daimler AG

3

SOCIAL MEDIA GUIDELINES

Social-Media-Portale wie Facebook, YouTube oder Twitter bieten uns neue Chancen, um Meinungen, Gedanken und Erfahrungen mit anderen Nutzern, Freunden, Kollegen oder Kunden auszutauschen – und das weltweit.

Täglich wird auch über unser Unternehmen im Web intensiv diskutiert. Jeder, der sich online über Deutsche Post DHL äußert, prägt damit das Bild des Unternehmens in der Öffentlichkeit.

Wenn auch Sie sich in Blogs, Foren oder sozialen Netzwerken über Deutsche Post DHL austauschen, möchten wir Sie bitten, die folgenden Punkte zu beachten:

1

Beachten Sie unsere Unternehmenswerte.
Respekt, Toleranz, Ehrlichkeit und Offenheit sowie Integrität gegenüber Kollegen und Kunden sind in unserem Code of Conduct festgeschrieben – und gelten natürlich auch im Internet.

2

Sprechen Sie nur für sich selbst.
Offizielle Statements, Erklärungen und Publikationen von Deutsche Post DHL werden auch im Internet nur von autorisierten Mitarbeitern veröffentlicht.

3

Seien Sie authentisch und transparent:
Wenn Sie sich zu Deutsche Post DHL äußern, dann sagen Sie offen, dass Sie für unser Unternehmen tätig sind. Schreiben Sie jedoch immer in der Ich-Form und machen Sie so deutlich, dass es sich um Ihre private Meinung handelt und nicht um die des Unternehmens.

4

Behalten Sie vertrauliche Informationen für sich.
Besonders wichtig: Internes bleibt intern. Behandeln Sie alle geheimhaltungsbedürftigen Informationen und Betriebsgeheimnisse unseres Unternehmens, unserer Partner und Lieferanten streng vertraulich.

5

Schützen Sie Ihre Privatsphäre und auch die Ihrer Kinder.
Was Sie veröffentlichen, ist häufig für alle sichtbar. Auch wenn Sie Inhalte korrigieren oder löschen, alles hinterlässt Spuren im Internet. Achten Sie also sehr genau darauf, was Sie preisgeben.

6

Handeln Sie verantwortlich.
Für das, was Sie veröffentlichen, tragen Sie die Verantwortung. Sollten Sie in Einzelfällen nicht sicher sein, stellen Sie sich die Frage, ob Sie die Inhalte Ihrem Arbeitskollegen, Vorgesetzten oder Geschäftspartner auch direkt mitteilen würden.

7

Halten Sie sich an geltendes Recht.
Bestehende Gesetze gelten natürlich auch im Internet. Vor allem auf die Einhaltung von Copyright wird streng geachtet. Veröffentlichen Sie deshalb nur Inhalte, Bilder und Videos, die von Ihnen stammen, und respektieren Sie die Rechte anderer Nutzer.

8

Behandeln Sie andere mit Respekt.
Achten Sie darauf, wie Sie etwas formulieren. Handeln Sie respektvoll, bleiben Sie höflich und sachlich. Vorsicht mit Humor, Ironie und Sarkasmus – ohne Mimik und Gestik sind diese oft schwer zu verstehen.

9

Unterstützen Sie uns.
Wenn Sie im Internet auf Lob, Kritik oder Humorvolles stoßen und dies mit uns teilen oder diskutieren wollen, können Sie uns hier erreichen:
socialmedia@dhl.com oder socialmedia@deutschepost.de

10

Nutzen Sie interne Plattformen.
Social-Media-Aktivitäten werden in zunehmendem Umfang auch im Corporate Intranet ermöglicht. Benutzen Sie für alle internen Zwecke, wie z.B. Diskussionen mit Kollegen, die zur Verfügung stehenden internen Plattformen.

Unter socialmedia@dhl.com oder socialmedia@deutschepost.de haben wir immer ein offenes Ohr für Ihre Fragen, z.B. wenn Sie bei der Umsetzung der oben genannten Punkte Hilfe benötigen.

Mehr Informationen zu Social Media sowie detaillierte Erläuterungen zu diesen Guidelines finden Sie im Corporate Intranet unter: http://quicklink.intra.dpwn.net/socialmedia

Roche Grundsätze für Social Media

Social Media Angebote wie Blogs, Wikis, Online-Netzwerke (z.B. Facebook, YouTube, LinkedIn usw.), Team Spaces oder personalisierte Websites verändern die Art und Weise, wie wir kommunizieren, miteinander umgehen und unsere Geschäfte abwickeln – dies betrifft Patienten, Kunden und andere Anspruchsgruppen sowohl ausserhalb wie innerhalb von Roche.

Obwohl ständig neue Social Media Angebote entstehen, bleibt ein Grundaspekt aus der traditionellen Kommunikation immer gleich: Es geht darum, den Dialog zu suchen, Informationen zu liefern und auszutauschen sowie Verständnis zu schaffen. Die Schnelligkeit, der Interaktivitätsgrad und der globale Zugang zu sämtlichen publizierten Informationen benötigen jedoch besondere Aufmerksamkeit für eine angemessene Beteiligung an Social Media Aktivitäten.

Roche erkennt den Nutzen und die Allgegenwart von Social Media Plattformen und begrüsst deren Anwendung – andererseits sind wir uns aber auch bewusst, dass diese neuen Kanäle gewisse Risiken bergen. Aus diesem Grund haben wir diese Roche Grundsätze für Social Media erarbeitet, die helfen sollen, diese neuen Kommunikationsformen verantwortungsvoll zu nutzen. In Anbetracht der fortgesetzten und schnellen Entwicklungen in diesem Bereich werden wir die Grundsätze regelmässig überprüfen und gegebenenfalls anpassen.

Grundsätzlich gelten auch für die Online-Welt dieselben Grundregeln wie für die Kommunikation in herkömmlichen Medien: Integrität, Mut und Leidenschaft gepaart mit gesundem Menschenverstand sowie der Verhaltenskodex der Roche-Gruppe und weitere Richtlinien.

Bei Fragen stehen Ihnen unsere Kommunikationsteams oder das Roche Social Media Advisory Board gerne zur Verfügung.

Basel, August 2010

1/5

Grundregeln für die Beteiligung an Online-Kommunikationen

Es ist ein grosser Unterschied, ob man sich „im Namen von" Roche äussert (z.B. als offizieller Mediensprecher) oder ob man sich „über" Roche äussert bzw. unsere Produkte oder Geschäftspartner. Es ist wichtig, dass Sie sich stets bewusst sind, in welcher Funktion Sie wahrgenommen werden und welche Rolle Sie in Social Media Netzwerken einnehmen.

Wie mit herkömmlichen Medien haben wir im Internet die Chance – und die Verantwortung –, den Ruf des Unternehmens mitzugestalten und unter den Tausenden von Online-Konversationen, in denen wir täglich vorkommen, diejenigen auszuwählen, an denen wir uns beteiligen wollen.

Nehmen Sie sich die Zeit, trotz der Schnelligkeit und Dringlichkeit, Ihren Beitrag abzuwägen und zu planen. Bedenken Sie dabei immer, dass Ihre Beteiligung in Social Media keine einmalige Aktion ist. Überlegen Sie sich ein langfristiges Konzept: Mit wem wollen Sie interagieren, mit welcher Absicht und welchem Ergebnis, was sind die Chancen und Risiken?

Sobald Sie in Dialog treten, entstehen Erwartungen an Sie, auf die Sie angemessen und sachkundig eingehen müssen; nicht nur einmal, sondern längerfristig. Definieren Sie daher einen klaren Plan und Verantwortlichkeiten, wie bei anderen Kommunikationsprojekten auch.

Unsere Grundwerte – Integrität, Mut und Leidenschaft – bilden zusammen mit dem **Verhaltenskodex** sowie den **Kommunikationsrichtlinien der Roche Gruppe** den Rahmen, in dem alle Mitarbeitenden die neuen Plattformen nutzen können, während gleichzeitig die Risiken für das Unternehmen und den Mitarbeitenden minimiert werden.

Roche Grundsätze für Social Media in Kürze:

7 Regeln für PRIVATE Online-Aktivitäten *Äusserungen über Roche*	7 Regeln für PROFESSIONELLE Online-Aktivitäten -*Äusserungen im Namen von Roche*
• Seien Sie sich bewusst, dass private und geschäftliche Themen überlappen können.	• Befolgen Sie den Verhaltenskodex und die Kommunikationsrichtlinien der Roche Gruppe.
• Sie sind für Ihre Handlungen verantwortlich.	• Beachten Sie die Genehmigungsprozesse für Publikationen und Aussagen.
• Halten Sie sich an den Verhaltenskodex der Roche-Gruppe.	• Beachten Sie Urheberrechte und würdigen Sie die Autoren.
• Bedenken Sie die globale Reichweite.	• Seien Sie besonders vorsichtig, wenn Sie sich zu Roche-Produkten oder Finanzdaten äussern.
• Seien Sie vorsichtig, wenn Sie sich über Roche äussern. Geben Sie nur öffentlich zugängliche Informationen wieder.	• Geben Sie sich als Vertreter von Roche zu erkennen.
• Geben Sie Ihre Roche-Zugehörigkeit zu erkennen und weisen Sie darauf hin, dass die geäusserten Meinungen Ihre eigenen sind.	• Beobachten Sie Social Media Plattformen, die für Sie relevant sind.
• Achten Sie auf Stimmungswandel und kritische Themen.	• Kennen und befolgen Sie die Richtlinien zum Dokumentenmanagement.

7 Regeln für private Online-Aktivitäten

Äusserungen „über" Roche

Diese Grundsätze gelten für alle persönlichen Online-Aktivitäten, bei denen Sie sich auf Roche selbst oder auf ein Produkt oder Geschäft von Roche beziehen:

1. **Seien Sie sich bewusst, dass private und geschäftliche Aktivitäten überlappen können.** Außenstehende unterscheiden möglicherweise nicht zwischen Ihrem privaten und geschäftlichen Profil in sozialen Netzwerken. Roche respektiert die Redefreiheit aller Mitarbeitenden, aber Sie müssen sich im Klaren darüber sein, dass Patienten, Kunden, Mitbewerber und auch Arbeitskollegen Zugang zu Inhalten haben können, die Sie im Internet veröffentlichen. Dies müssen Sie berücksichtigen, wenn Sie sich zu Themen äußern, die Roche betreffen könnten. Beachten Sie, dass Informationen, die ursprünglich nur für eine kleine Gruppe bestimmt waren, weitergeleitet werden können.

2. **Sie sind für Ihre Handlungen verantwortlich.** Ihre Beiträge in sozialen Netzwerken sind öffentlich und können noch für sehr lange Zeit für ein breites Publikum – intern wie extern – auffindbar und abrufbar sein. Falls durch einen solchen Beitrag unseren Geschäften oder unserem Ruf geschadet wird, sind letztendlich Sie verantwortlich. Das bedeutet nicht, dass Sie auf sämtliche Aktivitäten verzichten müssen. Sie sollten aber gesunden Menschenverstand walten lassen und im Umgang mit Social Media mindestens so sorgfältig sein, wie bei anderen Kommunikationsformen.

3. **Halten Sie sich an den Verhaltenskodex der Roche-Gruppe** sowie an alle anderen Grundsätze, Richtlinien und Positionen von Roche (Datenschutz, Regeln zum Insiderhandel usw.). Begegnen Sie allen Teilnehmern stets mit Respekt unabhängig der ethnischen Zugehörigkeit, Religion und Kultur. Ihr Verhalten im Internet fällt nicht nur auf Sie selbst zurück – es kann sich auch auf Roche und unsere Mitarbeitenden auswirken.

4. **Bedenken Sie die globale Reichweite.** Auch Beiträge, die auf einer „lokalen" Plattform veröffentlicht werden, können global zugänglich sein. Dies zu beachten, ist in unserem reglementierten Geschäft besonders wichtig: Während Ihre Aussage in einigen Teilen der Welt zutreffen mag, kann sie in anderen Ländern falsch aufgefasst werden oder Vorschriften verletzen. Beachten Sie, dass unterschiedliche Kulturen unterschiedliche Werte haben und Äußerungen, die in einer Kultur zulässig sind oder sogar für lustig gehalten werden, in einer anderen Kultur als beleidigend gelten können. Behalten Sie diese „Weltsicht" im Blick, wenn Sie sich an Online-Konversationen beteiligen.

5. **Seien Sie vorsichtig, wenn Sie sich über Roche äussern. Geben Sie nur öffentlich zugängliche Informationen wieder.** Es ist Ihnen untersagt, sich über den Umsatz, Zukunftspläne oder den Aktienkurs von Roche zu äussern, da dies zu ernsthaften rechtlichen Konsequenzen für Sie und das Unternehmen führen könnte. Beteiligen Sie sich nur an Diskussionen, wenn Sie mit dem Thema vertraut sind. Stellen Sie sicher, dass Sie nur Informationen wiedergeben, die öffentlich zugänglich sind. Falls Sie nicht sicher sind, ob die Informationen öffentlich zugänglich sind oder ob es aus anderen Gründen unangebracht ist, diese bekannt zu geben, kontaktieren Sie bitte vor der Publikation solcher Informationen Ihre Kommunikationsabteilung.

6. **Geben Sie Ihre Roche-Zugehörigkeit zu erkennen,** wenn Sie sich in einem öffentlichen Forum, auf einer Website oder in einem persönlichen Blog über ein Produkt oder Projekt von Roche oder einem Mitbewerber äussern, und weisen Sie darauf hin, dass es sich um Ihre persönliche Meinung

3/5

und nicht um die von Roche handelt. (Beispiel: „Ich arbeite für Roche. Alle geäusserten Meinungen sind meine eigenen und repräsentieren nicht zwingend die Ansichten meines Arbeitgebers.")

7. **Achten Sie auf Stimmungen und kritische Themen.** Auch wenn Sie nicht als offizieller Roche-Sprecher oder -Sprecherin im Internet auftreten, sind Ihre Feststellungen für uns sehr wichtig. Falls Sie im Web auf positive oder negative Bemerkungen über Roche oder unsere Produkte stossen, die Sie für wichtig halten, teilen Sie uns dies bitte mit, indem Sie die betreffenden Informationen an Ihre lokale Kommunikationsabteilung weiterleiten.
Dies ist umso wichtiger im Fall von unerwarteten Nebenwirkungen unserer Produkte: Falls Sie auf Informationen stossen, bei denen jemand auf glaubwürdige und identifizierbare Weise Nebenwirkungen nach der Einnahme eines unserer Medikamente erwähnt, senden Sie diese Informationen bitte umgehend an das globale Drug-Safety-Team für weitere Massnahmen.

7 Regeln für professionelle Online-Aktivitäten
Äusserungen „im Namen von" Roche

Die folgenden Grundsätze zeigen auf, was beachtet werden muss, wenn man im Internet als offizieller Sprecher von Roche auftritt:

1. **Befolgen Sie den Verhaltenskodex und die Kommunikationsrichtlinien der Roche Gruppe.** Unser Engagement für Transparenz, ausgewogene Informationen und die einheitliche Behandlung sämtlicher Parteien ist das Herzstück von allen unseren Kommunikationsaktivitäten. Sämtliche Handlungen stehen im Einklang mit unseren Konzernwerten und -grundsätzen und sind auf das entsprechende Publikum zugeschnitten.

2. **Beachten Sie die Genehmigungsprozesse für Publikationen und Aussagen.** Alle Kommunikation von Roche muss korrekt und klar sein und unserem Standard entsprechen. Grundsätzlich gilt der gleiche Genehmigungsprozess wie bei sonstigen offiziellen Aussagen oder Publikationen von Roche.
Angesichts der Interaktivität und Schnelligkeit des neuen Mediums ist es jedoch nicht realistisch, dass bei jeder Rückmeldung der vollständige Genehmigungsprozess durch die Kommunikations-abteilung sowie die rechtlichen und behördlichen Bereiche durchlaufen wird. Aus diesem Grund sollten Sie mit Ihren dafür zuständigen Partnern eine gemeinsame Vereinbarung ausarbeiten, die die Bandbreite der Themen und Vorgänge definiert, die nicht dem normalen Prozess unterliegen. Hier ist Ihr professionelles Urteilsvermögen als Kommunikationsexperte gefragt. Falls Sie Zweifel bezüglich einer Aussage haben, beraten Sie sich mit einem erfahrenen Kommunikationskollegen oder dem Social Media Advisory Board.

3. **Beachten Sie Urheberrechte und würdigen Sie die Autoren.** Stellen Sie stets sicher, dass die ursprünglichen Autoren sämtlicher Inhalte, die Sie von Dritten veröffentlichen (Texte, Bilder, Warenzeichen, Videos usw.), erwähnt werden, und dass Roche über die Urheberrechte oder die schriftliche Genehmigung zur Verwendung dieses Materials verfügt.

4/5

4. **Seien Sie besonders vorsichtig, wenn Sie sich über Roche-Produkte oder Finanzdaten äussern.** Die Kommunikation über den Umsatz, zukünftige Pläne oder den Aktienkurs von Roche sowie Aussagen über unsere Produkte (potenzielle „Werbung") bleiben den Spezialisten auf diesem Gebiet vorbehalten, die dafür ausgebildet sind. Falls Sie Informationen im Zusammenhang mit diesen Bereichen liefern müssen, halten Sie sich an die entsprechenden Leitfäden oder beziehen Sie sich auf Inhalte, die öffentlich zur Verfügung stehen (z.B. auf der Website von Roche). Sämtliche Informationen müssen vor der Publikation von Ihrer Rechts- und Kommunikationsabteilung genehmigt werden. Dies gilt auch für Beiträge in Foren oder Wissensdatenbanken wie Wikipedia.

5. **Geben Sie sich als Vertreter von Roche zu erkennen.** Wenn Sie im Namen von Roche kommunizieren, versteht es sich von selbst, dass Sie immer Ihren vollständigem Namen sowie die Funktion, in der Sie auftreten, angeben. Legen Sie offen, was Ihre Rolle in der entsprechenden Social Media Plattform oder Netzwerk ist und beziehen Sie sich bei Bedarf auf diese Richtlinien oder ein spezifisches Reglement (z.B. auf einem Roche-eigenen Kanal).

6. **Beobachten Sie die Social Media Kanäle, die für Sie relevant sind.** Sie sollten stets wissen, worüber diskutiert wird, damit Sie im Bedarfsfall reagieren können. Definieren Sie Prozesse, wie z.B. mit Berichten über unerwartete Nebenwirkungen unserer Medikamente umgegangen wird oder wie Sie auf Meldungen mit möglicherweise unangebrachtem oder illegalem Inhalt, die in Ihren Zuständigkeitsbereich fallen, reagieren.

7. **Kennen und befolgen Sie die Richtlinien zum Dokumentenmanagement.** Roche hat behördliche und gesetzliche Verpflichtungen, bestimmte Informationen aufzuzeichnen und aufzubewahren. Sie müssen deshalb sicherstellen, dass alle relevanten Informationen, die als Position von Roche interpretiert werden können, aufgezeichnet und im Einklang mit der Roche-Richtlinie zum Dokumentenmanagement (Roche Records Management Directive) aufbewahrt werden. Dokumentieren Sie entsprechende Interaktionen in den sozialen Netzwerken. Da Online-Konversationen oft schnell und kurzlebig sind, ist es wichtig, dass Sie diese aufzeichnen, wenn Sie Roche offiziell vertreten. Denken Sie daran, dass Online-Aussagen des Unternehmens den gleichen rechtlichen Standards wie herkömmliche Kommunikationsmedien unterliegen können.

5/5

Verwendete Studien

Studien

Social Media Guidelines in Deutschland, AUSSCHNITT Medienbeobachtung, Deutsche Medienbeobachtungs Agentur GmbH

Kapitel 13

Mobile Recruiting – Neue Mitarbeiter per Smartphone

Eigentlich nähern wir uns dem Schluss des Buches und dem Ausblick in die Zukunft. Doch das Thema »Mobile Recruiting« ist zu wichtig, um es ans Ende in ein Unterkapitel zu packen. Es ist mehr als ein Trend, es könnte die nächste Stufe des Recruiting 2.0 sein.

13.1 Der Siegeszug der mobilen Endgeräte

Der Grund dafür ist die Tatsache, dass Smartphones, Tablet-PCs und Notebooks zum festen Bestandteil des privaten und beruflichen Alltags geworden sind.

So bezeichneten mehr als die Hälfte der Befragten (58 Prozent) im *Cisco Connected World Technology Report 2011* ein mobiles Endgerät als die wichtigste Technologie in ihrem Leben. Im Gegensatz dazu lag der Fernseher bei gerade einmal acht Prozent. Der Stellenwert dieser Geräte spiegelt sich auch darin wider, dass 50 Prozent lieber ihre Geldbörse verlieren würden als ihr Mobile Device.

54 Prozent der Young Professionals nennen mobile Endgeräte als primäres Medium zur Nachrichten- und Informationsbeschaffung. Bei der Nutzung von mobilen Endgeräten machen Notebooks mit 37 Prozent den größten Anteil aus.

Einhergehend mit diesem Siegeszug stieg auch die Zahl der mobilen Internetnutzung. So hatten laut *ComScore* im September 2011 rund 55,1 Millionen Mobilenutzer in den fünf führenden europäischen Märkten Deutschland, Frankreich, Großbritannien, Italien und Spanien Social Networks oder Blogs mit einem mobilen Endgerät aufgerufen, das entspricht 23,5 Prozent der gesamten Handynutzer. Während die meisten Mobilenutzer die Social-Media-Webseiten über mobile Browser aufgerufen haben (31,3 Millionen), hat sich die Zahl der Personen, die Social Media Apps genutzt haben, im Vergleich zum Vorjahr auf 24,2 Millionen verdoppelt.

Nutzungs-Frequenz und Zugriffs-Art der Mobilenutzer von Social Networks und Blogs 3-Monatsdurchschnitt, endend September 2010 zu September 2011 Gesamt EU5 (FR, DE, IT, ES und UK), Handynutzer, Alter 13+ Quelle: comScore MobiLens	Nutzer gesamt (000)		
	Sep. 2010	Sep. 2011	Veränderung in %
Social Network oder Blog wurde mind. einmal im Monat besucht	38,395	55,125	44%
Social Network oder Blog wurde fast jeden Tag besucht	15,438	25,779	67%
Art des Zugriffs auf Social Media:			
Mobile Browser	23,855	31,307	31%
Applikation (App)	12,057	24,208	101%

Abb. 13.1: Die Zahl der mobilen Social-Media-Zugriffe ist in einem Jahr rasant gestiegen (Quelle: comScore MobiLens ™)

13.2 Bedeutung für das Recruiting

Eigentlich sollte Ihnen jetzt schon klar sein, was diese Entwicklung für das Recruiting bedeutet. Jedoch ist das mobile Internet bei den Job-Suchenden noch nicht ganz angekommen, wie eine Studie von *stellenanzeigen.de* ermittelt hat. Das Jobportal hatte im Herbst 2011 insgesamt 614 Bewerber, darunter 82 Prozent Young Professionals und Professionals und 357 Personaler u.a. zu ihren präferierten Medien bei der Job- bzw. Kandidatensuche befragt.

Dabei stellte sich heraus, dass die mobilen Endgeräte zwar präsent sind bei Bewerbern und Personalverantwortlichen, der PC und das Notebook aber noch klar an erster Stelle liegen beim Recruiting. Smartphones und Tablet-PCs sind aber bereits gestartet. Damit wird die Palette an relevanten Medien zur Rekrutierung breiter.

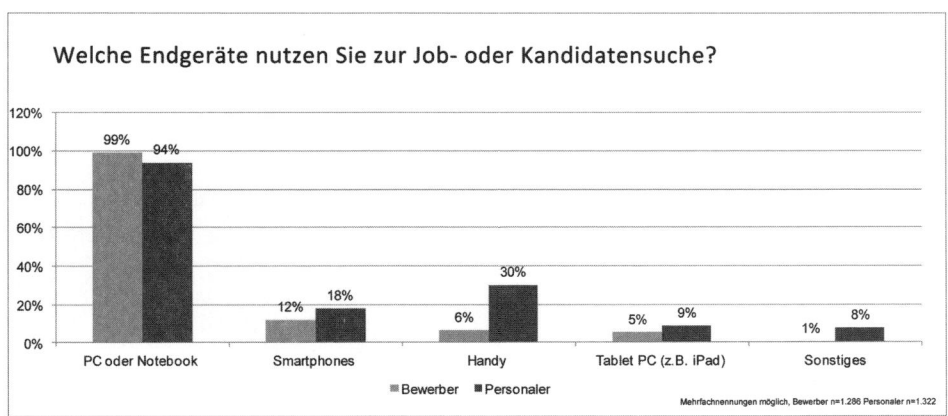

Abb. 13.2: PC und Notebook sind der klare Favorit bei der Job- bzw. Kandidatensuche (Quelle: stellenanzeigen.de GmbH & Co. KG)

Bei den Unternehmen ist das Thema Mobile Recruiting durchaus in den Köpfen angekommen, aber noch lange nicht überall umgesetzt, wie die empirische Studie zur Bewerberansprache über mobile Endgeräte des *eco Verbandes der deutschen Internetwirtschaft* und der *DJM Consulting GmbH* im Kontext des Forschungsprojekts *ReMoMedia* zeigt.

Darin wurde deutlich, dass 55 Prozent der befragten Unternehmen die technologischen Möglichkeiten für Mobile Recruiting bereits bekannt sind. 57 Prozent diskutieren die Bewerberansprache über mobile Endgeräte.

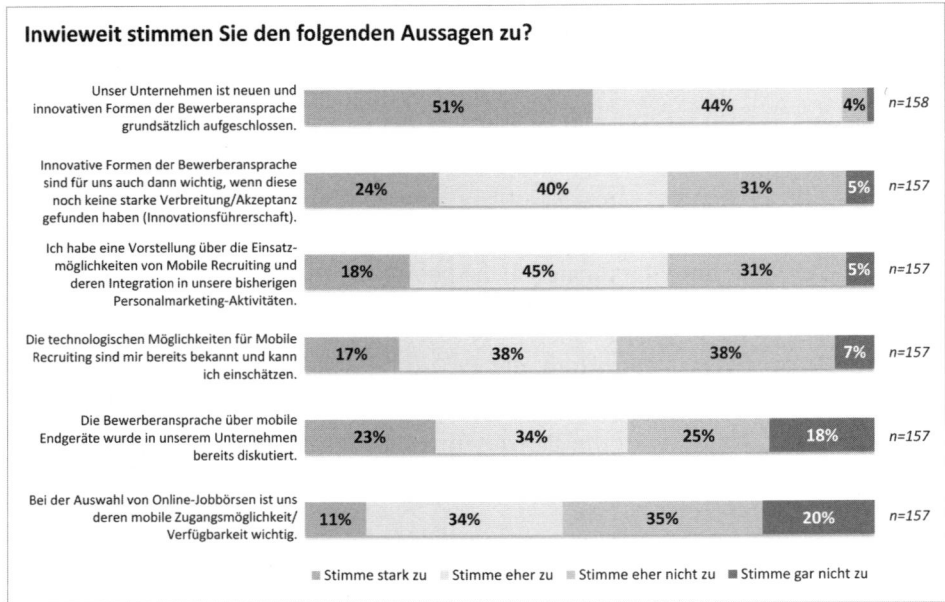

Abb. 13.3: Immerhin: 57 Prozent diskutieren mobiles Recruiting bereits an (Quelle: Prof. Dr. Stephan Böhm, Prof. Dr. Wolfgang Jäger)

Aktiv im Einsatz sind mobile Anwendungen und Technologien für die Interaktion mit (potenziellen Bewerbern) nur bei einem Viertel, mehr als die Hälfte hat noch keine Aktivitäten in dieser Richtung.

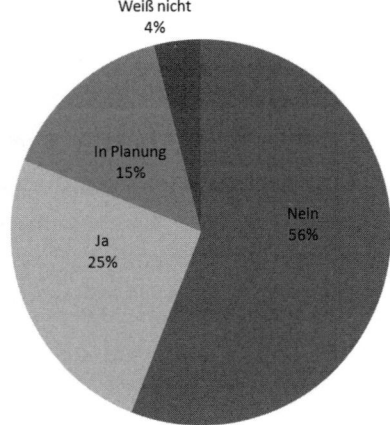

Abb. 13.4: Nur ein Viertel setzt Mobile Recruiting bereits ein (Quelle: Prof. Dr. Stephan Böhm, Prof. Dr. Wolfgang Jäger)

Die Studie aus dem Sommer 2011 hält noch einige wichtige Aussagen bereit. So schätzen fast 90 Prozent der Studienteilnehmer den Nutzen von Mobile Recruiting für die Ansprache von Studenten/Absolventen als sehr hoch ein. Bei den Young Professionals sind es immerhin noch 76 Prozent.

Auch wenn der Blick auf den Status quo in Sachen Mobile Recruiting sicher interessant ist, dürfte Sie aber doch eher das beschäftigen, was man in diesem Bereich tun kann.

13.3 Möglichkeiten des Mobile Recruiting

Werfen Sie deshalb noch einmal einen Blick in die *Mobile Recruiting Studie*. Dort erkennt man in einer Grafik die wichtigsten Anwendungen und Technologien.

An erster Stelle steht die mobile Karriere-Website des Unternehmens gefolgt von Social Media auf mobilen Endgeräten und den mobilen (Online-)Jobbörsen. Danach folgen die Job-/Recruiting-Apps für iPhone, iPad und andere mobile Betriebssysteme (zum Beispiel Android). Als weitere wichtige Anwendung erachte ich noch die Karriere-/Job-News per SMS/MMS.

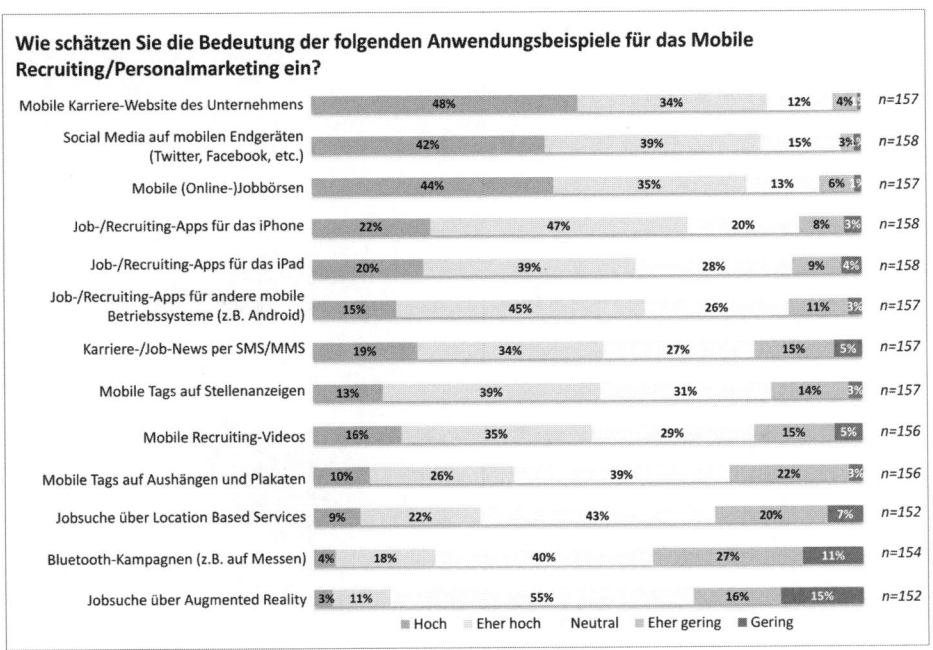

Abb. 13.5: Die wichtigsten mobilen Anwendungen und Technologien im Überblick (Quelle: Prof. Dr. Stephan Böhm, Prof. Dr. Wolfgang Jäger)

13.3.1 Karriere-Seiten für mobile Endgeräte optimiert

Haben Sie schon mal getestet, ob Ihre Webseite und die Karriere-Seite für mobile Endgeräte – hier vor allem für Smartphones und Tablet-PCs – tauglich sind? Wenn nicht, sollten Sie das mit dem kostenlosen Online-Werkzeug *GetMoMeter* (`http://www.startmobile.de/de/d/`) von Google schnell tun.

Dort wird anhand einer Smartphone-Darstellung der Seite, eines fünf Punkte umfassenden Fragenkatalogs und einer Geschwindigkeitsmessung die mobile Fähigkeit Ihrer Webseite je nach thematischer Zielrichtung innerhalb von wenigen Minuten bewertet. Gefragt wird,

- ob alle Bilder optimal dargestellt werden oder ob Inhalt fehlt
- ob der Inhalt auch ohne Zoomen oder Scrollen lesbar ist
- ob Verlinkungen mit dem Daumen ausgeführt werden können
- (bei E-Commerce-Angeboten), ob der Warenkorb gut sichtbar ist
- (bei Publisher-Webseiten) ob die Navigation sichtbar ist
- (bei Markenwebseiten) ob Videos, Spiele oder Animationen sichtbar sind
- (bei Lead-Generierung) ob Ort oder Telefonnummer sichtbar ist
- (bei Lead-Generierung) ob die Rufnummer klickbar / wählbar ist
- ob die Suchfunktion sichtbar ist.

Danach erhalten Sie einen Bericht mit den Ergebnissen.

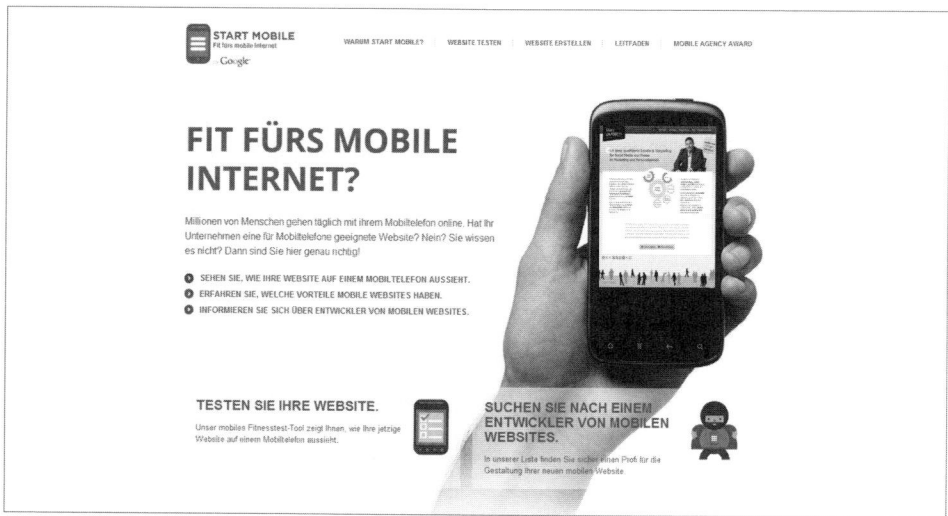

Abb. 13.6: Test meiner eigenen Webseite über den GetMoMeter (Quelle: GetMoMeter)

Eine andere, überaus nützliche Testquelle ist der *Mobile Phone Emulator* (`http://www.mobilephoneemulator.com`), der gleich die typischen Displays mehrerer führender Hersteller anbietet.

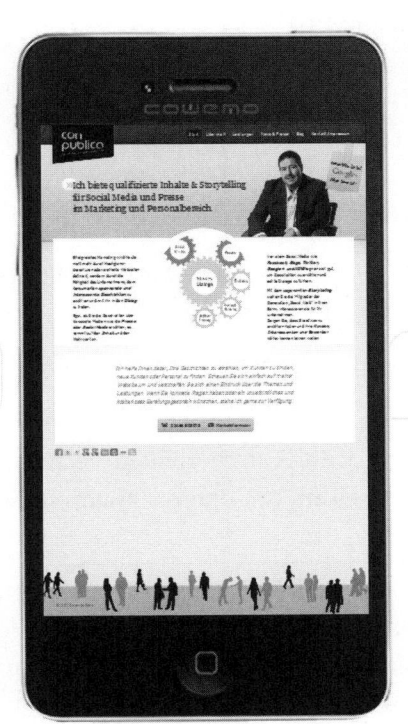
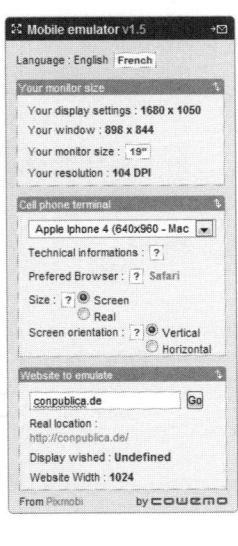

Abb. 13.7: Beim Mobile Phone Emulator können Sie die Webseite auf dem Display des iPhones und mehrerer Geräte von HTC, LG und Samsung testen (Quelle: `http://www.mobilephoneemulator.com`)

Sollte Ihre Karriere-Seite bei den Tests nicht gut abschneiden, gehört Ihr Unternehmen der *Mobile Recruiting Studie 2011* entsprechend zu den 47 Prozent, denen das genau so geht. Wenn die Seite gut abschneidet, gehört Ihr Unternehmen schon zu den 17 Prozent der gut vorbereiteten. Immerhin, ein positiver Trend ist im Vergleich zu 2009 bereits erkennbar.

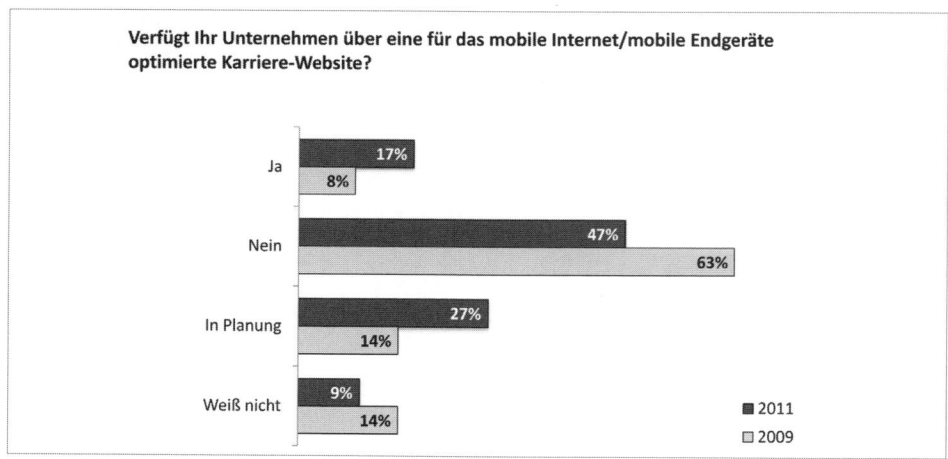

Abb. 13.8: Die Zahl der Webseiten für mobile Endgeräte hat sich im Vergleich zu 2009 mehr als verdoppelt (Quelle: Prof. Dr. Stephan Böhm, Prof. Dr. Wolfgang Jäger)

Die Frage ist, was eine für mobile Endgeräte optimierte Webseite ausmacht.

Auf den heutigen Smartphones und Tablet-PCs lassen sich nahezu alle Websites anzeigen. Allerdings müssen Webseiten für diese Geräte besondere technische Voraussetzungen und Usability-Merkmale aufweisen, um optimal angezeigt und auch bedient werden zu können.

Es geht dabei vornehmlich darum, dass die Seite auch bei geringer Datenübertragungsrate – also wenn kein UMTS verfügbar ist – noch schnell geladen wird, die Seite korrekt und vollständig auf dem viel kleineren Display dargestellt wird und der Nutzer alle wichtigen Elemente findet und bedienen kann (Usability).

Da die Unterschiede zum Beispiel in Sachen Usability sehr gravierend sind, empfehlen die Experten, Webseiten für mobile Endgeräte ganz eigenständig und losgelöst von der Haupt-Webseite zu entwickeln oder zumindest bestimmte Elemente und Strukturen durch besondere Befehle zunächst nicht laden oder erst bei mobilem Zugriff laden zu lassen. So sollten Sie zumindest auf den betreffenden Seiten gänzlich auf Flash-Inhalte verzichten, da Flash nicht auf iPhone, iPad und iPod läuft. Ersetzen Sie verschachtelte Menüs durch einfache Navigationen und vermeiden Sie nette Mouse-Over-Effekte

Moderne Content-Management-Systeme (CMS) erkennen heute automatisch, ob ein Nutzer mit dem Desktop-PC, dem Notebook, dem Tablet-PC oder dem Smartphone auf die Seite zugreift. Zudem werden die Auflösung und der Browser standardmäßig identifiziert.

Ein tieferer Einstieg in die Thematik würde an dieser Stelle zu technisch. Ich empfehle zur weiteren Lektüre ein Whitepaper, das Sie auf der Seite des GetMoMeter unter `http://www.startmobile.de/de/d/` finden.

Falls sich Ihre Webentwickler mit dem Thema beschäftigen wollen, finden Sie hier bei selfhtml.org (`http://aktuell.de.selfhtml.org/artikel/css/mobile-endgeraete`) ein gutes Tutorial.

Das Angebot einer für die mobilen Endgeräte optimierten Karriere-Seite ist Pflicht. Dessen sollten Sie sich bewusst sein. Ohne diese Variante verlieren Sie viele Besucher Ihrer Webseite auf Nimmerwiedersehen.

13.3.2 Nutzung von fremden mobilen Diensten und Plattformen

Nach der Pflicht kommt die Kür. Dies ist auch im Bereich des Mobile Recruiting so. Was in der Umfrage als »Social Media auf mobilen Endgeräten« und »mobilen (Online-)Jobbörsen« genannt wurde, ist nichts anderes als die Nutzung fremder Dienste für mobile Endgeräte. So bieten viele Jobportale wie monster.de, stepstone.de, stellenanzeigen.de, JobScout24, meinestadt.de u.v.m. eine eigene App, teilweise für alle gängigen mobilen Betriebssysteme, an.

Abb. 13.9: Job-Apps der Portale dienen als Aggregatoren für die Stellenanzeigen der Kunden (Quelle: StepStone GmbH)

Hier können Kunden auf Wunsch ihre im Portal veröffentlichten Stellenanzeigen zusätzlich dem breiten Publikum der Smartphone- und Tablet-PC-Besitzer zugänglich machen. Das ist deshalb praktisch, weil Sie es ohne eigene App auf das Gerät des Bewerbers schaffen.

Das Portal stellenanzeigen.de (und sicher einige mehr) bieten zudem unter der Adresse `http://m.stellenanzeigen.de` eine mobile Version des Portals mit Suchfunktion, News, Stellenanzeigen und Terminen an. Damit können Nutzer das Portal nicht nur per App, sondern auch über den mobilen Browser nutzen.

Abb. 13.10: Zugriff per mobilem Browser erweitert die Zielgruppe
(Quelle: `http://m.stellenanzeigen.de`)

Auch einige größere Personaldienstleister bieten eigene Job-Apps für Bewerber an. So haben Kunden der *DIS AG* die Möglichkeit, über die »Jobagent«-App ihre offenen Stellen auf das iPhone oder iPad der Bewerber zu transportieren. Ebenfalls und wahrscheinlich zufällig »Jobagent« heißt die iPhone-App des auf Ingenieure spezialisierten Personaldienstleisters *euro engineering AG*.

Ein besonderes Schmankerl hält das Jobportal JobStairs bereit. Die iPhone-App »JobMap« bietet Location Based Services bei der Jobsuche: Die Applikation stellt mittels GPS und Mobilfunk die eigene Position automatisch fest und zeigt die Stellenangebote in der Umgebung grafisch auf einer Karte an. Der Ausschnitt für die Umkreissuche ist dabei frei wählbar: Mit den Fingern kann der Kartenbereich beliebig größer oder kleiner gezogen werden. Oder ein doppeltes Antippen der Karte reicht aus, um den Zoombereich zu vergrößern oder zu verkleinern.

Abb. 13.11: Bei den »Jobagents« finden Bewerber mobil die passende Stelle
(Quelle: DIS AG / euro engineering AG)

Natürlich können mit der JobStairs-App auch die Stellenangebote auf JobStairs durchsucht werden.

Abb. 13.12: Zeigt die Jobs in der Umgebung an (Quelle: JobStairs / milch & zucker AG)

Was das Thema »Social Media auf mobilen Endgeräten« betrifft, so hatte ich in Kapitel 6 im Rahmen der Twitter-Nutzung bereits auf Dienste wie Jobtweet (http://jobtweet.de) und TwitterJobSearch (http://www.twitjobsearch.com)

hingewiesen. Diese sammeln Jobofferten in der Twitter-Welt und bieten diese gesammelt und aufbereitet in ihrer App an.

13.3.3 Push-Services per SMS/MMS oder RSS

Junge Leute senden für ihr Leben gerne Kurznachrichten via SMS, WhatsApp etc. Diese Erkenntnis werden Sie nicht nur jeden Tag im Bus oder auf der Straße bestätigt bekommen. Das bestätigen auch die Studien. Warum also nicht so genannte Push-Services via SMS oder MMS anbieten. Dabei muss der Interessent nur ein Mal eine SMS und ein Kennwort, zum Beispiel »Karriere« an eine Kurzwahlnummer senden und erhält bis auf Widerruf eine SMS, sobald eine neue Stellenanzeige online gestellt wurde. Diese Nachricht kann einen Link zum Stellenangebot enthalten, den der User über das mobile Endgerät oder später am heimischen Laptop aufrufen kann.

Auch RSS-Feeds können für das Mobile Recruiting genutzt werden. Ihre Webseite kann technologisch sicher einen RSS-Feed anbieten. Der versorgt die Abonnenten mit kurzen Informationen, wenn es auf der Webseite Veränderungen, also zum Beispiel neue Stellenangebote gibt. Diese Informationen enthalten eine Schlagzeile mit kurzem Textanriss sowie einen Link zur Originalseite. Den RSS-Feed bekommen die Nutzer auf den Rechner gesandt, selbst wenn ihr Internet-Browser gerade nicht geöffnet ist.

Auch die Jobportale bieten RSS-Feeds mit neuen Stellenangeboten in vom Nutzer ausgewählten Branchen an.

Übrigens nannten 62 Prozent der Bewerber in der Studie von *stellenanzeigen.de* die Push-Services als bevorzugten Kanal, um auf offene Positionen aufmerksam gemacht zu werden. Dieser Weg ist also nicht zu unterschätzen.

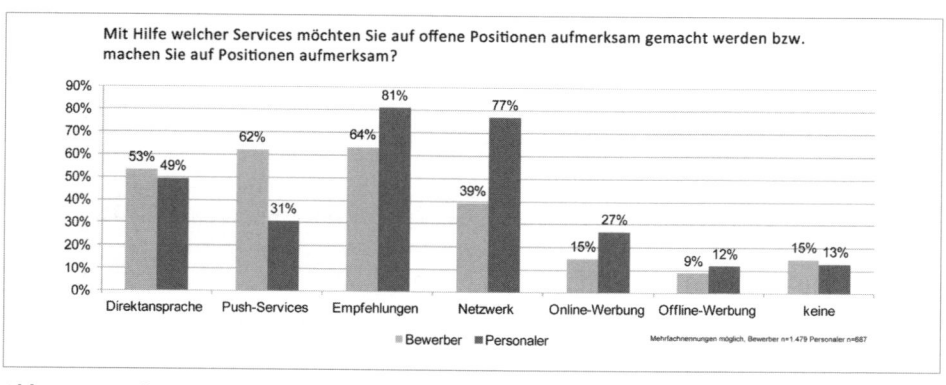

Abb. 13.13: Push-Services sind beliebt bei Bewerbern (Quelle: stellenanzeigen.de GmbH & Co. KG)

13.3.4 Mobile Tagging

Eine weitere Methode, die Bewerber mit ihren Mobilgeräten zu fangen, ist das Mobile Tagging. Dabei erstellen Sie über gängige QR (= Quick Response)-Code-Generatoren (zum Beispiel http://www.qrcode-generator.de) einen solchen Code mit der Adresse Ihrer für mobile Geräte optimierten Karriere-Seite. Diesen QR-Code verbreiten Sie dann über alle Online- und Offline-Kanäle – Stellenanzeigen in Zeitungen, auf Firmenfahrzeugen, auf Marketing-Materialien etc. Die Bewerber sind dann hoffentlich neugierig genug, scannen den Code mit einer QR-Scanner-App ein und gelangen via mobilem Browser auf Ihre Seite. Einfach und effektiv.

Abb. 13.14: Der QR-Code meiner Webseite hr.conpublica.de

13.3.5 Eigene Mobile Apps

Die High-End- und sicher auch die teuerste Lösung ist eine eigene Job-App. Mit Kosten im fünfstelligen Bereich lohnen sich solche Apps aber nur für große Unternehmen mit großen HR-Budgets. Der Vorteil einer eigenen App ist, dass Sie die Funktionen und Inhalte bestimmen und dass Sie eine engere Bindung zu dem Interessenten aufbauen können als mit einer fremden App. Zudem ist das Branding hoch, wenn Ihre App auf dem Home-Screen des Bewerbers zu sehen ist.

Der Nachteil ist – neben den Kosten –, dass Sie den Bewerber erst einmal dazu bringen müssen, genau Ihre App zu installieren. Auch deshalb haben nur bekannte Arbeitgebergrößen wie die Deutsche Telekom, E-Plus oder Daimler eine eigene App.

Abb. 13.15: Eine Auswahl an Apps von Unternehmen, von links Daimler, E-Plus, Deutsche Telekom, SMA Solar Technology und Trovit (Quellen: http://itunes.apple.com)

13.4 Zusammenfassung

Das mobile Web wird immer wichtiger. Waren es 2007 erst 237 Millionen, so werden es laut *PricewaterhouseCoopers* im Jahre 2016 bereits knapp drei Milliarden Anwender sein, die mobil ins Internet gehen. Sie sollten also dringend prüfen, ob Ihre Webseite und Ihre Karriere-Seite für Smartphones und Tablet-PCs ordentlich verfügbar sind. Das ist das Mindeste.

Wenn nicht, lassen Sie gleich eine neue mobil optimierte Seite programmieren.

Wenn Sie dann noch Stellenanzeigen bei den üblichen Online-Jobbörsen schalten, buchen Sie die mobilen Dienste gleich mit, wenn diese nicht eh im Standard-Paket vorhanden sind.

Und die eigene App ist schön, aber teuer. Verwenden Sie Ihr Geld lieber für andere Social-Media-Aktivitäten im Recruiting-Bereich oder für die Pflege Ihres Employer Branding.

Verwendete Studien und Literatur

Studien

Cisco Connected World Technology Report 2011, Cisco Systems, Inc.

comScore MobiLens™ Studie, comScore, Inc.

Online-Stellenanzeigen: Stand der Dinge, Herausforderungen, Lösungen, stellenanzeigen.de GmbH & Co. KG

Mobile Recruiting 2011 – Studie zur Bewerberansprache über mobile Endgeräte, eco – Verband der deutschen Internetwirtschaft und DJM Consulting GmbH im Kontext des Forschungsprojekts ReMoMedia (Prof. Dr. Wolfgang Jäger, Prof. Dr. Stephan Böhm)

Global Entertainment and Media Outlook: 2012–2016, PricewaterhouseCoopers AG

Social-Media-Risiken

Wo Licht ist, ist auch Schatten. Jede Chance birgt auch immer ein Risiko. Auch der Einstieg in die Social-Media-Welt birgt seine Risiken. Die möchte ich Ihnen gar nicht vorenthalten, auch wenn ich Sie mit diesem Buch für Social Media begeistern und ermutigen möchte.

Ich möchte die Risiken gerne in zwei Gruppen unterteilen:

1. Risiken durch Nichtnutzung
2. Risiken bei Nutzung

Die zweite Gruppe unterteile ich dann noch in mögliche immaterielle und materielle Schäden.

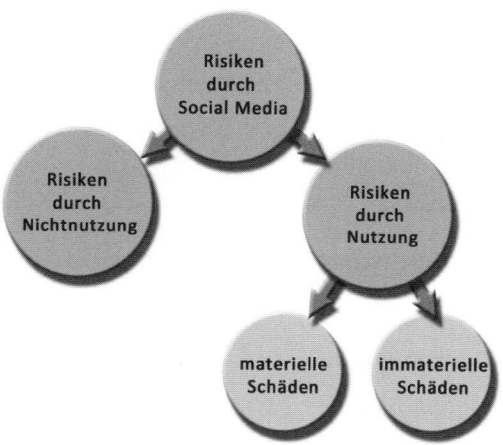

Abb. 14.1: Die Einteilung der Risiken

Die Unterteilung finden Sie auch in dem Whitepaper »Social Media – Eine strategische Aufgabe für das Top Management« der Unternehmensberatung *Mücke, Sturm & Company*. Darin hatte sie die Ergebnisse des *Forschungsprogramms »Next Corporate Communication« (NCC)* der *Hochschule St. Gallen* zusammengefasst.

Auch dort wurde zwischen den Chancen und Risiken durch die Nutzung von Social Media und Risiken aufgrund des Verzichts auf Social Media unterschieden.

14.1 Risiken durch Nichtnutzung

Wie nun bereits mehrfach ausgeführt, findet mit der Web-2.0-Welle eine Veränderung im Kommunikations- und Mediennutzungsverhalten der Menschen statt.

Laut der *ARD/ZDF-Onlinestudie 2011* waren 2011 in Deutschland 73,3 Prozent der Bevölkerung online, das sind 51,7 Millionen Menschen. Und viele dieser Menschen schreiben Produktbewertungen, kommentieren andere Einträge, teilen gute oder schlechte Informationen über diverse Netzwerke. Social Media ist zur »Jedermann-Aktivität« geworden.

Wenn Ihr Unternehmen auf Social Media verzichtet, ergeben sich drei große Risiko-Bereiche.

Kontroll- und Einflussverlust

Ohne selbst aktiv in den Netzwerken und Foren aktiv zu sein, geben Sie die zumindest in Teilen noch vorhandene Kontrollfunktion über die Inhalte und Informationen über Ihr Unternehmen gänzlich aus der Hand. Sie wissen nicht, was andere über Sie als Arbeitgeber sagen oder schreiben, was frustrierte Ex-Mitarbeiter oder begeisterte Mitarbeiter über Sie berichten, und Sie können keinen aktiven Einfluss nehmen.

Bedeutungs- und Imageverlust

Die Abwesenheit im Web 2.0 wird für Ihr Unternehmen mit einem Bedeutungsverlust verbunden sein. Finden Interessenten und Bewerber Ihr Unternehmen im Internet lediglich über die Homepage, wird vermutlich die Relevanz Ihres Unternehmens als Ganzes für die User sinken. Ihr Unternehmen wird als nicht modern, offen und authentisch eingestuft, auch wenn es das eigentlich ist. Das geht schneller, als Sie denken.

Verlust von Mitarbeitern

Wie ich ebenfalls bereits mehrfach ausgeführt habe, dürfte eine Verweigerung gegenüber Social Media in Ihrem Unternehmen zum Verlust von vor allem jungen Mitarbeitern führen.

14.2 Risiken bei Nutzung

Natürlich kann Ihrem Unternehmen auch Schlimmes widerfahren, wenn Sie sich für die Nutzung von Social Media entschieden haben. Sie haben Agenturen beauftragt, teure Konzepte und Strategien zu erstellen, Seiten und Apps zu programmieren, vorhandene Mitarbeiter durch externe Trainer schulen lassen und neue Mitarbeiter eingestellt. Dann das Fiasko. Es funktioniert nicht.

Auf der einen Seite entstehen immaterielle Schäden, hier ist vor allem der Image-schaden zu nennen. Auf der anderen Seite haben Sie bares Geld verschleudert.

Immaterielle Schäden

Was glauben Sie, wie schnell es sich herumspricht, wenn ein bekanntes Unterneh-men oder gar eine große Marke ein Weblog stilllegt, eine Facebook-Seite schlecht gepflegt wird oder ein Video zum Gespött der Nutzer wird. Solche Nachrichten verbreiten sich rasend schnell. Je größer und bekannter das Unternehmen ist, desto schneller geht das durchs Netz. Fragen Sie mal die Verantwortlichen von BMW, wie es ihnen nach dem Video-Fiasko ergangen ist.

Auch wenn das Risiko des Imageschadens bei kleineren Unternehmen deutlich geringer ist, so kann es auch einen Mittelständler erwischen. Die *Funkwerk Daben-dorf GmbH* ist am 08.06.2011 Facebook unter dem Namen »Funkwerk.Karriere« beigetreten, um eine Karriere-Community aufzubauen. Leider hat das ganz und gar nicht geklappt, was die insgesamt drei Postings bezeugen.

Eigentlich nichts Schlimmes, denn es gibt sicher unzählige nicht funktionierende Facebook-Seiten. Leider hat der freiberufliche Berater und Social-Media-HR-Experte Henner Knabenreich (vgl. Kapitel 5) am 16.10.2011 in seinem Blog darü-ber berichtet (vgl. `http://bit.ly/funkwerk_bericht`), so dass die ungepflegte Seite bekannt wurde.

Ich möchte Ihnen keine Angst machen, denn tatsächlich sind das Ausnahmen. In der Regel interessiert es bei KMU kaum jemanden, ob das vor einem Jahr gestar-tete Weblog noch gepflegt ist oder nicht. Die nicht mehr aktuelle Facebook-Seite verliert sich in den anderen Millionen von Seiten ziemlich schnell.

In jedem Fall dürften falsche Verhaltensweisen gegenüber Nutzern schlimme Fol-gen haben. Ein Mitarbeiter greift einen dauernd kritisierenden Facebook-Nutzer persönlich an oder antwortet auf eine Kritik rüde und im falschen Ton. Auch das spricht sich rum und verbreitet sich schnell, egal wie groß das Unternehmen ist. Spott und Häme sind die Folge, Image und Marke sind schnell extrem beschädigt. Im schlimmsten Fall entsteht ein Shitstorm, den Sie nicht mehr kontrollieren kön-nen.

Aber selbst das geht wieder vorbei und passiert auch nur äußerst selten. Das Video war vielleicht peinlich für BMW, aber das Unternehmen ist noch immer erfolg-reich und gilt noch immer als modern und Social-Media-affin.

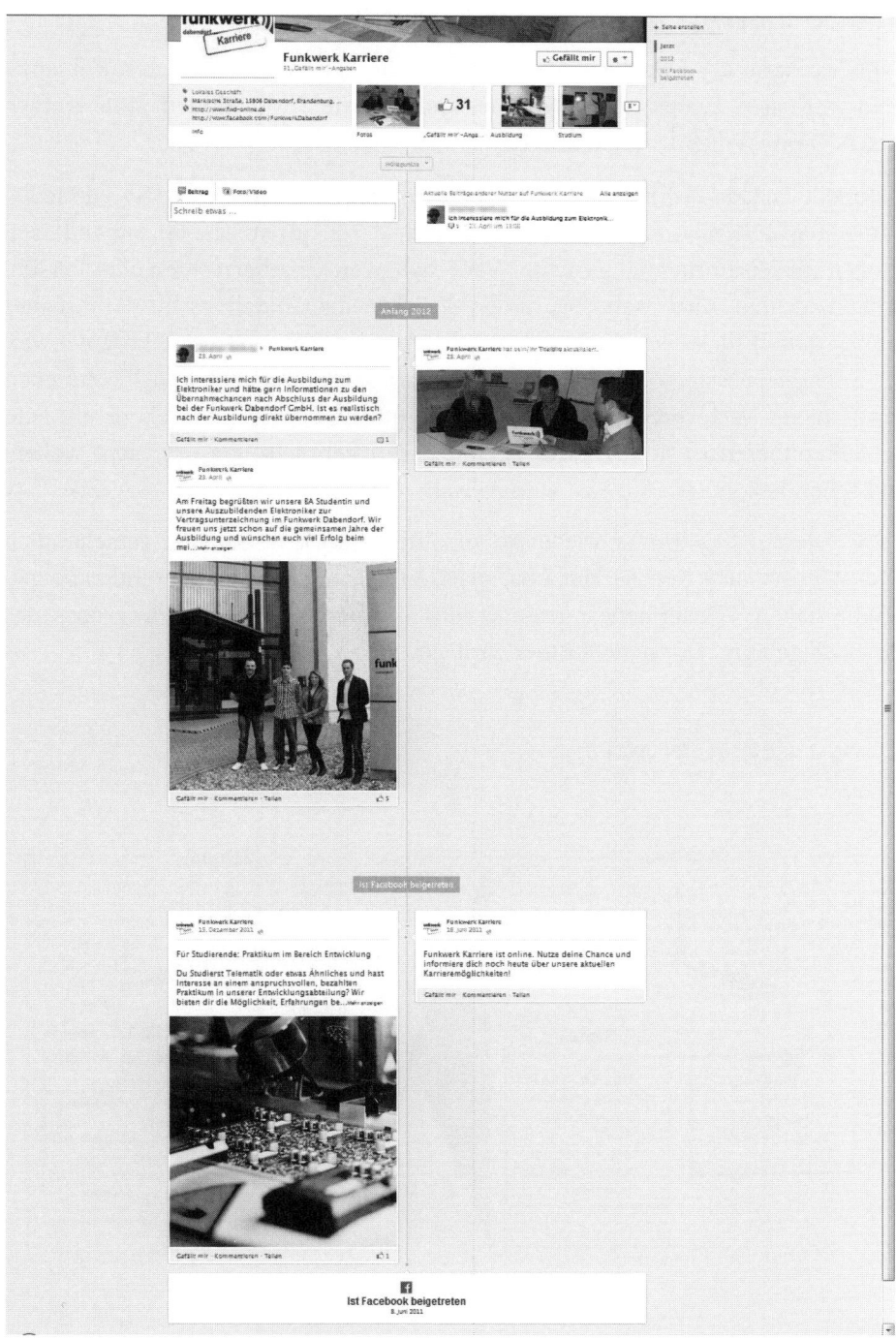

Abb. 14.2: Diese Facebook-Seite wird nur sporadisch gepflegt und wirkt nicht sehr einladend
(Quelle: https://www.facebook.com/Funkwerk.Karriere)

Materielle Schäden

Natürlich kann das Scheitern einer Social-Media-Aktion immer auch mit finanziellen Verlusten einhergehen. Interne und externe Investitionen sind einfach futsch. Dem ist nichts hinzuzufügen.

Materielle Schäden können aber auch an anderen Stellen durch Ihre Social-Media-Aktivitäten ausgelöst werden. Beispielsweise durch juristische Auseinandersetzungen im Zusammenhang mit der Verletzung von Urheberrechten oder Persönlichkeitsrechten. Auch wenn Sie in den Social Media Guidelines Ihre Mitarbeiter explizit darauf hinweisen, dass die rechtlichen Regeln und Gesetze beachtet werden müssen, passieren solche Dinge ganz schnell und versehentlich. Mal eben den Urheber-Nachweis im Blog nicht veröffentlicht, einmal in Facebook ein Foto mit erkennbaren Gesichtern von Personen veröffentlicht, die das nicht wollen, und schon bekommen Sie Post vom Anwalt.

Nicht zuletzt ist es immer wieder vorgekommen, dass Mitarbeiter versehentlich Interna in sozialen Netzwerken ausgeplaudert haben, die zu verheerenden Folgen geführt haben. »Unser neue Partner xy wird uns hier zur Seite stehen« – oops, das war noch geheim. Der neue Partner wird sich sicher freuen.

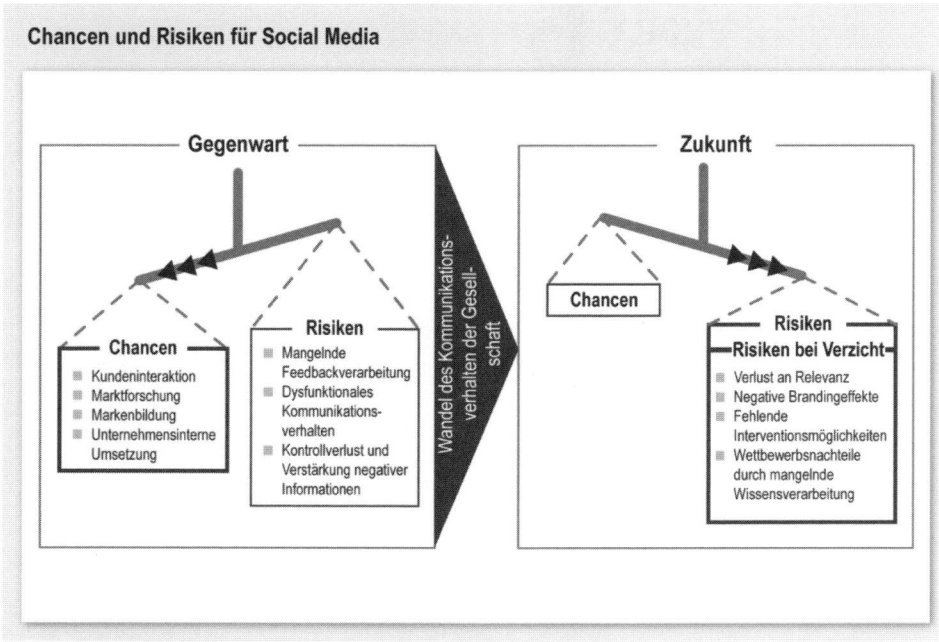

Abb. 14.3: Die Risiken von Social Media heute und morgen (Quelle: Mücke, Sturm & Company auf Basis der Studie »Next Corporate Communication«)

14.3 Zusammenfassung

Die Risiken sind da, da möchte ich Ihnen nichts verheimlichen. Sie haben in diesem Buch alle wichtigen Handlungsempfehlungen und Hinweise erhalten, um die Risiken zu minimieren. Hier noch mal ein paar Tipps:

1. Starten Sie nicht gleichzeitig auf zu vielen Spielfeldern. Kleine Investitionen mit hoher Kompetenz und Durchhaltevermögen sind erfolgreicher.

2. Erarbeiten Sie eine Strategie speziell für Ihre Ziele und Ihr Bedürfnisse.

3. Erstellen Sie Guidelines und nutzen Sie diese aktiv mit Ihren Mitarbeitern (immer wieder darauf hinweisen, aktuell halten etc.).

4. Bieten Sie Schulungen an für Ihre Mitarbeiter, vor allem im Umgang mit Kritikern, Nörglern und Wettbewerbern auf Ihrer Plattform.

5. Wenn Sie starten, benötigen Sie Durchhaltevermögen und einen langen Atem. Erfolg dauert. Lassen Sie sich nicht durch nackte Zahlen unter Druck setzen (vgl. Kapitel 5, der Erfolg einer Facebook-Seite).

Verwendete Studien

Studien

ARD/ZDF-Onlinestudie 2011, ZDF, Mainz

Next Corporate Communication, Ein Projekt des Instituts für Marketing an der Universität St. Gallen, 2011

Zusammenfassung und Ausblick

Nun haben Sie es fast geschafft. Im letzten Kapitel möchte ich noch eine Zusammenfassung und einen Ausblick auf die nächsten Trends geben.

15.1 Zusammenfassung

Wahrscheinlich hat Ihr Unternehmen bereits die Auswirkungen des Fachkräftemangels zu spüren bekommen. Falls nicht, gehören Sie zu den Glücklichen, die immer noch genügend Fachkräfte finden. Das kann an einem ausgezeichneten Employer Branding liegen oder einem erfolgreichen Personalmarketing und Recruiting.

Falls Sie aber bereits unter dem Fachkräftemangel zu leiden haben, könnte Social Media ein neuer Ansatz sein, um die begehrten Studenten, Absolventen und Young Professionals für Ihr Unternehmen zu interessieren und zu gewinnen. Ich sage bewusst »könnte«, denn eines ist sicher: Social Media ist zwar mehr als ein Trend oder eine Modeerscheinung, aber es ist auch nicht der Heilsbringer für alle Probleme. Social Media ist ein neuer Baustein in Ihrer Personalstrategie.

Welche Plattformen und Kanäle Sie dabei einsetzen, hängt von Ihrer Zielsetzung und Strategie ab. Das konnten Sie in Kapitel 3 nachlesen. Es gibt Plattformen und Kanäle, die gut für das Employer Branding und schlecht für das Recruiting geeignet sind, es gibt den umgekehrten Fall und Plattformen und Kanäle, die sowohl für das eine als auch für das andere einsetzbar sind.

XING und LinkedIn

Dazu gehören vor allem XING und LinkedIn. Beide Netzwerke sind das Beste, was die Social-Media-Welt in Sachen Recruiting zu bieten hat. Die speziellen Recruiter-Mitgliedschaften bieten Ihnen viele Werkzeuge, um gezielt und effektiv neue Mitarbeiter zu finden, auch wenn diese nicht aktiv suchen. Mit den Unternehmensprofilen können Sie sich als attraktiver Arbeitgeber innerhalb der Netzwerke ins rechte Licht setzen.

Das Schöne an XING und LinkedIn ist dabei, dass Sie auch mit wenig Budget viel erreichen können. Die Basis-Unternehmensprofile sind kostenlos, die Einzel-Recruiter-Mitgliedschaften kosten nicht die Welt.

Bezüglich der Entscheidung, welches Netzwerk für Sie das richtige ist, kann ich Folgendes sagen: Wenn Sie eher international ausgerichtet sind, ist LinkedIn die erste Wahl, andernfalls ist XING führend.

Facebook

Facebook ist der Überflieger der Web-2.0-Welle, sozusagen der Wellenreiter. Facebook eignet sich hervorragend, um die Arbeitgebermarke auszubauen und in den aktiven, authentischen und ungefilterten Dialog mit Ihrer Zielgruppe zu treten. Aber Vorsicht: Facebook ist schwierig. Sie und Ihr Team müssen schon gut vorbereitet sein, um in Facebook zum erfolgreichen Markenaufbau und Bewerberangeln zu gelangen. In Kapitel 5 hatte ich Ihnen gezeigt, wie das Team zusammengestellt sein sollte, welche Inhalte und Strukturen eine gute Seite präsentieren sollte und wie Sie den Erfolg der Seite messen (nicht durch die Fanzahl).

Facebook ist für Unternehmen nach wie vor kein Muss. Lassen Sie sich nichts einreden. Wenn Sie nicht die finanziellen und personellen Ressourcen dafür haben, sollten Sie es (zunächst) lassen.

Twitter

Nicht viel anders ist das mit Twitter. Twitter fristet zumindest in deutschen Personalabteilungen noch ein eher harmloses Dasein. Dennoch richtet es sich genau an die Zielgruppe, die Sie so gerne ansprechen möchten: jung, dynamisch, städtisch.

Um aber mit Twitter erfolgreich Recruiting zu betreiben, müssen Sie schon einiges in Bewegung setzen in Ihrem Unternehmen. Einfach die offenen Stellen twittern ist nicht genug. Sie müssen Multiplikatoren einbinden und Ihre Mitarbeiter für sich einsetzen. Ideal ist, einen aktiven Dialog zwischen Ihrem Team und den Lesern aufzubauen. Das kostet aber Zeit und braucht Durchhaltevermögen.

Twitter ist einer der kommenden Kanäle für das mobile Recruiting.

Videos und Bilder

In Kapitel 7 zeige ich Ihnen Beispiele, wie andere Unternehmen mit witzigen und netten Videos erfolgreich auf Mitarbeiterfang gegangen sind. Zugegeben, eine Videoproduktion bekommen Sie nicht für 500,00 €. Aber das Beispiel von Jens Wilhelm von der Agentur Wilhelm Innovative Medien GmbH zeigt, dass man auch mit einem Amateur-Video Personal finden kann. Ob das eine Ausnahmeerscheinung war, vermag ich nicht zu sagen. Probieren Sie es. Voraussetzung ist, Sie kennen die Vorlieben und Geschmäcker Ihrer Zielgruppe und das Video passt zu Ihnen (nicht wie bei BMW).

Die reine Bildkommunikation zum Beispiel mit Pinterest ist noch ein Exot, kann aber ein neuer Trend werden. Sie sollten es zumindest im Auge behalten.

Weblogs

Blogs sind zu gut zum Üben. Während Facebook-Fehler oftmals sofort und manchmal auch hart bestraft werden, sind Blogs meiner Ansicht nach eher »gutmütig«. Da sie erst in der Blogosphäre und bei den Suchmaschinen bekannt gemacht werden müssen, kann man ungestört und ohne Folgen üben. In der Regel haben die Autoren – ob nun der CEO, der Personalvorstand oder das Azubi-Team – keine großen Erfahrungen im Bloggen.

Allerdings, und darauf habe ich mehrfach hingewiesen, sind Blogs kein schnelles Mittel zum Ziel. Es braucht Zeit, viel Zeit, bis ein Blog seine Wirkung entfaltet, bis die Kommentare kommen und der Dialog mit den Lesern beginnt. Dann erst wirken sich Blogs positiv auf Ihr Employer Branding aus.

Wichtig ist, dass der finanzielle Aufwand für ein Blog eher gering ist. Sie benötigen ein Team, aus dem jeder ein Mal pro Woche etwas schreibt. Die Software ist kostenlos und die Kosten für das Hosting sind verschwindend gering.

Im internen Einsatz übernehmen Blogs die Rolle des »Schwarzen Bretts«. Hier können Kollegen für andere Kollegen Mitteilungen schreiben, die Personalabteilungen alle Mitarbeiter informieren oder der Chef Rede und Antwort stehen. Interne Blogs eignen sich als Ideenschmiede und für Verbesserungsvorschläge.

Wikis

Wikis sind den Blogs sehr ähnlich. Doch sie dienen noch mehr der Wissensgewinnung und -konservierung im Unternehmen. Wie Sie in Kapitel 9 lesen konnten, haben viele Personalverantwortliche die Sorge, dass das Wissen von ausscheidenden Kollegen aus dem Unternehmen verschwindet – mit Wikis bleibt es jederzeit abrufbar. Doch Wikis können noch viel mehr.

Ihre Mitarbeiter sind stets auf dem neuesten Stand, profitieren vom Wissen anderer und neue Mitarbeiter sind schnell eingearbeitet.

Wikis haben allerdings den Nachteil, dass sie in der Regel eine sehr schwierige Einführungsphase haben. Bei vielen Mitarbeitern bestehen arge Bedenken gegen Wikis, die zum Widerstand ausufern.

Wenn Sie also ein Wiki einführen, ist die Führungskompetenz und Vorbildfunktion der Vorgesetzten gefragt.

Micro-Blogs

Micro-Blogging-Dienste wie Yammer, Swabr oder Communote sind der moderne Flurfunk 2.0. Das Prinzip von Twitter wurde einfallsreich von einigen Unternehmen in die Enterprise-Schiene transportiert. Alles funktioniert wie bei Twitter und Facebook, nur eben hinter verschlossenen Türen.

Alle Micro-Blogging-Dienste sind in ihren Grundversionen kostenlos. Aber auch hier gilt: Sie müssen von der Basis her gewollt sein, sonst funktionieren sie nicht.

Arbeitgeber-Bewertungsportale

Bewertungsportale gibt es mittlerweile für etliche Branchen und Themenbereiche. Sie gehören zur Kultur des Web 2.0. Die einen wollen unbedingt ihre Meinung über Unternehmen und Produkte kundtun, die anderen wollen erst diese Meinung lesen, bevor sie sich entscheiden. Kein Wunder also, dass es auch Arbeitgeber-Bewertungsportale gibt – und zwar unzählige.

Der oftmals vertretenen Meinung, es gebe dort nur Bewertungen von frustrierten Ehemaligen bzw. die guten Bewertungen seien gekauft, wirken die Betreiber aktiv entgegen durch softwaregestützte und manuelle Kontrollen auf Konsistenz und Stimmigkeit.

Fragen Sie doch einfach Ihre Mitarbeiter, ob sie nicht eine Bewertung abgeben wollen. Und bitte um Himmels willen nicht schimpfen, wenn die nicht so ausfällt, wie Sie das wünschen. Die aktive Bewertung durch Mitarbeiter MUSS freiwillig und ohne Druck geschehen.

Funktioniert das, haben Sie einen enormen Schritt zu einer perfekten Reputation und einem guten Arbeitgeber-Image getan.

Mobile Recruiting

Mobile ist die Zukunft. Immer mehr Menschen gehen mit dem Smartphone oder Tablet-PC ins Internet oder nutzen Apps, um Dinge zu erledigen, einzukaufen oder sich miteinander zu unterhalten.

Deshalb ist es enorm wichtig, dass Sie Ihre Web- und vor allem die Karriere-Seiten auf die mobile Eignung prüfen und ggf. optimieren lassen. Sieht eine Webseite auf dem Smartphone zerhackt aus, wird sie niemand ein zweites Mal besuchen.

Nutzen Sie dann alle möglichen mobilen Kanäle, die Ihnen externe Dienstleister anbieten – sofern es in Ihr Budget passt.

Eine eigene App ist nice to have, aber das Kosten-Nutzen-Verhältnis ist sehr schlecht. Sparen Sie sich das Geld und investieren Sie lieber in andere Kanäle und Plattformen.

Social Media Guidelines

Mitarbeiter brauchen Regeln. Diese Erkenntnis ist nichts Neues. Aber besonders, wenn Ihr Unternehmen sich in Sachen Kommunikation auf neues Terrain begibt, müssen die Mitarbeiter wissen, was sie dürfen und was nicht. Die Social Media Guidelines – wie salopp oder streng sie auch immer formuliert sind – sind die Leitplanken für Ihre Mitarbeiter auf dem Social Media Highway.

Nutzen Sie sie und vermeiden Sie damit böse Überraschungen.

15.2   Status quo in Sachen Social Media

Natürlich möchte ich es mir auch nicht nehmen lassen, Ihnen den Status quo in Sachen Social Employer Branding und Social Recruiting kurz vorzustellen. Es gibt ganz aktuelle Studien aus diesem Jahr, die zeigen, dass Social Media im Personalbereich noch immer in den Kinderschuhen steckt.

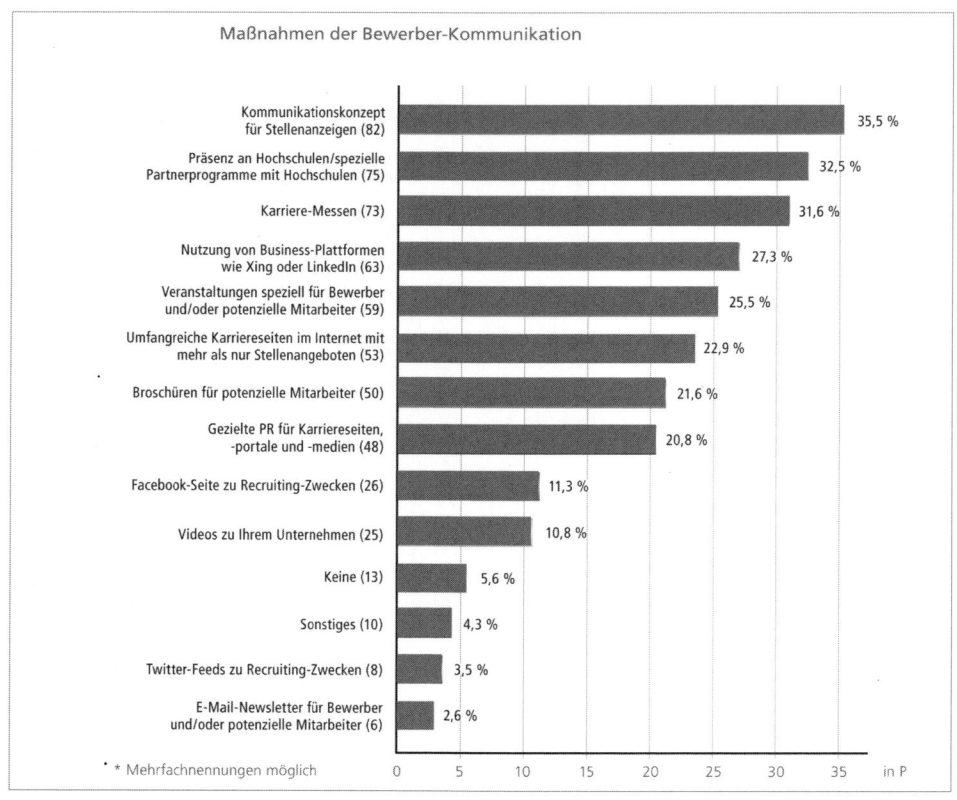

Abb. 15.1: Social Media wird im HR-Bereich immer noch durch XING und LinkedIn bestimmt (Quelle: index GmbH)

So zeigt eine aktuelle Studie der *index Agentur* zum Thema Employer Branding, dass gerade mal 27,3 Prozent XING oder LinkedIn für die Bewerber-Kommunikation einsetzen. Facebook-Seiten für den Recruiting-Zweck sind bei 11,3 Prozent im Einsatz, Videos bei 10,8 Prozent und Twitter bei gerade mal 3,5 Prozent.

Doch haben die Studienmacher auch mal in die Zukunft geschaut und die Unternehmen nach ihren Plänen bezüglich Recruiting und Employer Branding befragt. Dabei zeigt sich, dass Facebook mit 22,5 Prozent die Business-Plattformen XING und LinkedIn mit 21,2 Prozent überholen wird. Die Videos und Twitter werden marginal an Bedeutung gewinnen.

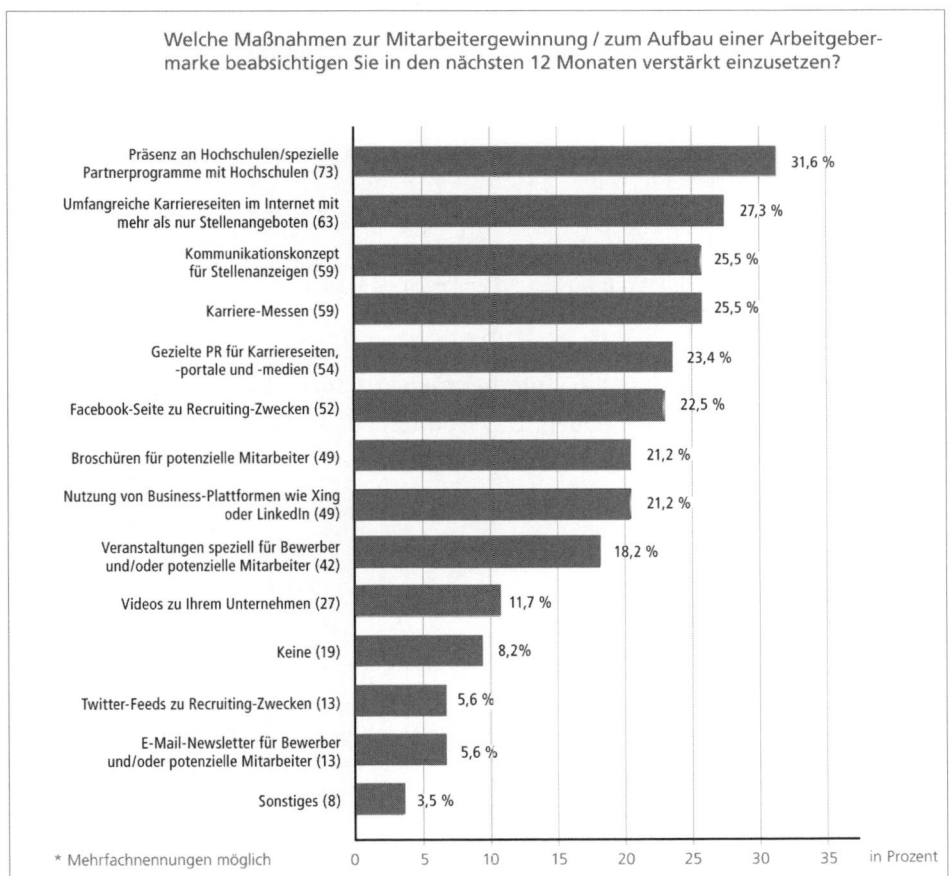

Abb. 15.2: Facebook wird die Nr. 1 beim Social Recruiting und Social Employer Branding (Quelle: index GmbH)

Eine andere Studie zeigt, dass der Mittelstand bislang nur XING und LinkedIn für die Schaltung von Stellenanzeigen, die aktive Suche nach Kandidaten und die aktive Suche über identifizierte Kandidaten nutzt. Lediglich bei der Image-Werbung kommt Facebook ins Spiel.

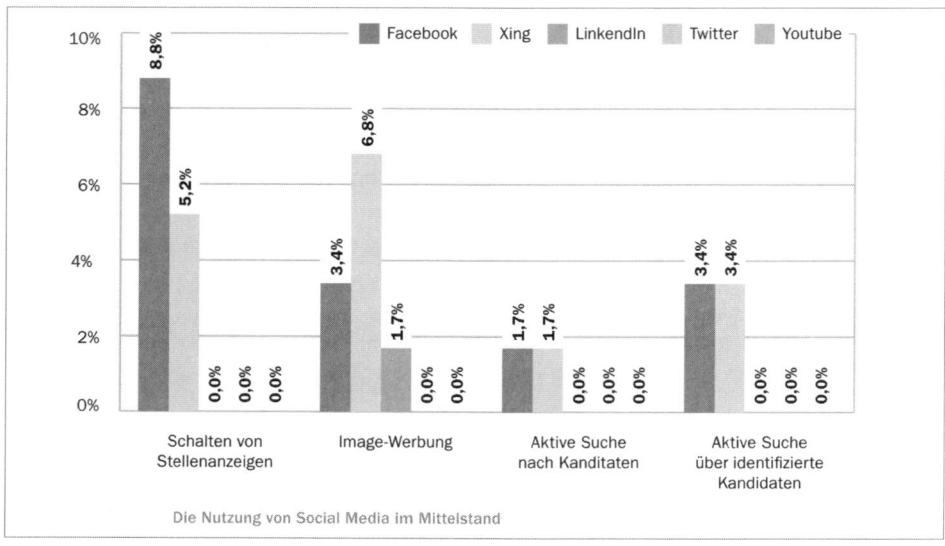

Abb. 15.3: Der Mittelstand nutzt nur XING und LinkedIn (Quelle: Centre of Human Resources Information Systems (CHRIS) et. al.)

Die gleiche Studie zeigt, dass die Unternehmen aus Social Media erst 2,4 Prozent ihrer Einstellungen generiert haben. Das ist durchaus noch sehr wenig.

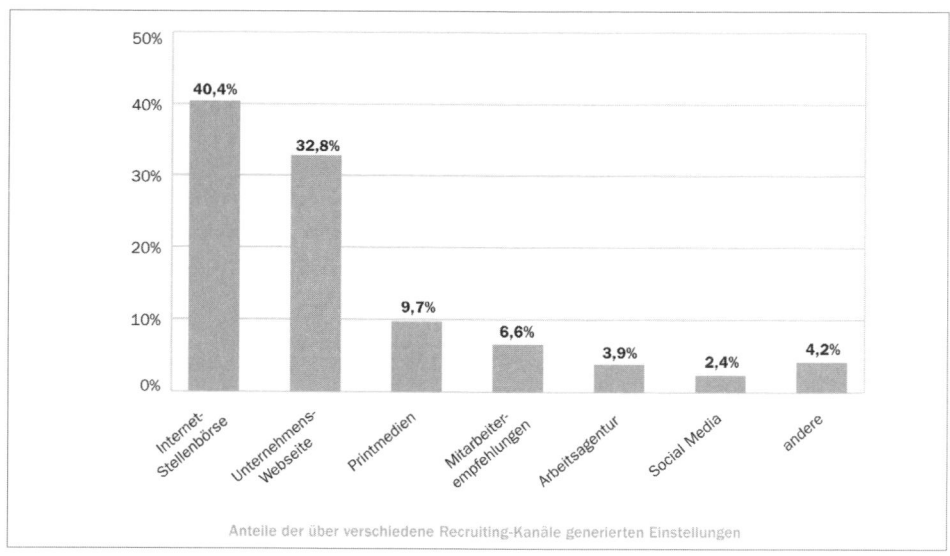

Abb. 15.4: Social Media hat noch wenig Erfolg beim Recruiting (Quelle: Centre of Human Resources Information Systems (CHRIS) et. al.)

Ich könnte Ihnen noch viele weitere Studienergebnisse präsentieren, die alle zeigen, dass Social Media im HR-Bereich noch am Anfang steht. Das können Sie in den vielen genannten Studien aber lieber selbst nachlesen. Vielmehr möchte ich Ihnen zum Schluss einen Ausblick geben auf die nächsten anstehenden Trends in Sachen Social Media.

15.3 Ausblick

Was kommt als Nächstes? Welche Welle baut sich bereits auf? Zwei Trends möchte ich Ihnen vorstellen.

15.3.1 Location Based Services

Bereits in Kapitel 13 habe ich Ihnen im Rahmen des »Mobile Recruiting« eine iPhone-App vorgestellt, die die so genannten Location Based Services (deutsch: Standortbezogene Dienste, kurz LBS) nutzt. Diese LBS sind mobile Dienste, die dem Endbenutzer unter Zuhilfenahme von positionsabhängigen Daten spezielle Informationen bereitstellen oder Dienste anderer Art bieten.

Dazu werden nach dem Start einer Anwendung die GPS-Daten eines mobilen Endgerätes an den Dienst übermittelt, der daraufhin Informationen zum Beispiel zu interessanten Orten in der Nähe, zum Aufenthaltsort von Freunden (aus den Kontakten), zu guten Restaurants etc. auf dem Gerät anzeigt.

LBS werden auch zur modernen Schnitzeljagd (Geocaching), zur Navigation durch Städte oder neuerdings zur ortsbezogenen Werbung und Kommunikation eingesetzt.

Und selbst vor dem Bereich Recruiting machen die Location Based Services nicht halt. Die erwähnte iPhone-App »JobMap« stellt mittels GPS die Position einer Person fest und zeigt die Stellenangebote in der Umgebung grafisch auf einer Karte an. Da der Anbieter der App das Jobportal jobstairs.de ist, gelangen die offenen Stellen der mehr als 57 registrierten Unternehmen automatisch dort hinein.

Eine andere Idee hatte die Brüsseler Niederlassung der Kommunikationsagentur Euro RSCG. Um neue Mitarbeiter zu finden, nutzte die Agentur das soziale Empfehlungsnetzwerk Foursquare. Mit deren mobilen Apps können Nutzer an registrierten Standorten »einchecken« und Kommentare zum Beispiel über besonders gutes Essen oder spezielle Dienstleistungen hinterlassen.

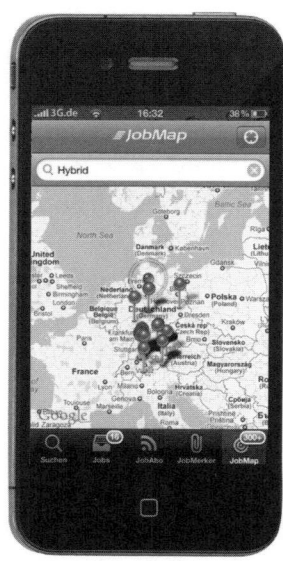

Abb. 15.5: Ein Beispiel für Location Based Services: JobMap (Quelle: JobStairs / milch & zucker AG)

Um gezielt die Aufmerksamkeit von Mitarbeitern anderer Agenturen auf sich zu ziehen, setzten Mitarbeiter von Euro RSCG über Wochen hinweg täglich Check-Ins bei der Konkurrenz. Durch diese hohe »Check-In«-Frequenz errangen die Euro-RSCG-Mitarbeiter bei allen Konkurrenz-Standorten die so genannte »Foursquare mayorship«, eine Auszeichnung an die Personen, die innerhalb von 60 Tagen am allermeisten eingecheckt haben. Mayors werden dann besonders prominent auf den Foursquare-Seiten der Standorte – hier anderer Agenturen – angezeigt.

Auch wenn das Beispiel ein wenig anrüchig scheint, so zeigt es doch, wie man vorhandene Location Based Services wie Foursquare für seine Zwecke einsetzen kann.

Die Deutsche Bahn zum Beispiel präsentiert Nutzern, die über Foursquare am Berliner Hauptbahnhof einchecken, ein Spezial-Programm, das eine Live-Führung durch die Technikräume des Hauptbahnhofes beinhaltet und parallel freie Stellen anzeigt.

Egal, wie Sie darüber denken, die Location Based Services werden im Zuge der Smartphone- und Tablet-PC-Welle der Trend der kommenden Jahre.

Denken Sie doch mal darüber nach, wie Sie Ihr Unternehmen bei Foursquare darstellen und Ihre Mitarbeiter dazu animieren können, dort einzuchecken, um in dem Netzwerk auf Ihr Unternehmen aufmerksam zu machen und so neues Personal zu gewinnen.

15.3.2 Gamification

Ein anderer Trend wird unter dem Stichwort »Gamification« geführt. Dabei überträgt man spieltypische Elemente wie Punkte, Levels, Ranglisten, Highscores oder gar ganze Spiele in einen spielfremden Kontext mit dem Ziel, den Anwender zu motivieren, eine bestimmte erwünschte Verhaltensweisen zu erzeugen (Konsum, Produktbindung).

Auch Gamification ist Ihnen in diesem Buch bereits begegnet. In Kapitel 5 über Facebook stellte ich ein Gewinnspiel der Accenture GmbH auf Facebook vor, bei dem man ein MacBook Air der neuesten Generation gewinnen konnte, wenn man einen unvollständigen Programm-Code richtig vervollständigen konnte.

Auf der Facebook-Seite der Technologieregion Karlsruhe können Nutzer ein Foto hochladen, um sich online via Bart und Brille zum »Nerd« zu machen.

Siemens hat gar ein eigenes Online-Spiel programmieren lassen, mit dessen Hilfe Studenten und Bewerber, aber auch eigene Mitarbeiter, Kunden, Partner anhand einer simulierten Fabrik einen Einblick in den Alltag eines Anlagenmanagers erhalten. Man schlüpft in die Rolle eines Anlagenmanagers und muss diverse Aufgaben lösen und die Produktivität, Effizienz und Nachhaltigkeit der virtuellen Fabrik verbessern.

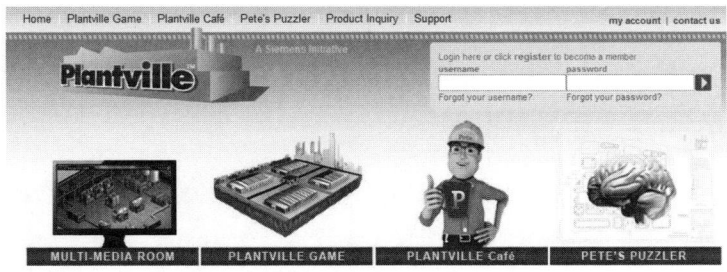

Abb. 15.6: Mit Plantville will Siemens gezielt Anlagenmanager ansprechen. (Quelle: http://www.plantville.com)

Auf diese Weise stellt sich Siemens offen gegenüber Interessenten dar und gibt ihnen die Möglichkeit, das Unternehmen zu erkunden und dabei seine eigenen Fähigkeiten zu testen. Das Spiel Plantville (`http://www.plantville.com`) ist den beliebten Online-Spielen »Farmville« und »Cityville« nachempfunden.

Auch die Bayer AG, die Daimler AG und die E-Plus-Gruppe experimentieren mit Recruiting via Browsergames. Allerdings wurden diese nicht extra programmiert. Vielmehr geht es um das beliebte Online-Spiel Fliplife (`http://fliplife.com`), in dem man die Karriere seines Lebens aufbauen kann. Dort kann der Spieler spezielle Karrieren in dem betreffenden Unternehmen starten. Bei Daimler kann man beispielsweise unter dem Motto »Vom Felgenpolierer zum Innovationsguru« eine Ingenieur-Karriere durchlaufen. Dazu muss man mehrere Projekte erfolgreich erledigen und bei Bayer zum Beispiel zusätzliche Quizfragen richtig beantworten. Bei E-Plus steigt man bei Erfolg vom Street Promotor zum Telepath auf.

Für das Personalmarketing sind diese Spiele deshalb wichtig, weil die Spieler virtuell testen können, ob sie zu dem betreffenden Unternehmen oder Job passen, und dabei viel über das Unternehmen lernen.

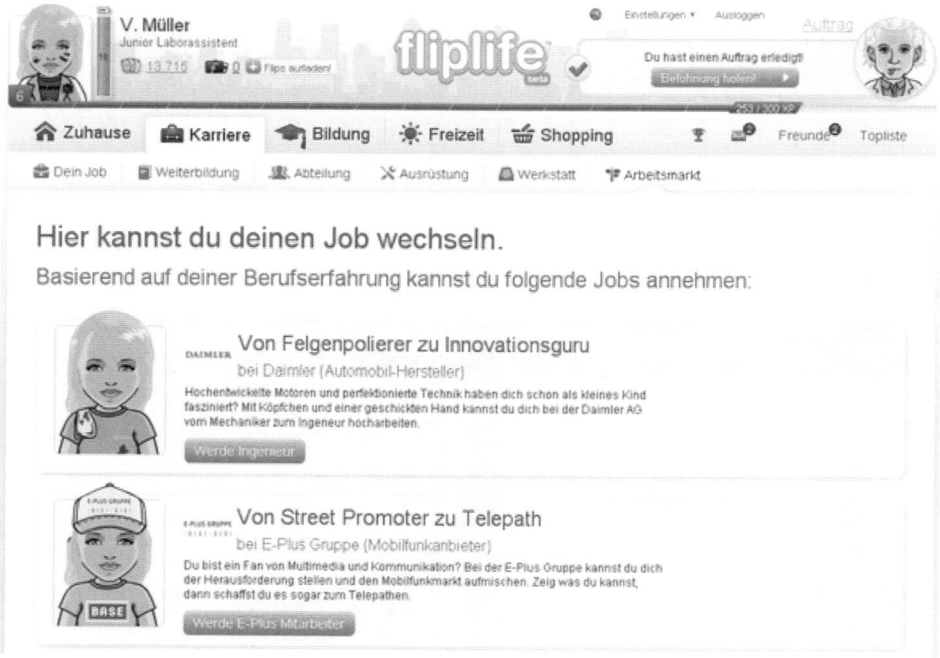

Abb. 15.7: Am Arbeitsmarkt in fliplife stehen mehrere Jobs zur Verfügung. (Quelle: `fliplife.com` via `http://blog.recrutainment.de`)

Für Daimler hat sich das Engagement bei fliplife quantitativ gelohnt. Wie die *CYQUEST GmbH* in ihrem Recrutainment-Blog schreibt, haben in den ersten drei Wochen seit Start der Aktion mehr als 2.000 Personen virtuell bei Daimler angeheuert Diese haben dort ca. 15.000 Projekte absolviert und waren zusammen etwa 7.400 Stunden damit beschäftigt. Die Daimler-Seite, auf der man die Projekte auswählen kann, wurde ca. 248.000 Mal aufgerufen.

Damit hat Daimler in drei Wochen über 2.000 neue Kontakte mit am Unternehmen interessierten Personen gewonnen.

Auch hier will ich keine Wertung über Sinn oder Unsinn solcher Spiele abgeben. Es sind Tests bzw. Experimente. Die Idee, über Spiele Menschen zu faszinieren und zu fesseln, ist nicht neu. Für den HR-Bereich schon.

15.4 Schlusswort

Ich hoffe, Sie haben nun ein Gefühl dafür, was man mit Social Media im Personalbereich anstellen kann und was nicht. Mein Rat zum Schluss:

Seien Sie mutig und versuchen Sie es mit Social Media.

Denn Social Media geht nicht wieder weg, genauso wenig wie das Fernsehen oder das Telefon.

Verwendete Studien

Studien

Die index-Expertenbefragung: Employer Branding 2012, index Agentur für strategische Öffentlichkeitsarbeit und Werbung GmbH, Berlin 2012

recruiting trends im mittelstand 2012 – Centre of Human Resources Information Systems (CHRIS) der Universitäten Bamberg und Frankfurt am Main in Zusammenarbeit mit der Monster Worldwide Deutschland

recruiting trends 2012 – Centre of Human Resources Information Systems (CHRIS), Otto-Friedrich Universität Bamberg, Goethe-Universität Frankfurt am Main sowie Monster Worldwide Deutschland GmbH

Stichwortverzeichnis

Tim Sebastian

Facebook Fanpages Plus

- **Facebook Fanpages administrieren und einrichten**
- **Tab-Applikationen, Open Graph Protokoll und Social Plug-ins**
- **Tracking und Monitoring**

Facebook ist in Deutschland das größte soziale Netzwerk am Markt. 25 Millionen potentielle Kunden könnten auch bei Ihnen „Gefällt mir" klicken, erwarten vom Unternehmen aber zumeist einen professionellen Auftritt.

Autor Tim Sebastian zeigt Ihnen in diesem Buch detailliert, wie eine Facebook Fanpage grundlegend eingerichtet und administriert wird. Der Schwerpunkt liegt dabei auf den Erweiterungen: verschiedenen Baukästen wie das Fan-Gating und eigene Tabapplikationen, die Sie ohne Programmierkenntnisse mithilfe des Buches selbst erstellen oder aus den Beispielen im Buch übernehmen können. Das Buch beschreibt darüber hinaus die Integration des Open-Graph-Protokolls in die eigene Website und wie Social Plug-ins optimal eingesetzt werden können.

Abschließend erklärt der Autor, welche auswertbaren Daten Sie durch die Nutzung der Facebook Fanpage erhalten und wie Sie diese in Ihrem Webreporting abbilden, so dass Sie Ihr Social Media Marketing optimieren können.

Probekapitel und Infos erhalten Sie unter:
www.mitp.de/9184

ISBN 978-3-8266-9184-3

Jim Sterne

Social Media Monitoring

**Analyse und Optimierung
Ihres Social Media Marketings
auf Facebook, Twitter, YouTube
und Co.**

- Awareness, Reichweite, Stimmung, Engagement und aktive Teilnahme messen

- Wichtige Fans, Follower und Multiplikatoren identifizieren

- Zahlreiche praxisnahe Beispiele

Bei dem Hype um Social Media Marketing mit Facebook, Twitter, Xing und Co. wird ein wichtiger Aspekt oft vergessen: Es ist wichtig, die Ergebnisse und den Erfolg Ihrer Social-Media-Maßnahmen zu messen. Nur so können Sie erkennen, ob sich die Investition lohnt, und Ihre Aktivitäten kontinuierlich verbessern.

Mit diesem Buch lernen Sie, Ihre Social-Media-Kampagnen zu analysieren. Jim Sterne zeigt Ihnen, wie Sie herausfinden, ob Ihre Kampagnen erfolgreich und welche Metriken hierfür relevant sind. So führen z.B. mehr Follower auf Twitter und Fans bei Facebook nicht unbedingt dazu, dass Sie letztendlich einen besseren Return on Investment (ROI) erzielen.

Die Analyse der Awareness, Reichweite, Stimmung und Meinung zeigt Ihnen, ob Ihre Message ankommt. Wenn sie kommentiert und von bedeutenden Multiplikatoren weitergeleitet wird, ist das nur der erste Schritt. Erst die aktive Teilnahme von Menschen, die sich engagieren und eine nachhaltige Beziehung zu Ihrem Unternehmen eingehen, ist ausschlaggebend für Ihren Erfolg. Denn letztendlich nutzen Social Media Ihrem Unternehmen nur dann, wenn das Ergebnis Ihrer Aktivitäten für Ihre Unternehmensziele förderlich ist.

Eine Veränderung der Philosophie, ein Wandel der Strategie und brandneue Metriken sind die Schlüssel für den Marketingerfolg in einer vernetzten Welt. Andere Bücher erklären, warum Social Media für Ihren Unternehmenserfolg entscheidend sind und wie Sie partizipieren können. Dieses Buch geht einen Schritt weiter und zeigt Ihnen, was Sie messen, wie Sie vorgehen und welche Maßnahmen Sie aus den Ergebnissen ableiten sollten, um Ihre Social-Media-Programme zu verbessern.

Über den Autor:
Jim Sterne veröffentlichte schon 1994 die erste Seminarreihe »Marketing im Internet«. Heute ist er ein international anerkannter Fachmann für Digitales Marketing und Kundeninteraktion sowie Berater von Internet-Unternehmen. Er ist Gründer des eMetrics Marketing Optimization Summit und Mitbegründer der Web Analytics Association. Weitere Informationen finden Sie unter JimSterne.com.

Probekapitel und Infos erhalten Sie unter:
www.mitp.de/9094

ISBN 978-3-8266-9094-5

David Sibbet

Visuelle Meetings
Meetings und Teamarbeit durch Zeichnungen, Collagen und Ideen-Mapping produktiver gestalten

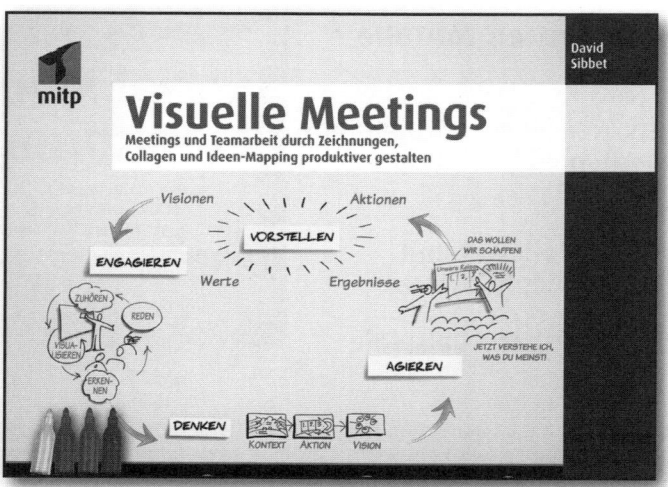

Würden Sie gerne bessere Meetings leiten, die nicht nur produktiv sind, sondern auch noch Spaß machen?

Auch wenn viele Menschen Meetings für ein notwendiges Übel halten und diese ihren schlechten Ruf oft sogar verdienen, können Sie stattdessen effektive Meetings durchführen – und sogar mit außergewöhnlichen Ergebnissen. Dafür gibt es sehr einfache und wirkungsvolle Tools und Techniken. In diesem Buch bringt David Sibbet Ihnen hierfür Vorgehensweisen nahe, die auf Visualisierung beruhen und Ihre Meetings wesentlich verbessern werden.

Visuelles Arbeiten führt zu besseren Ideen, effektiveren Entscheidungen und mehr Engagement und Einsatz der Beteiligten, um produktive Ergebnisse zu erzielen. Als moderner Leitfaden zu den neuesten Techniken des visuellen Denkens in Gruppen und Teams bietet dieses Buch eine Fülle an Tools und Tricks, die Kreativität, Zusammenarbeit und neuartiges Denken fördern.

- Grafisches Aufzeichnen, visuelle Planung, Storyboarding, Ideen-Mappingund ähnliche Techniken
- Bessere Präsentationen ohne Power-Point
- Beraten und Verkaufen mit Grafiken und Visualisierungstools
- Mehr als Papier und Whiteboards: Tablet-PCs, iPads und andere neue Medienplattformen
- Interessantere und produktivere Meetings
- Bessere persönliche und virtuelle Meetings
- Und vieles mehr ...

Probekapitel und Infos erhalten Sie unter:
www.mitp.de/9107

ISBN 978-3-8266-9107-2

Peter Guber

#1
New York Times
Bestseller

TELL TO WIN
Mit Storytelling beeindrucken, überzeugen und ans Ziel kommen

Geschichten können Menschen inspirieren und zum Handeln bewegen, denn immer spielen Emotionen bewusst oder unbewusst eine Rolle. Geschäftspartner, Kunden und Mitarbeiter lassen sich von Visionen und neuen Projekten viel leichter erfolgreich überzeugen, wenn Geschichten erzählt werden, die das Vorhaben anschaulich machen und an die sich die Zuhörer erinnern können.

Mit anderen Worten: Können Sie Ihr Vorhaben nicht in einer Geschichte verpacken, dann können Sie es anderen auch nicht verkaufen.

In »*Tell to Win*« zeigt Peter Guber, dass es neben trockenen PowerPoint-Präsentationen, Fakten und Zahlen noch andere Präsentationsmöglichkeiten gibt. Das Erzählen anschaulicher Geschichten kann ein effektives Instrument sein, Ihre Zuhörer zu erreichen und zu überzeugen.

Aus Gubers eigenen Erfahrungen wird deutlich:

• Fesseln Sie die Aufmerksamkeit Ihres Publikums

• Motivieren Sie Ihre Zuhörer, indem Sie authentisch sind

• Achten Sie bei Ihrer Geschichte darauf, dass die Inhalte zu den Zuhörern passen

• Machen Sie aus passiven Zuhörern aktive Teilnehmer

Um die Kraft des Storytelling zu demonstrieren, lässt Peter Guber in diesem Buch viele bemerkenswerte »Geschichten-erzähler« aus dem Nähkästchen plaudern. Zu ihnen zählen der YouTube-Gründer Chad Hurley, der Magier David Copperfield, der Regisseur Stephen Spielberg, die Rocklegende Gene Simmons sowie der ehemalige Präsident der Republik Südafrika Nelson Mandela.

Anhand der zahlreichen Beispiele lernen Sie, wie Sie eine wirklich fesselnde Geschichte gestalten und erzählen, um Ihre Mitmenschen erfolgreich von Ihrem Vorhaben zu überzeugen.

Probekapitel und Infos erhalten Sie unter:
www.mitp.de/9127

ISBN 978-3-8266-9127-0

Björn Tantau

Google+

Einstieg und Strategien für erfolgreiches Marketing und mehr Reichweite

- ◼ **Einfacher Einstieg in das Social Network von Google**
- ◼ **Google+ als Marketinginstrument nutzen**
- ◼ **Nachhaltige Strategien für mehr Reichweite**

Mit Google+ hat sich Google ein soziales Netzwerk geschaffen, das im Markt gegen den großen Konkurrenten Facebook ansteht. Das mit klarem Design und Innovationen überzeugende Netzwerk will künftig zentrale Schaltstelle für alle Google-Dienste werden. Über 100 Millionen Menschen sind bereits angemeldet. Aber Google+ ist nicht nur ein weiteres Social Network. Durch die Unternehmensseiten, den +1-Button sowie die zunehmende Integration in die Websuche wird Google+ im Online-Marketing künftig eine wichtige Rolle spielen.

Björn Tantau, Social Media Referent und Autor zahlreicher Fachartikel, erklärt im ersten Teil dieses Buches Schritt für Schritt den Einstieg in Google+: vom eigenen Profil über die nötigen Privatsphäre-Einstellungen bis hin zum Anlegen von Circles. So bauen Sie sich nach und nach Ihr eigenes Netzwerk auf und entwickeln es durch regelmäßige und interessante

Inhalte zu einer treuen Community. Der zweite Teil des Buches widmet sich dann dem Marketing mit Google+. Ob Sie das Image Ihres Unternehmens verbessern möchten oder Ihren Blog in den Suchergebnissen von Google an die Spitze bringen wollen, der Autor erklärt Ihnen nachhaltige Strategien für mehr Reichweite und zeigt Ihnen, wie Sie diese mit einer eigenen Unternehmensseite auf Google+, Suchmaschinenoptimierung und der Verwendung von Google+ Apps erfolgreich umsetzen.

Über den Autor:
Björn Tantau ist seit Ende der 1990er Jahre im Bereich Online-Marketing aktiv und beschäftigt sich mit Suchmaschinenoptimierung, Linkaufbau und Social Media Marketing. Er ist als Referent im Bereich Social Media und Google+ tätig, schreibt für Fachmagazine und spricht bei Branchenkonferenzen und Messen.

Probekapitel und Infos erhalten Sie unter:
www.mitp.de/9223

ISBN 978-3-8266-9223-9

Felix Disselhoff

Gefällt mir!
Das Facebook-Handbuch

- **Die neue Facebook-Chronik richtig nutzen**
- **Die wichtigsten Einstellungen, um die Privatsphäre zu schützen**
- **Mit zahlreichen Profi-Tipps**

Sind Sie auch schon Einwohner der Facebook-Welt oder wollen es werden? Dann sind Sie nicht allein. Fast 24 Millionen nutzen das soziale Netzwerk schon in Deutschland – und täglich werden es mehr. In dieser Welt der Posts, Kommentare, Likes und Shares fühlen sich aber viele auch schnell überfordert von unzähligen Statusmeldungen oder haben Angst, dass Fremde das eigene Profil ausspionieren. Und was macht Facebook eigentlich mit all den Daten?

Dieses Handbuch richtet sich an alle Facebook-Neulinge und unerfahrene Anwender, die von der Vielzahl an Funktionen überwältigt sind und nicht genau wissen, was sie im Strom der Neuigkeiten und Spieleanfragen eigentlich tun sollen. Das Buch ist aber genauso interessant für diejenigen, die endlich alle Möglichkeiten ausnutzen wollen, die Facebook zu bieten hat.

Der Autor begleitet Sie bei den ersten Schritten auf Facebook und beim Umstieg auf die neue Chronik und erklärt, wie Sie sich auf der Startseite zurecht finden und Ihr Profil gestalten. Er zeigt Ihnen den richtigen Umgang mit Ihren persönlichen Daten und auch, was viele oft vergessen, wie Sie die Privatsphäre Ihrer Freunde und Familie schützen. Zusätzlich beschreibt er zahlreiche Einstellungen, mit denen Sie Facebook und anderen Drittanbietern die Nutzung Ihrer Daten untersagen.

Wer Facebook versteht und sich auskennt, merkt erst, wie viel Spaß das Netzwerk macht: von der Kommunikation mit Freunden bis hin zu erweiterten Funktionen wie Nachrichtenticker, mobile Nutzung und die Integration von Apps – mit zahlreichen Profitipps entdeckt jeder Nutzer noch Neues in der Welt von Facebook.

Probekapitel und Infos erhalten Sie unter:
www.mitp.de/9236

ISBN 978-3-8266-9236-9

Datenschutz am Arbeitsplatz

Peter Gola

Datenschutz am Arbeitsplatz

Rechtsfragen und Handlungshilfen beim Einsatz von
Intranet, Internet, E-Mail, Telefon, Social Media
4. überarbeitete und erweiterte Auflage 2012
272 Seiten – Hardcover – 17 x 24 cm
ISBN 978-3-89577-667-0

Diese Praxishilfe stellt die datenschutzrechtlichen Regelungen im Arbeitsverhältnis dar und bietet Tipps für die Umsetzung im Unternehmen. Themen wie z. B. Persönlichkeitsschutz im Arbeitsverhältnis, GPS-Ortung, offene /verdeckte Videoüberwachung und Mitarbeiterdaten im Internet werden diskutiert und Praxisfälle aufgezeigt.

In der vierten überarbeiteten Auflage des Ratgebers wurde die Rechtsprechung auf den aktuellen Stand gebracht. Er gibt zudem einen Ausblick auf die zu erwartenden Neuregelungen des § 32 BDSG zum Beschäftigtendatenschutz.

Gola/Wronka

Handbuch Arbeitnehmer-datenschutz

mit Ausblick auf das Beschäftigtendaten-schutzgesetz (§ 32 BDSG)
6. überarbeitete und erweiterte Auflage
2013
ca. 700 Seiten – Hardcover – DIN A 5
ca. € 89,95
ISBN 978-3-89577-666-3
Erscheint ca. November 2012

Der Arbeitnehmerdatenschutz ist durch eine Vielzahl von Rechtsnormen und -vorschriften festgeschrieben. In diesem Handbuch wird das komplexe Zusammenwirken arbeitsrechtlicher Normen und den Normen des BDSG überschaubar gemacht. Das Werk gliedert sich in 13 Kapitel.

Umfassende Verweise auf die aktuelle Rechtsprechung sowie Literaturhinweise sind in den Text eingearbeitet und leserfreundlich grafisch hervorgehoben.

Zahlreiche Praxisbeispiele aus der Rechtsprechung, Betriebsvereinbarungen und Empfehlungen der Aufsichtsbehörden geben Hilfestellung zur Lösung konkreter Probleme.

DATAKONTEXT

Verlagsgruppe Hüthig Jehle Rehm GmbH · Standort Frechen · Tel. 02234/98949-30 · Fax 02234/98949-32 · www.datakontext.com · bestellung@datakontext.com